자기주도학습 체크리스트

- ✓ 선생님의 친절한 강의로 여러분의 예습·복습을 도와 드릴게요.
- ✓ 공부를 마친 후에 확인란에 체크하면서 스스로를 칭찬해 주세요.
- ✓ 강의를 듣는 데에는 30분이면 충분합니다.

날짜	강의명		확인	날짜	강의명		확인
	강				강		
	강				강		
	강				강		
	강				강		
	강				강		
	강				강		
	강				강		
	강				강		
	강				강		
	강				강		
	강				강		
	강				강		
	강				강		
	강				강		
	강				강		
	강				강		
	강				강		
	강				강		
	강				강		
	강				강		
	강				강		
	강				강		
	강				강		
	강				강		

KB213857

자기주도학습 체크리스트로 공부의 기쁨이 차곡차곡 쌓일 것입니다.

수학
꽉
잡아

예습, 복습, 숙제까지 해결되는

교과서 완전 학습서

만점왕

BOOK 1
개념책

과학 4-1

인터넷·모바일·TV

개념책

BOOK 1 개념책으로
교과서에 담긴 **학습 개념**을
꼼꼼하게 공부하세요!

⬇ 해설책은 EBS 초등사이트(primary.ebs.co.kr)에서 다운로드 받으실 수 있습니다.

교 재 내 용 문 의	교 재 정오표 공 지	교 재 정 정 신 청
교재 내용 문의는 EBS 초등사이트 (primary.ebs.co.kr)의 교재 Q&A 서비스를 활용하시기 바랍니다.	발행 이후 발견된 정오 사항을 EBS 초등사이트 정오표 코너에서 알려 드립니다. 교재 검색 ▶ 교재 선택 ▶ 정오표	공지된 정오 내용 외에 발견된 정오 사항이 있다면 EBS 초등사이트를 통해 알려 주세요. 교재 검색 ▶ 교재 선택 ▶ 교재 Q&A

BOOK 1
개념책

만점왕 과학
4-1

이 책의 구성과 특징

BOOK
1
개념책

1 | 단원 도입

단원을 시작할 때마다 도입 그림을 눈으로 확인하며 안내 글을 읽으면, 학습할 내용에 대해 흥미를 갖게 됩니다.

2 | 교과서 내용 학습

본격적인 학습을 시작하는 단계입니다. 자세한 개념 설명과 그림을 통해 핵심 개념을 분명하게 파악할 수 있습니다.

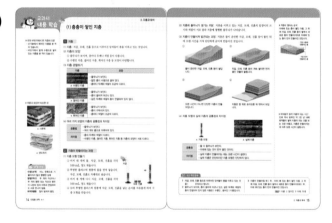

3 | 이제 실험 관찰로 알아볼까

교과서 핵심을 적용한 실험·관찰을 집중 조명함으로써 학습 개념을 눈으로 확인하고 파악할 수 있습니다.

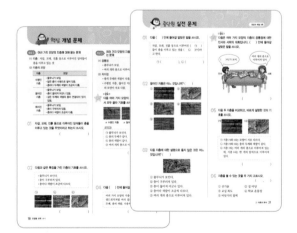

4 | 핵심 개념 + 실전 문제

[핵심 개념 문제 / 중단원 실전 문제]
개념별 문제, 실전 문제를 통해 교과서에 실린 내용을 하나하나 꼼꼼하게 살펴보며 빈틈없이 학습할 수 있습니다.

5 | 서술형·논술형 평가 돋보기

단원의 주요 개념과 관련된 서술형 문항을 심층적으로 학습하는 단계로, 강화될 서술형 평가에 대비할 수 있습니다.

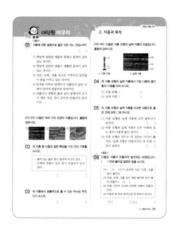

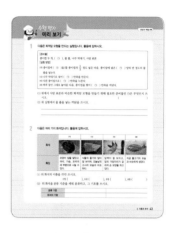

6 | 대단원 정리 학습

학습한 내용을 정리하는 단계입니다. 표를 통해 학습 내용을 보다 명확하게 정리할 수 있습니다.

7 | 대단원 마무리

대단원 평가를 통해 단원 학습을 마무리하고, 자신이 보완해야 할 점을 파악할 수 있습니다.

8 | 수행 평가 미리 보기

학생들이 고민하는 수행 평가를 대단원별로 구성하였습니다. 선생님께서 직접 출제하신 문제를 통해 수행 평가를 꼼꼼히 준비할 수 있습니다.

BOOK
2
실전책

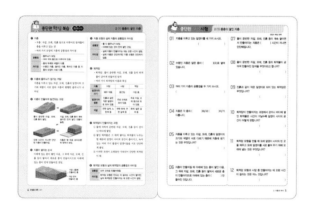

1 | 핵심 복습 + 쪽지 시험

핵심 정리를 통해 학습한 내용을 복습하고, 간단한 쪽지 시험을 통해 자신의 학습 상태를 확인할 수 있습니다.

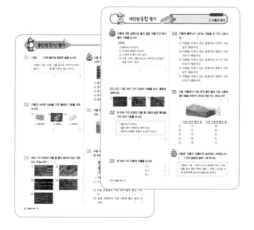

2 | 중단원 + 대단원 평가

[중단원 확인 평가 / 대단원 종합 평가]
앞서 학습한 내용을 바탕으로 보다 다양한 문제를 경험하여 단원별 평가를 대비할 수 있습니다.

3 | 서술형·논술형 평가

단원의 주요 개념과 관련된 서술형 문항을 심층적으로 학습하는 단계로, 강화될 서술형 평가에 대비할 수 있습니다.

BOOK 1

개념책

평상 시 진도 공부는

교재(북1 개념책)로 공부하기

만점왕 북1 개념책으로 진도에 따라 공부해 보세요.

개념책에는 학습 개념이 자세히 설명되어 있어요.

따라서 학교 진도에 맞춰 만점왕을 풀어보면

혼자서도 쉽게 공부할 수 있습니다.

TV(인터넷) 강의로 공부하기

개념책으로 혼자 공부했는데, 잘 모르는 부분이 있나요?

더 알고 싶은 부분도 있다고요?

만점왕 강의가 있으니 걱정 마세요.

만점왕 강의는 TV를 통해 방송됩니다.

방송 강의를 보지 못했거나 다시 듣고 싶은 부분이 있다면

인터넷(EBS 초등 사이트)을 이용하면 됩니다.

이 부분은 잘 모르겠으니 인터넷으로 다시 봐야겠어.

만점왕 방송 시간: EBS홈페이지 편성표 참조

EBS 초등 사이트: http://primary.ebs.co.kr

시험 대비 공부는 북2 실전책으로! (북2 2쪽 자기주도 활용 방법을 읽어 보세요.)

이 책의 **차례** CONTENTS

BOOK
1

개념책

1 단원

과학자처럼 탐구해 볼까요?

생활하면서 궁금한 것이 생기면 이 궁금증을 해결하기 위하여 관찰하고 실험, 조사 활동을 하는데, 이것을 탐구 활동이라고 합니다. 과학자들만 탐구 활동을 하는 것은 아닙니다. 생활 속에서 궁금증을 느끼고 그것을 해결하고자 한다면 누구나 탐구를 시작할 수 있습니다. 우리도 과학자처럼 탐구 활동을 할 수 있습니다. 이 단원에서는 여러 가지 과학적 탐구 활동에 대하여 알아봅니다.

단원 학습 목표

(1) 탄산수를 탐구해 볼까요?
- 여러 가지 감각 기관과 간단한 관찰 도구를 사용하여 변화 과정을 관찰할 수 있습니다.
- 측정 도구를 사용하여 대상의 무게, 부피를 정확하게 측정할 수 있습니다.
- 관찰 결과에서 규칙을 찾아 앞으로 일어날 수 있는 일과 측정하지 못한 현상을 예상할 수 있습니다.

(2) 핀치를 탐구해 볼까요?
- 과학적인 분류 기준을 정하여 대상을 여러 단계로 분류할 수 있습니다.
- 관찰 결과를 나의 경험 및 알고 있는 것과 관련지어 추리할 수 있습니다.
- 표와 그림, 그래프 등을 사용하여 친구들에게 나의 탐구 결과를 설명할 수 있습니다.

단원 진도 체크

회차	학습 내용	진도 체크
1차 / 2차 / 3차	(1) 탄산수를 탐구해 볼까요?	✓
4차 / 5차 / 6차	(2) 핀치를 탐구해 볼까요?	✓

*1단원은 특별 단원이므로 문항은 출제되지 않습니다.   해당 부분을 공부한 후 ✓표를 하세요.

(1) 탄산수를 탐구해 볼까요?

과학자처럼 관찰해 볼까요? _ 탄산수가 만들어지는 과정 관찰하기

[무엇이 필요할까요?]

투명한 유리컵, 물, 식용 소다, 식용 구연산, 약숟가락 두 개, 유리 막대

[어떻게 할까요?]

① 투명한 유리컵에 물을 $\frac{2}{3}$ 정도 붓습니다.

② 식용 소다를 약숟가락으로 한 숟가락 떠서 ①의 유리컵에 넣은 뒤 유리 막대로 저어 줍니다.

③ 식용 구연산을 다른 약숟가락으로 한 숟가락 떠서 ②의 유리컵에 넣습니다.

④ 유리 막대로 유리컵 속의 물을 저으면서 유리컵 속에서 나타나는 변화를 관찰해 봅시다.

[유리컵 속에서 나타나는 변화를 관찰하여 그림과 글로 나타내기]

그림	글
	• 식용 구연산을 넣었더니 거품이 발생한다. • 식용 구연산을 넣었을 때 '칙' 하는 소리가 난다. • 탄산수 표면에 거품이 올라온다. • 시간이 지나자 거품의 높이가 낮아진다.

[여러 가지 감각 기관을 사용하여 유리컵 속에서 변화가 일어나는 과정을 관찰한 내용]

변화 과정		관찰한 내용	사용한 감각 기관
변화가 일어나기 전		식용 구연산을 만져 보니 까끌까끌하다.	피부
		식용 소다를 넣었더니 유리컵 바닥에 가라앉는다.	눈
변화가 일어나는 중		식용 구연산을 넣었더니 거품이 발생한다.	눈
		식용 구연산을 넣었을 때 '칙' 하는 소리가 난다.	귀
변화가 일어난 후		시간이 지나자 거품의 높이가 낮아진다.	눈
		탄산수의 색깔이 다시 투명해진다.	눈

1 과학적인 관찰 방법

(1) 변화가 일어나는 대상을 관찰하는 방법

　① 나타나는 변화를 주의 깊게 관찰해야 합니다.

　② 변화가 일어나기 전, 변화가 일어나는 중, 변화가 일어난 후의 상태를 모두 관찰하고 비교해야 합니다.

(2) 관찰할 때 사용할 수 있는 감각 기관

　① 눈, 코, 입, 귀, 피부의 다섯 가지 감각 기관을 사용할 수 있습니다.

　② 감각 기관만으로 관찰하기 어려울 때에는 돋보기, 현미경, 청진기 등의 관찰 도구를 사용할 수 있습니다.

▶ 변화 과정을 잘 관찰하는 방법

• 시간의 흐름에 따라 관찰합니다.

• 변화가 일어나기 전, 변화가 일어나는 중, 변화가 일어난 후를 모두 관찰합니다.

• 변화에 초점을 두고 관찰합니다.

• 가능한 한 많이 관찰합니다.

• 관찰한 내용을 그때그때 기록합니다.

▶ 관찰할 때 주의할 점

• 색깔을 구별할 때에는 물질 뒤에 흰 종이를 대고 봅니다.

• 모르는 물질의 경우 함부로 맛을 보지 않습니다.

• 냄새를 맡을 때에는 코를 병 입구에서 약간 떨어뜨리고 손으로 부채질하듯이 바람을 일으켜 냄새를 맡습니다.

• 더 자세히 관찰하고 싶을 때에는 여러 가지 관찰 도구를 사용합니다.

관찰(觀察) 사물이나 현상을 주의하여 자세히 살펴봄.

과학자처럼 측정해 볼까요?_정확한 양을 측정해 탄산수 만들기

[무엇이 필요할까요?]

눈금실린더(100 mL), 물, 전자저울, 식용 소다, 식용 구연산, 약포지 두 장, 약숟가락 두 개, 투명한 유리컵, 유리 막대

[어떻게 할까요?]

① 눈금실린더를 사용하여 물 100 mL를 측정합니다.
② 전자저울을 사용하여 식용 소다 4 g, 식용 구연산 2 g을 측정합니다.
③ 투명한 유리컵에 ①의 물을 넣은 뒤 식용 소다 4 g을 넣고 유리 막대로 저어 줍니다.
④ 식용 구연산 2 g을 ③의 유리컵에 넣고 유리 막대로 저어 주면서 탄산수를 만듭니다.

2 과학적인 측정 방법

(1) 액체의 부피를 측정하는 방법: 눈금실린더를 편평한 곳에 놓고, 액체의 가운데 오목한 부분에 눈높이를 수평으로 맞추고 눈금을 읽습니다.

(2) 물체의 무게를 측정하는 방법: 저울을 편평한 곳에 놓고 영점을 맞춘 뒤 물체의 무게를 측정합니다.

과학자처럼 예상해 볼까요?_탄산수 거품의 최고 높이 예상하기

[무엇이 필요할까요?]

투명한 유리컵 세 개, 물, 눈금실린더(100 mL), 식용 소다, 식용 구연산, 전자저울, 약포지 두 장, 약숟가락 두 개, 유리 막대

[어떻게 할까요?]

① 투명한 유리컵 세 개에 각각 물을 100 mL씩 붓습니다.
② 식용 소다 4 g을 각각의 유리컵에 넣고 유리 막대로 저어 줍니다.
③ 식용 구연산을 첫 번째 유리컵에 1 g, 두 번째 유리컵에 2 g, 세 번째 유리컵에 3 g을 각각 넣고 발생하는 탄산수 거품의 최고 높이를 유성 펜으로 표시합니다.
④ 세 개의 유리컵에 표시된 탄산수 거품의 최고 높이를 자로 측정합니다.
⑤ 물 100 mL, 식용 소다 4 g, 식용 구연산 4 g을 유리컵에 넣어 탄산수를 만든다면 발생하는 탄산수 거품의 최고 높이가 약 몇 cm일지 예상해 봅시다.

[식용 구연산의 양을 달리했을 때 발생하는 탄산수 거품의 최고 높이]

| 식용 구연산 1 g을 넣었을 때 | 식용 구연산 2 g을 넣었을 때 | 식용 구연산 3 g을 넣었을 때 |

3 과학적인 예상 방법

(1) 과학자는 이미 관찰하거나 경험한 것을 바탕으로 하여 앞으로 일어날 수 있는 일을 예상합니다.

(2) 이미 관찰하거나 측정한 값에서 규칙을 찾아내면 측정하지 못한 값을 예상할 수 있습니다.

▶ 눈금실린더의 눈금을 읽는 방법

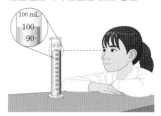

▶ 전자저울 사용법

공기 방울

영점

• 전자저울을 수평이 잘 맞는 탁자 위에 놓습니다.
• 수평을 맞추는 공기 방울이 검은색 원 안의 가운데 오도록 조절합니다.
• 가루 물질의 무게를 측정할 때에는 약포지를 올린 뒤 영점 단추를 눌러 0 g으로 맞춥니다.
• 가루 물질의 종류에 따라 다른 약숟가락과 약포지를 사용합니다.

(2) 핀치를 탐구해 볼까요?

과학자처럼 분류해 볼까요?_핀치 분류하기

▶ 핀치를 분류할 수 있는 여러 가지 특징
먹이를 먹고 있는 곳, 먹고 있는 먹이의 종류, 깃털의 색깔, 부리의 모양 등

[무엇이 필요할까요?]
여러 종류의 핀치 카드

[어떻게 할까요?]
① 여러 종류의 핀치를 관찰하고 각 핀치의 특징을 찾아봅시다.
② 분류 기준을 정하여 핀치를 분류해 봅시다.
③ 분류한 기준과 그 결과를 친구들과 이야기해 봅시다.

▶ 과학적인 분류 기준이 아닌 것
'핀치가 멋있는가?'와 같이 분류하는 사람마다 다른 결과가 나올 수 있는 분류 기준은 과학적인 분류 기준이 아닙니다.

[분류 결과]

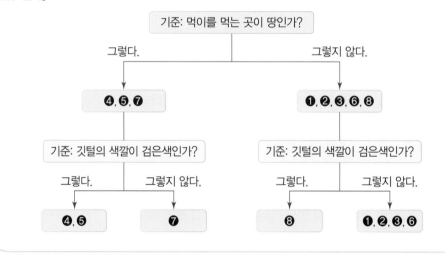

1 과학적인 분류 방법

(1) 과학적으로 분류하는 방법
 ① 분류 대상들의 공통점과 차이점을 바탕으로 기준을 세워야 합니다.
 ② 한 번 분류한 것을 여러 단계로 계속 분류합니다.

(2) 기준을 정하여 분류한 것을 다시 또 분류하면 좋은 점
 ① 분류 대상 각각의 성질을 자세히 알 수 있습니다.
 ② 분류 대상 전체와 부분의 관계를 쉽게 알 수 있습니다.

낱말 사전

분류(分類) 종류에 따라서 가름.

(3) 과학적인 분류 기준이 갖춰야 할 조건: 누가 분류하더라도 같은 분류 결과가 나오는 분류 기준이 과학적인 분류 기준입니다.

과학자처럼 추리해 볼까요?_핀치의 부리 모양과 먹이의 관계 추리하기

[어떻게 할까요?]

① 다음 그림의 핀치 부리 모양을 관찰해 봅시다.

② 어떤 부리를 가진 핀치가 나무 틈에 사는 벌레를 먹기에 알맞은지 추리해 보고, 그렇게 생각한 까닭을 이야기해 봅시다.

③ 어떤 부리를 가진 핀치가 여러 가지 씨를 먹기에 알맞은지 추리해 보고, 그렇게 생각한 까닭을 이야기해 봅시다.

[추리 과정]

관찰 결과		알고 있는 것 또는 경험		추리할 수 있는 것
• ㉮와 ㉯ 핀치의 부리는 가늘고 뾰족하다. • 벌레가 나무 틈에 살고 있다.	+	• 벌새는 가늘고 긴 부리로 꽃 속의 꿀을 먹는다. • 가늘고 긴 핀셋으로 좁은 틈에 있는 것을 집을 수 있다.	➡	㉮와 ㉯ 핀치는 가늘고 뾰족한 부리가 있기 때문에 좁은 나무 틈에 사는 벌레를 꺼내 먹기 쉬울 것이다.
• ㉰와 ㉱ 핀치의 부리는 크다. • 여러 가지 씨가 땅에 떨어져 있다.	+	• 콩새는 두꺼운 부리로 식물의 씨를 부숴 먹는다. • 두꺼운 견과류 망치를 사용하여 단단한 호두 껍데기를 깰 수 있다.	➡	㉰와 ㉱ 핀치는 크고 두꺼운 부리가 있기 때문에 단단한 씨를 부숴 먹기 쉬울 것이다.

2 과학적인 추리 방법

(1) 탐구 대상을 다양하고 정확하게 관찰해야 합니다.

(2) 관찰한 것을 자신이 알고 있는 것이나 과거 경험과 관련지어 생각해야 합니다.

(3) 추리한 것이 관찰 결과를 설명할 수 있어야 합니다.

과학자처럼 의사소통해 볼까요?_핀치의 부리 모양과 먹이의 관계 설명하기

[어떻게 할까요?]

① 내가 추리한 내용을 친구들에게 잘 전달할 수 있는 방법을 이야기해 봅시다.

② 나의 추리를 친구들이 잘 이해할 수 있도록 설명해 봅시다.

③ 내가 추리한 내용에서 친구들이 궁금해하는 점을 듣고 대답해 봅시다.

④ 친구들의 추리를 듣고 궁금한 점을 질문해 봅시다.

3 과학적인 의사소통 방법

(1) 정확한 용어를 사용하여 간단하게 설명합니다.

(2) 타당한 근거를 제시하여 설명합니다.

(3) 표, 그림, 그래프 등과 같은 다양한 방법을 사용합니다.

▶ 핀치의 부리 모양과 먹이의 관계를 추리한 내용이 과학적인 추리인지 확인하기

핀치의 부리 모양과 주변 환경, 먹이 등을 관찰하여 추리했으므로 관찰 결과를 바탕으로 한 추리라고 할 수 있습니다.

▶ 나의 생각이나 탐구 결과를 잘 발표하는 방법

• 부리 모양이 비슷한 새의 사진을 좀 더 다양하게 제시합니다.

• 다른 종류의 새의 부리 모양과 핀치의 부리 모양의 공통점을 한눈에 알아볼 수 있도록 그림으로 나타냅니다.

2단원

지층과 화석

바닷가의 절벽이나 고속도로 주변에 암석들이 층층이 쌓여 이루어진 것을 본 적이 있나요? 이러한 암석층은 퇴적물이 쌓여 오랜 시간 동안 굳어져 만들어진 것입니다. 이 암석층은 아주 오랜 옛날에 지구가 겪은 변화를 간직하고 있습니다.

이 단원에서는 암석들이 층층이 쌓여 이루어진 것이 무엇이고, 어떻게 만들어졌는지를 배웁니다. 또한 화석을 통하여 옛날에 살았던 동물과 식물의 생김새, 생활한 모습, 그 당시의 환경을 추리해 봅니다.

단원 학습 목표

(1) 층층이 쌓인 지층
- 여러 가지 모양의 지층을 관찰하고, 지층이 어떻게 만들어지는지를 알아봅니다.
- 지층을 이루는 암석을 관찰하고, 퇴적암이 어떻게 만들어지는지를 알아봅니다.

(2) 지층 속 생물의 흔적
- 여러 가지 화석을 관찰하고, 그 특징을 알아봅니다.
- 화석이 어떻게 만들어지는지를 알아봅니다.
- 화석이 어디에 이용되는지를 알아봅니다.

단원 진도 체크

회차	학습 내용		진도 체크
1차	(1) 층층이 쌓인 지층	교과서 내용 학습 + 핵심 개념 문제	✓
2차			✓
3차		실전 문제 + 서술형·논술형 평가	✓
4차	(2) 지층 속 생물의 흔적	교과서 내용 학습 + 핵심 개념 문제	✓
5차			✓
6차		실전 문제 + 서술형·논술형 평가	✓
7차	대단원 정리 학습 + 대단원 마무리 + 수행 평가 미리 보기		✓

해당 부분을 공부한 후 ✓표를 하세요.

(1) 층층이 쌓인 지층

▶ 산과 바닷가에서 본 지층의 모양
- 산기슭에서 휘어진 지층을 본 적이 있습니다.
- 바닷가에서 얇게 수평으로 쌓여 있는 지층을 본 적이 있습니다.

1 지층

(1) **지층**: 자갈, 모래, 진흙 등으로 이루어진 암석들이 층을 이루고 있는 것입니다.

(2) **지층의 모양**

① 줄무늬가 보이며, 층마다 두께나 색깔 등이 다릅니다.

② 수평인 지층, 끊어진 지층, 휘어진 지층 등 모양이 다양합니다.

(3) **지층 관찰하기**

지층	모양
▲ 수평인 지층	• 줄무늬가 보인다. • 얇은 층이 수평으로 쌓여 있다. • 층마다 두께와 색깔이 조금씩 다르다.
▲ 끊어진 지층	• 줄무늬가 보인다. • 층이 끊어져 어긋나 있다. • 같은 두께와 색깔의 층이 연결되어 있지 않다.
▲ 휘어진 지층	• 줄무늬가 보인다. • 층이 구부러져 있다. • 층마다 색깔이 조금씩 다르다.

(4) **여러 가지 모양의 지층의 공통점과 차이점**

공통점	• 줄무늬가 보인다. • 여러 개의 층으로 이루어져 있다.
차이점	• 층의 두께와 색깔이 다르다. • 수평인 지층, 끊어진 지층, 휘어진 지층 등 지층의 모양이 서로 다르다.

▶ 지층과 모양이 비슷한 것

▲ 시루떡

▲ 샌드위치

2 지층이 만들어지는 과정

(1) **지층 모형 만들기**

① 비커 네 개에 물, 자갈, 모래, 진흙을 각각 100 mL 정도 채웁니다.

② 투명한 플라스틱 원통에 물을 먼저 넣습니다. 자갈, 모래, 진흙도 차례대로 넣습니다.

③ 비커 세 개에 다시 자갈, 모래, 진흙을 각각 100 mL 정도 채웁니다.

④ ②의 투명한 플라스틱 원통에 자갈, 모래, 진흙을 넣는 순서를 자유롭게 하여 지층 모형을 만듭니다.

자갈

모래 진흙

🐟 **낱말 사전**

수평(水平) 어느 한쪽으로 기울어지지 않고 평평한 상태
평행(平行) 두 개의 직선이나 두 개의 평면 또는 직선과 평면이 나란히 있어 아무리 연장하여도 서로 만나지 않음.
퇴적(堆積) 많이 덮쳐져 쌓임.

(2) **지층에 줄무늬가 생기는 까닭**: 지층을 이루고 있는 자갈, 모래, 진흙의 알갱이의 크기와 색깔이 서로 달라 지층에 평행한 줄무늬가 나타납니다.

(3) **지층이 만들어져 발견되는 과정**: 지층은 물이 운반한 자갈, 모래, 진흙 등이 쌓인 뒤에 오랜 시간을 거쳐 단단하게 굳어져 만들어진 것입니다.

①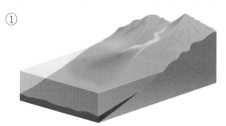
물이 운반한 자갈, 모래, 진흙 등이 쌓입니다.

②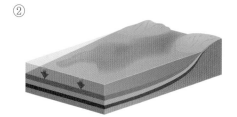
자갈, 모래, 진흙 등이 계속 쌓이면 먼저 쌓인 것들이 눌립니다.

③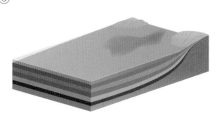
오랜 시간이 지나면 단단한 지층이 만들어집니다.

④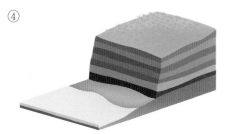
지층은 땅 위로 솟아오른 뒤 깎여서 보입니다.

(4) **지층 모형과 실제 지층의 공통점과 차이점**

▲ 지층 모형

▲ 실제 지층

공통점	• 둘 다 줄무늬가 보인다. • 아래에 있는 것이 먼저 쌓인 것이다.
차이점	• 실제 지층이 만들어지는 데는 오랜 시간이 걸린다. • 실제 지층은 단단하지만 지층 모형은 단단하지 않다.

▶ **지층이 쌓이는 순서**
아래에 있는 층이 쌓인 다음, 그 위에 자갈, 모래, 진흙 등이 쌓여서 새로운 층이 만들어지므로 아래에 있는 층이 먼저 만들어진 것입니다.

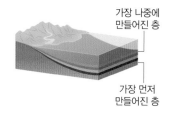
가장 나중에 만들어진 층
가장 먼저 만들어진 층

▶ **퇴적물이 쌓여 지층이 되는 시간**
인류 역사 범위인 약 1만 년 내에 퇴적물이 쌓여 지층이 되는 것을 보는 것은 어렵고, 지층은 만들어지는 데 아주 오랜 시간이 걸립니다.

🐹 **개념 확인 문제**

1 자갈, 모래, 진흙 등으로 이루어진 암석들이 층을 이루고 있는 것을 ( )(이)라고 합니다.

2 줄무늬가 보이며, 층이 끊어져 어긋나 있고, 같은 두께와 색깔의 층이 연결되어 있지 않은 지층은 (수평인 , 끊어진) 지층입니다.

3 지층이 만들어질 때 (위 , 아래)에 있는 층이 쌓인 다음, 그 위에 자갈, 모래, 진흙 등이 쌓여서 새로운 층이 만들어지므로 (위 , 아래)에 있는 층이 먼저 만들어진 것입니다.

정답 **1** 지층 **2** 끊어진 **3** 아래, 아래

▶ 이암
진흙이나 갯벌의 흙과 같이 알갱이의 크기가 매우 작은 것이 굳어져 만들어진 암석입니다.

▶ 사암
암석을 이루는 알갱이가 진흙보다 굵은 모래가 굳어져 만들어진 암석입니다.

▶ 역암
자갈, 모래, 진흙 등이 굳어져 만들어지는 데 자갈이 더 많이 포함된 암석입니다.

3 지층을 이루고 있는 암석

(1) **퇴적암**: 물이 운반한 자갈, 모래, 진흙 등의 퇴적물이 굳어져 만들어진 암석입니다.

(2) 퇴적암은 알갱이의 크기에 따라 이암, 사암, 역암으로 분류할 수 있습니다.

(3) 여러 가지 퇴적암의 특징

구분	이암	사암	역암
알갱이의 크기	매우 작다.	중간이다.	가장 크다.
알갱이의 종류	진흙과 같이 작은 알갱이로 되어 있다.	주로 모래로 되어 있다.	주로 자갈, 모래 등으로 되어 있다.
색깔	연한 갈색, 노란색 등	연한 회색, 연한 갈색 등	회색, 짙은 갈색 등
손으로 만졌을 때의 느낌	부드럽지만, 약간 거칠다. 부드럽고 매끄럽다.	약간 거칠다. 까슬까슬하다.	다양하다. 부드럽기도 하고 거칠기도 하다.

4 퇴적암이 만들어지는 과정

(1) 퇴적암이 만들어지는 과정

①  햇빛, 비, 바람 등에 의하여 암석이 부서집니다.
②  바위가 작은 돌로 부서집니다.
③  더 작은 자갈이나 모래 등이 됩니다.
④  흐르는 물에 의하여 운반됩니다.

⑤ 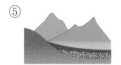 강이나 바다에 쌓입니다.
⑥ 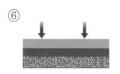 새로 쌓이는 퇴적물에 의하여 눌립니다.
⑦ 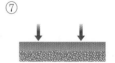 퇴적물의 부피가 줄고 다져지며, 서로 붙습니다.
⑧ 오랜 시간 반복되어 퇴적물이 퇴적암이 됩니다.

(2) 퇴적물은 그 위에 쌓이는 퇴적물이 누르는 힘 때문에 알갱이 사이의 공간이 좁아지고, 녹아 있는 여러 가지 물질이 알갱이들을 서로 붙여 단단한 퇴적암이 됩니다.

(3) 퇴적암이 만들어지는 데는 오랜 시간이 걸립니다.

낱말 사전
부피 넓이와 높이를 가진 물건이 공간에서 차지하는 크기
공간(空間) 아무것도 없는 빈 곳

개념 확인 문제

1 물에 의하여 운반된 자갈, 모래, 진흙 등의 퇴적물이 굳어져 만들어진 암석을 (　　　)(이)라고 합니다.
2 손으로 만졌을 때 부드럽고, 진흙과 같은 작은 알갱이로 되어 있는 퇴적암을 (　　　)(이)라고 합니다.
3 암석을 이루는 알갱이가 진흙보다 굵은 모래가 굳어져 만들어진 퇴적암을 (　　　)(이)라고 합니다.

정답 1 퇴적암 2 이암 3 사암

이제 실험 관찰로 알아볼까?

퇴적암 모형 만들기

[준비물] 종이컵 두 개, 모래, 물 풀, 나무 막대기, 사암 표본

[실험 방법]

① 종이컵에 모래를 종이컵의 $\frac{1}{3}$ 정도 넣은 다음, 종이컵에 넣은 모래 양의 반 정도의 물 풀을 넣습니다.

② 나무 막대기로 섞어 모래 반죽을 만듭니다.

③ 다른 종이컵으로 모래 반죽을 누릅니다.

④ 하루 동안 그대로 놓아둔 다음, 종이컵을 찢어 모래 반죽을 꺼냅니다.

⑤ 퇴적암 모형과 실제 퇴적암의 공통점과 차이점을 이야기해 봅시다.

주의할 점
• 모래를 너무 많이 넣으면 굳는데 시간이 오래 걸리므로 종이컵의 $\frac{1}{3}$ 정도만 넣도록 합니다.
• 모래 반죽이 딱딱해졌을 때에 퇴적암 모형을 종이컵에서 꺼냅니다.

중요한 점
물 풀은 모래 알갱이 사이의 공간을 채우고 서로 붙여 주기 위해 사용합니다. 실제 자연에서는 녹아 있는 여러 가지 물질(석회질, 철분, 규질 등)이 알갱이 사이를 채우고 서로 붙여 주는 작용을 하게 됩니다.

[실험 결과]

① 퇴적암 모형과 실제 퇴적암의 공통점과 차이점

공통점	퇴적암 모형과 사암은 모두 모래로 만들어졌다.
차이점	퇴적암 모형은 만드는 데 걸리는 시간이 짧지만, 사암은 만들어지는 데 오랜 시간이 걸린다.

② 물 풀을 넣는 까닭: 모래와 모래 사이의 빈 곳을 채우고 모래 알갱이를 서로 붙여 주기 위해서입니다.

③ 모래 반죽을 누르는 까닭: 모래와 모래 사이의 공간을 좁아지게 하기 위해서입니다.

탐구 문제

정답과 해설 2쪽

1 퇴적암 모형 만들기에서 모래와 모래 사이의 빈 곳을 채우고 모래 알갱이를 서로 붙여 주기 위해서 사용하는 것은 어느 것입니까? (   )

① 물
② 모래
③ 물 풀
④ 종이컵
⑤ 나무 막대기

2 다음은 퇴적암 모형 만들기에서 다른 종이컵으로 모래 반죽을 누르는 까닭입니다. (   ) 안의 알맞은 말에 ○표 하시오.

> 모래 알갱이 사이의 공간을 (좁아지게 , 넓어지게) 하기 위해서이다.

개념 1 ▸ 여러 가지 모양의 지층에 대해 묻는 문제

(1) 지층: 자갈, 모래, 진흙 등으로 이루어진 암석들이 층을 이루고 있는 것

(2) 지층의 모양

지층	모양
수평인 지층	• 줄무늬가 보임. • 얇은 층이 수평으로 쌓여 있음. • 층마다 두께와 색깔이 조금씩 다름.
끊어진 지층	• 줄무늬가 보임. • 층이 끊어져 어긋나 있음. • 같은 두께와 색깔의 층이 연결되어 있지 않음.
휘어진 지층	• 줄무늬가 보임. • 층이 구부러져 있음. • 층마다 색깔이 조금씩 다름.

01 자갈, 모래, 진흙 등으로 이루어진 암석들이 층을 이루고 있는 것을 무엇이라고 하는지 쓰시오.

( )

02 다음과 같은 특징을 가진 지층의 기호를 쓰시오.

• 줄무늬가 보인다.
• 층이 구부러져 있다.
• 층마다 색깔이 조금씩 다르다.

ㄱ   ㄴ   ㄷ
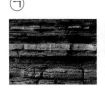

( )

개념 2 ▸ 여러 가지 모양의 지층의 공통점과 차이점을 묻는 문제

(1) 공통점
  • 줄무늬가 보임.
  • 여러 개의 층으로 이루어져 있음.

(2) 차이점
  • 층의 두께와 색깔이 다름.
  • 수평인 지층, 끊어진 지층, 휘어진 지층 등 지층의 모양이 서로 다름.

ᴄ중요ᴅ

03 다음 여러 가지 모양의 지층의 공통점을 보기 에서 모두 골라 기호를 쓰시오.

▲ 수평인 지층   ▲ 끊어진 지층   ▲ 휘어진 지층

보기

ㄱ 줄무늬가 보인다.
ㄴ 층의 두께가 같다.
ㄷ 층의 색깔이 같다.
ㄹ 여러 개의 층으로 이루어져 있다.

( )

04 다음 ( ) 안에 들어갈 알맞은 말을 쓰시오.

여러 가지 모양의 지층을 살펴보면 시루떡이나 샌드위치처럼 여러 겹의 층이 보이지만, 층의 두께, 층의 색깔, 지층의 모양은 ( ).

( )

개념 3 • 지층이 만들어지는 과정을 묻는 문제

(1) 지층이 만들어져 발견되는 과정: 물이 운반한 자갈, 모래, 진흙 등이 쌓임. → 자갈, 모래, 진흙 등이 계속 쌓이면 먼저 쌓인 것들이 눌림. → 오랜 시간이 지나면 단단한 지층이 만들어짐. → 지층은 땅 위로 솟아오른 뒤 깎여서 보임.

(2) 지층 모형과 실제 지층의 공통점과 차이점

공통점	• 둘 다 줄무늬가 보임. • 아래에 있는 것이 먼저 쌓인 것임.
차이점	• 실제 지층이 만들어지는 데는 오랜 시간이 걸림. • 실제 지층은 단단하지만 지층 모형은 단단하지 않음.

05 다음 지층에서 먼저 쌓인 층부터 순서대로 기호를 쓰시오.

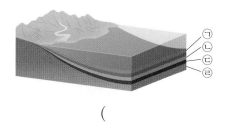

(   )

06 다음은 지층 모형과 실제 지층의 모습입니다. 지층 모형과 실제 지층의 공통점으로 옳은 것은 어느 것입니까? (   )

▲ 지층 모형　　　　▲ 실제 지층

① 줄무늬가 보인다.
② 단단한 정도가 같다.
③ 한 개의 층으로 이루어져 있다.
④ 위에 있는 것이 먼저 쌓인 것이다.
⑤ 만들어지는 데 걸리는 시간이 같다.

개념 4 • 퇴적암에 대해 묻는 문제

(1) 퇴적암: 물이 운반한 자갈, 모래, 진흙 등의 퇴적물이 굳어져 만들어진 암석

(2) 퇴적암의 이름과 특징

이름	이암	사암	역암
알갱이의 크기	매우 작다.	중간이다.	가장 크다.
알갱이의 종류	진흙과 같은 작은 알갱이로 되어 있음.	주로 모래로 되어 있음.	주로 자갈, 모래 등으로 되어 있음.

07 다음 (   ) 안에 들어갈 알맞은 말은 어느 것입니까? (   )

> 물이 운반한 자갈, 모래, 진흙 등의 퇴적물이 굳어져 만들어진 암석을 (   )(이)라고 한다.

① 변성암　　② 퇴적암　　③ 화산암
④ 심성암　　⑤ 화성암

08 다음 보기 와 같은 특징을 가진 퇴적암을 골라 기호를 쓰시오.

> **보기**
> • 알갱이의 크기가 매우 작다.
> • 진흙과 같은 작은 알갱이로 되어 있다.
> • 손으로 만져 보면 부드럽고 매끄럽다.

ㄱ　　　　　ㄴ　　　　　ㄷ

▲ 이암　　　▲ 사암　　　▲ 역암

(   )

개념 5 › 퇴적암이 만들어지는 과정을 묻는 문제

(1) 햇빛, 비, 바람 등에 의하여 암석이 부서져 작은 돌이나 자갈, 모래 등이 됨.
(2) 흐르는 물에 의하여 운반된 자갈, 모래, 진흙 등이 강이나 바다에 쌓임.
(3) 쌓인 퇴적물은 그 위에 새로 쌓이는 퇴적물에 의하여 눌려 알갱이 사이의 공간이 좁아지고, 여러 가지 물질에 의하여 알갱이들이 서로 단단하게 붙음.
(4) 오랜 시간 반복되어 단단한 퇴적암이 됨.

09 다음은 퇴적암이 만들어지는 과정을 나타낸 것입니다. 순서대로 기호를 쓰시오.

> ㉠ 오랜 시간 반복되어 단단한 퇴적암이 된다.
> ㉡ 흐르는 물에 의하여 운반된 자갈, 모래, 진흙 등이 강이나 바다에 쌓인다.
> ㉢ 햇빛, 비, 바람 등에 의하여 암석이 부서져 작은 돌이나 자갈, 모래 등이 된다.
> ㉣ 쌓인 퇴적물은 그 위에 새로 쌓이는 퇴적물에 의하여 눌려 알갱이 사이의 공간이 좁아지고, 여러 가지 물질에 의하여 알갱이들이 서로 단단하게 붙는다.

( )

10 퇴적암이 만들어지는 과정에서 쌓인 퇴적물은 그 위에 쌓이는 퇴적물에 의해 눌립니다. 이때 나타나는 현상으로 옳은 것은 어느 것입니까? ( )

① 퇴적물의 색깔이 변한다.
② 퇴적물의 부피가 커진다.
③ 알갱이가 더 작게 부서진다.
④ 알갱이 사이의 공간이 넓어진다.
⑤ 알갱이 사이의 공간이 좁아진다.

개념 6 › 퇴적암 모형과 실제 퇴적암의 공통점과 차이점을 묻는 문제

(1) 퇴적암 모형을 만드는 방법: 종이컵에 모래를 종이컵의 $\frac{1}{3}$ 정도 넣은 다음, 종이컵에 넣은 모래 양의 반 정도의 물 풀을 넣음. → 나무 막대기로 섞어 모래 반죽을 만듦. → 다른 종이컵으로 모래 반죽을 누름. → 하루 동안 그대로 놓아둔 다음, 종이컵을 찢어 모래 반죽을 꺼냄.
(2) 퇴적암 모형과 실제 퇴적암의 공통점과 차이점

공통점	모두 모래로 만들어졌음.
차이점	퇴적암 모형은 만드는 데 걸리는 시간이 짧지만, 실제 퇴적암인 사암은 만들어지는 데 오랜 시간이 걸림.

11 다음과 같이 퇴적암 모형을 만들 때 모래에 물 풀을 넣는 까닭은 무엇입니까? ( )

① 모래 알갱이를 서로 떨어지게 하려고
② 모래 알갱이의 색깔을 바꾸기 위해서
③ 모래 알갱이를 서로 붙여 주기 위해서
④ 모래 알갱이를 더 작게 부수기 위해서
⑤ 모래 알갱이 사이의 공간을 넓어지게 하기 위해서

12 퇴적암 모형과 실제 퇴적암인 사암이 만들어질 때 공통적으로 사용된 것은 어느 것입니까?

( )

① 자갈   ② 진흙   ③ 모래
④ 바위   ⑤ 암석

01 다음 ( ) 안에 들어갈 알맞은 말을 쓰시오.

> 자갈, 모래, 진흙 등으로 이루어진 (㉠)
> 들이 층을 이루고 있는 것을 (㉡)(이)라
> 고 한다.

㉠ (   ), ㉡ (   )

02 끊어진 지층은 어느 것입니까? (   )

①  ②

③  ④

⑤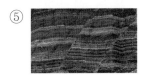

03 다음 지층에 대한 설명으로 옳지 <u>않은</u> 것은 어느
것입니까? (   )

① 줄무늬가 보인다.
② 층이 구부러져 있다.
③ 층이 끊어져 어긋나 있다.
④ 층마다 색깔이 조금씩 다르다.
⑤ 여러 개의 층으로 이루어져 있다.

ㄷ중요ㄱ
04 다음은 여러 가지 모양의 지층의 공통점에 대한
민서와 서희의 대화입니다. ( ) 안에 들어갈
알맞은 말을 쓰시오.

(   )

05 다음 두 지층을 비교하고, 바르게 설명한 것의 기
호를 쓰시오.

㈎  ㈏

> ㉠ 지층 ㈎와 ㈏는 모양이 서로 다르다.
> ㉡ 지층 ㈎와 ㈏는 층의 두께와 색깔이 같다.
> ㉢ 지층 ㈎는 여러 개의 층으로 이루어져 있는
>   데, 지층 ㈏는 한 개의 암석으로 이루어져
>   있다.

(   )

06 지층을 볼 수 있는 곳을 두 가지 고르시오.
(,   )

① 산기슭   ② 집 마당
③ 교실 복도   ④ 학교 운동장
⑤ 바닷가의 절벽

[07~08] 다음은 투명한 플라스틱 원통에 물을 먼저 넣은 뒤, 자갈, 모래, 진흙을 넣어 만든 지층 모형입니다. 물음에 답하시오.

07 위 지층 모형을 관찰한 내용으로 옳지 <u>않은</u> 것은 어느 것입니까? (   )

① 줄무늬가 보인다.
② 층층이 쌓여 있다.
③ 층의 두께가 같다.
④ 층마다 알갱이의 색깔이 다르다.
⑤ 층마다 알갱이의 크기가 다르다.

08 위 지층 모형에서 ㉠과 ㉡ 중 먼저 만들어진 층의 기호를 쓰시오.

(   )

09 다음은 지층에 줄무늬가 생기는 까닭을 설명한 것입니다. (   ) 안에 들어갈 알맞은 말은 어느 것입니까? (   )

> 지층을 이루고 있는 자갈, 모래, 진흙의 알갱이의 (㉠)와/과 (㉡)이/가 서로 달라 지층에 평행한 줄무늬가 나타난다.

	㉠	㉡		㉠	㉡
①	모양	무게	②	크기	색깔
③	색깔	무게	④	무게	색깔
⑤	무게	모양			

10 다음은 지층이 만들어져 발견되는 과정을 순서 없이 나타낸 것입니다. 순서대로 기호를 쓰시오.

㉠
자갈, 모래, 진흙 등이 계속 쌓이면 먼저 쌓인 것들이 눌린다.

㉡
지층은 땅 위로 솟아오른 뒤 깎여서 보인다.

㉢
물이 운반한 자갈, 모래, 진흙 등이 쌓인다.

㉣
오랜 시간이 지나면 단단한 지층이 만들어진다.

(   )

11 다음 지층을 보고, 가장 먼저 쌓인 층과 가장 나중에 쌓인 층의 기호를 쓰시오.

(1) 가장 먼저 쌓인 층: (   )
(2) 가장 나중에 쌓인 층: (   )

⌐서술형⌐

12 다음 지층 모형과 실제 지층의 모습을 보고, 차이점을 한 가지 쓰시오.

▲ 지층 모형

▲ 실제 지층

_____

_____

[13~15] 다음 여러 가지 퇴적암을 보고, 물음에 답하시오.

이암	사암	역암

ᑎ중요ᑐ

13 위와 같이 여러 가지 퇴적암을 분류하였습니다. 분류 기준으로 알맞은 것은 어느 것입니까?

( )

① 암석의 크기
② 암석의 무게
③ 암석의 모양
④ 알갱이의 무게
⑤ 알갱이의 크기

14 위의 퇴적암 중 주로 진흙과 같은 작은 알갱이로 되어 있는 암석은 무엇인지 쓰시오.

( )

15 위의 퇴적암에 대한 설명으로 옳은 것은 어느 것입니까? ( )

① 사암은 주로 모래로 되어 있다.
② 이암은 주로 자갈로 되어 있다.
③ 이암은 알갱이의 크기가 가장 크다.
④ 역암은 알갱이의 크기가 가장 작다.
⑤ 역암은 모래와 같은 작은 알갱이로만 되어 있다.

[16~18] 다음은 모래로 퇴적암 모형을 만드는 실험입니다. 물음에 답하시오.

⑺

모래를 종이컵의 $\frac{1}{3}$ 정도 넣은 다음, 모래 양의 반 정도의 (㉠)을/를 넣는다.

⑷ 나무 막대기

나무 막대기로 섞어 모래 반죽을 만든다.

⑸

누른다.

다른 종이컵으로 모래 반죽을 누른다.

⑹

하루 동안 그대로 놓아둔 다음, 종이컵을 찢어 모래 반죽을 꺼낸다.

16 위 과정 ⑺에서 모래에 넣는 ㉠은 무엇인지 쓰시오.

( )

ᑎ서술형ᑐ

17 위 과정 ⑸에서 다른 종이컵으로 모래 반죽을 누르는 까닭을 쓰시오.

_____

_____

18 위 실험에서 만든 퇴적암 모형과 실제 퇴적암인 사암의 공통점에 대한 설명입니다. ( ) 안에 들어갈 알맞은 말을 쓰시오.

퇴적암 모형과 사암은 모두 ( )(으)로 만들어졌다.

( )

서술형·논술형 평가 돋보기

학교에서 출제되는 서술형·논술형 평가를 미리 준비하세요.

연습 문제

문제 해결 전략
지층은 자갈, 모래, 진흙 등으로 이루어진 암석들이 층을 이루고 있는 것으로, 수평인 지층, 끊어진 지층, 휘어진 지층 등 모양이 다양합니다.

핵심 키워드
수평, 줄무늬, 층

1 다음 여러 가지 모양의 지층을 보고, 물음에 답하시오.

(가)  (나)  (다)

(1) 위 여러 가지 모양의 지층의 특징을 쓰시오.

(가)	얇은 층이 ( )(으)로 쌓여 있다.
(나)	층이 ( ) 어긋나 있다.
(다)	층이 ( ) 있다.

(2) 위 여러 가지 모양의 지층을 보고, 공통점과 차이점을 쓰시오.

공통점	• ( )이/가 보인다. • 여러 개의 ( )(으)로 이루어져 있다.
차이점	• 층의 ( )와/과 ( )이/가 다르다. • 수평인 지층, 끊어진 지층, 휘어진 지층 등 지층의 ( )이/가 서로 다르다.

문제 해결 전략
퇴적암이 만들어지는 과정에서 퇴적물이 계속 쌓이면서 그 위에 쌓이는 퇴적물이 누르는 힘 때문에 알갱이 사이의 공간이 좁아지고, 녹아 있는 여러 가지 물질이 물 풀과 같은 역할을 하여 알갱이들을 서로 단단하게 붙게 합니다.

핵심 키워드
알갱이, 공간

2 다음 퇴적암 모형을 만드는 과정을 보고, 물음에 답하시오.

(가)   (나)   (다)  (라)

종이컵에 모래와 물 풀을 넣는다. 나무 막대기로 섞어 모래 반죽을 만든다. 다른 종이컵으로 모래 반죽을 누른다. 하루 동안 놓아둔 뒤, 모래 반죽을 꺼낸다.

(1) 위 과정 (가)에서 물 풀이 하는 역할을 쓰시오.

> 모래를 넣은 종이컵에 물 풀을 넣으면 모래 알갱이 사이의 (   )을/를 채우고 모래 알갱이를 서로 붙여 줄 수 있다.

(2) 위 과정 (다)에서 다른 종이컵으로 모래 반죽을 누르는 까닭을 쓰시오.

> 모래와 모래 사이의 공간을 (   ) 하기 위해서이다.

실전 문제

1 다음은 지층이 만들어져 발견되는 과정입니다. 과정 (나)의 (　) 안에 들어갈 알맞은 내용을 쓰시오.

(가)
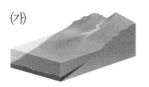
물이 운반한 자갈, 모래, 진흙 등이 쌓인다.

(나)
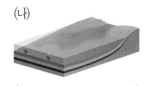
(　　　　　)

(다)

오랜 시간이 지나면 단단한 지층이 만들어진다.

(라)

지층은 땅 위로 솟아오른 뒤 깎여서 보인다.

_____

_____

2 다음은 지층 모형과 실제 지층의 모습입니다. 물음에 답하시오.

▲ 지층 모형

▲ 실제 지층

(1) 위 지층 모형과 실제 지층에서 가장 먼저 쌓인 층의 기호를 각각 쓰시오.

- 지층 모형: (　　　　　)
- 실제 지층: (　　　　　)

(2) 위 지층 모형과 실제 지층의 공통점을 한 가지 쓰시오.

_____

_____

3 다음 여러 가지 퇴적암을 보고, 물음에 답하시오.

이암	사암	역암
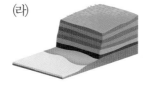		

(1) 위와 같이 퇴적암을 분류한 기준이 무엇인지 쓰시오.

_____

_____

(2) 위 퇴적암 중 주로 모래로 되어 있는 것의 이름과 특징을 한 가지 쓰시오.

_____

_____

4 다음 모래로 만든 퇴적암 모형과 실제 퇴적암인 사암을 비교하고, 차이점을 쓰시오.

▲ 퇴적암 모형

▲ 실제 퇴적암

_____

_____

(2) 지층 속 생물의 흔적

1 화석

(1) **화석**: 퇴적암 속에 아주 오랜 옛날에 살았던 생물의 몸체와 생물이 생활한 흔적이 남아 있는 것입니다.

① 화석은 종류와 형태가 다양합니다.

② 동물의 뼈나 식물의 잎과 같은 생물의 몸체뿐만 아니라 동물의 발자국이나 기어간 흔적도 화석이 될 수 있습니다.

③ 거대한 공룡의 뼈에서부터 현미경으로 관찰할 수 있는 작은 생물까지 그 크기가 다양합니다.

④ 오늘날에 살고 있는 생물과 비교하여 화석 속 생물이 동물인지 식물인지 구분할 수 있습니다.

▶ **화석이 아닌 것**

• 고인돌

옛날에 살았던 생물의 몸체나 생물이 생활한 흔적이 아니라 사람이 만든 유물입니다.

• 모래에 난 사람의 발자국

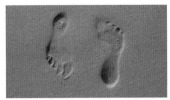

최소한 생성된 뒤 약 1만 년 이상은 되어야 화석이라는 것이 일반적으로 받아들여지고 있는 화석의 기준입니다. 모래에 난 사람의 발자국은 이 기준에 맞지 않고 옛것이 아닙니다.

▶ **공룡 화석**

(2) **여러 가지 화석 관찰하기**

삼엽충 화석	고사리 화석	나뭇잎 화석
머리, 가슴, 꼬리의 세 부분으로 나눌 수 있으며, 모양이 잎을 닮았다.	식물의 줄기와 잎이 잘 보이며, 오늘날의 고사리 모습과 비슷하다.	잎의 가장자리가 갈라져 손 모양을 하고 있고, 잎맥이 잘 보인다.
물고기 화석	**새 발자국 화석**	**공룡알 화석**
지금 물고기의 모습과 비슷하게 생겼으며, 종류가 매우 다양하다.	새들이 생활한 흔적이 남아 있는 화석으로, 지금 살고 있는 새의 발자국 모습과 비슷하다.	오늘날 여러 알의 모양과 비슷하게 생겼으며, 공룡이 알을 낳았다는 것을 알려 준다.

(3) **동물 화석과 식물 화석으로 분류하기**

동물 화석		식물 화석	
• 삼엽충 화석	• 물고기 화석	• 고사리 화석	• 나뭇잎 화석
• 새 발자국 화석	• 공룡알 화석		

🍎 **낱말 사전**

몸체 물체의 몸이 되는 부분
호박(琥珀) 지질 시대 나무의 진 따위가 땅속에 묻혀서 탄소, 수소, 산소 따위와 화합하여 굳어진 누런색 광물

(4) 돌로 되어 있지 않은 화석: 얼음 속이나 호박에 갇혀 살아 있던 모습 그대로 화석이 되기도 합니다.

▲매머드 화석

▲ 호박 화석

▶ 화석이 만들어지는 데 걸리는 시간
화석이 만들어지려면 생물이 퇴적물에 묻히고 굳어져야 하며 화석화가 진행되어야 하는데, 이 과정은 매우 오랜 시간이 걸립니다.

2 화석이 만들어지는 과정

(1) 화석이 만들어져 발견되는 과정

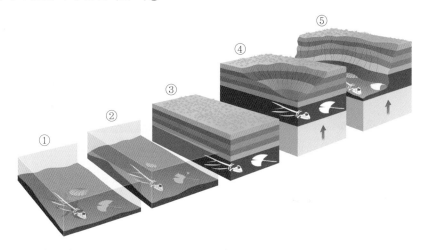

▶ 공룡 발자국이 단단한 지층에 화석으로 남아 있게 된 까닭

당시에는 단단한 층이 아니라 부드러운 진흙으로 되어 있어 발자국이 남았기 때문입니다.

① 죽은 생물이나 나뭇잎 등이 호수나 바다의 바닥으로 운반됩니다.

② 그 위에 퇴적물이 두껍게 쌓입니다.

③ 퇴적물이 계속 쌓여 지층이 만들어지고 그 속에 묻힌 생물이 화석이 됩니다.

④ 지층이 높게 솟아오른 뒤 깎입니다.

⑤ 지층이 더 많이 깎여 화석이 드러납니다.

(2) 화석이 잘 만들어지는 조건

① 생물의 몸체 위에 퇴적물이 빠르게 쌓여야 합니다.

② 동물의 뼈, 이빨, 껍데기, 식물의 잎, 줄기 등과 같이 단단한 부분이 있으면 화석으로 만들어지기 쉽습니다.

🐭 개념 확인 문제

1 퇴적암 속에 옛날에 살았던 생물의 (   )와/과 생물이 생활한 흔적이 남아 있는 것을 화석이라고 합니다.

2 고사리 화석과 나뭇잎 화석은 (동물 , 식물) 화석입니다.

3 생물의 몸체 위에 퇴적물이 (빠르게 , 느리게) 쌓여야 화석이 잘 만들어집니다.

정답 1 몸체 2 식물 3 빠르게

교과서 내용 학습

▶ **화석을 연구하는 과학자가 하는 일**
- 화석을 연구하여 여러 가지를 알아냅니다.
- 발굴된 화석을 복원하여 전시하기도 합니다.

▶ **화석의 가치와 의미**
- 고생물을 알 수 있습니다.
  → 지질 시대에 살았던 생물의 종류, 크기, 생태에 관한 자료를 가장 확실하게 얻을 수 있습니다.
- 시대와 환경을 알 수 있습니다.
  → 고생대의 삼엽충 화석, 중생대의 암모나이트 화석과 공룡 화석 등이 있습니다.
- 지하 자원 탐사에 도움을 줍니다.
  → 석유, 천연가스, 석탄 등은 많은 양의 생물체가 죽은 뒤에 쌓여서 만들어진 것입니다.

3 화석의 이용

(1) 화석의 이용

① 옛날에 살았던 생물의 생김새와 생활 모습, 그 지역의 환경을 짐작할 수 있습니다.

② 지층이 쌓인 시기를 알 수 있습니다.

③ 석탄이나 석유와 같은 화석 연료는 우리 생활에 유용하게 이용됩니다.

삼엽충 화석	산호 화석

• 옛날에 살았던 삼엽충의 생김새를 알 수 있다. • 삼엽충 화석이 발견된 곳이 당시에 물속이었다는 것을 알 수 있다.	• 지금 산호의 생김새와 비슷하다는 것을 알 수 있다. • 산호 화석이 발견된 곳은 깊이가 얕고 따뜻한 바다였음을 알 수 있다.
공룡 발자국 화석	석탄과 석유

• 옛날에 살았던 공룡에 대해 알 수 있다. • 공룡이 살던 시기에 쌓인 지층이라는 것을 알 수 있다.	• 화석은 연료로도 이용된다는 것을 알 수 있다.

(2) 화석을 이용하여 생물의 모습과 환경 알아보기

① 고사리와 고사리 화석의 공통점과 차이점

▲ 고사리

▲ 고사리 화석

- 공통점: 잎과 줄기의 생김새가 비슷합니다.
- 차이점: 색깔이 다릅니다.

② 화석 속 고사리가 살았던 지역의 환경: 화석 속 고사리가 살던 곳은 지금의 고사리처럼 따뜻하고 습기가 많은 곳이었을 것입니다.

낱말 사전

짐작(斟酌) 사정이나 형편 따위를 어림잡아 헤아림.

개념 확인 문제

1 화석을 이용하면 옛날에 살았던 생물의 생김새와 생활 모습, 그 지역의 (   )을/를 짐작할 수 있습니다.

2 우리가 연료로 사용하는 석탄과 석유는 옛날의 생물이 변한 것으로 (   )(이)라고 합니다.

3 고사리와 고사리 화석을 비교해 보면 (색깔 , 줄기의 생김새)이/가 다릅니다.

정답 **1** 환경 **2** 화석 연료 **3** 색깔

화석 모형 만들기

[준비물] 찰흙판, 찰흙 반대기, 조개껍데기, 알지네이트 반죽, 조개 화석 표본

[실험 방법]

①
조개껍데기

찰흙 반대기에 조개껍데기를 올려놓고 손으로 눌렀다가 떼어 냅니다.

②
알지네이트 반죽

찰흙 반대기에 생긴 조개껍데기 자국이 모두 덮이도록 알지네이트 반죽을 붓습니다.

③

알지네이트가 다 굳으면 알지네이트를 찰흙 반대기에서 떼어 냅니다.

④

완성된 화석 모형을 관찰해 봅시다.

주의할 점
알지네이트 반죽이 굳는 데 보통 2분 정도가 걸리므로 알지네이트 반죽은 찰흙 반대기에 붓기 직전에 만들어서 사용합니다.

[실험 결과]

① 완성된 화석 모형을 관찰하고 그림과 글로 나타내기

그림	글
(조개 화석 모형 그림)	• 조개 모양이다. • 줄무늬가 보인다.

② 화석 모형과 실제 화석의 공통점과 차이점

공통점	• 모양과 무늬가 같다.
차이점	• 실제 화석은 화석 모형보다 단단하고, 색깔과 무늬가 선명하다. • 화석 모형은 만드는 데 걸리는 시간이 짧지만, 실제 화석은 만들어지는 데 오랜 시간이 걸린다.

중요한 점
화석 모형 만들기 실험에서 찰흙 반대기는 지층을, 조개껍데기는 옛날에 살았던 생물을, 찰흙 반대기에 찍힌 조개의 겉모양과 알지네이트로 만든 조개의 형태는 화석에 비유됩니다.

🐱 **탐구 문제**

정답과 해설 5쪽

1 다음은 화석 모형을 만드는 과정을 순서 없이 나열한 것입니다. 화석 모형 만들기에 맞게 순서대로 기호를 쓰시오.

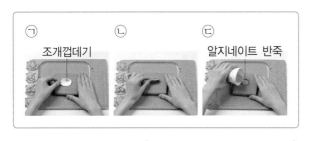
ㄱ 조개껍데기 ㄴ ㄷ 알지네이트 반죽

( )

2 화석 모형과 실제 화석의 공통점으로 옳은 것의 기호를 쓰시오.

> ㄱ 화석 모형과 실제 화석은 모양이 같다.
> ㄴ 화석 모형과 실제 화석은 단단한 정도가 같다.
> ㄷ 화석 모형과 실제 화석은 만드는 데 걸리는 시간이 같다.

( )

핵심 개념 문제

개념 1 · 화석이 무엇인지 묻는 문제

(1) 화석: 퇴적암 속에 옛날에 살았던 생물의 몸체와 생물이 생활한 흔적이 남아 있는 것

(2) 동물의 뼈나 식물의 잎과 같은 생물의 몸체뿐만 아니라 동물의 발자국이나 기어간 흔적도 화석이 될 수 있음.

(3) 거대한 공룡의 뼈부터 현미경으로 관찰할 수 있는 작은 생물까지 그 크기가 다양함.

(4) 오늘날에 살고 있는 생물과 비교하여 화석 속 생물이 동물인지 식물인지 구분할 수 있음.

01 다음 ( ) 안에 들어갈 알맞은 말을 쓰시오.

> 퇴적암 속에 아주 오랜 옛날에 살았던 생물의 몸체와 생물이 생활한 흔적이 남아 있는 것을 ( )(이)라고 한다.

( )

ㄷ중요ㄱ

02 화석에 대한 설명으로 옳지 <u>않은</u> 것은 어느 것입니까? ( )

① 동물의 뼈는 화석이 될 수 있다.

② 식물의 잎과 같은 생물의 몸체는 화석이 될 수 있다.

③ 동물의 발자국이나 기어간 흔적은 화석이 될 수 없다.

④ 거대한 공룡의 뼈부터 현미경으로 관찰할 수 있는 작은 생물까지 그 크기가 다양하다.

⑤ 오늘날에 살고 있는 생물과 비교하여 화석 속 생물이 동물인지 식물인지 구분할 수 있다.

개념 2 · 여러 가지 화석의 특징을 묻는 문제

(1) 삼엽충 화석: 머리, 가슴, 꼬리의 세 부분으로 나눌 수 있으며, 모양이 잎을 닮았음.

(2) 고사리 화석: 식물의 줄기와 잎이 잘 보임.

(3) 나뭇잎 화석: 잎맥이 잘 보임.

(4) 물고기 화석: 지금 물고기의 모습과 비슷함.

(5) 새 발자국 화석: 지금 살고 있는 새의 발자국 모습과 비슷함.

(6) 공룡알 화석: 오늘날 여러 알의 모양과 비슷하게 생겼음.

03 오른쪽 삼엽충 화석에 대한 설명으로 옳은 것은 어느 것입니까? ( )

① 잎맥이 잘 보인다.

② 줄기와 잎이 잘 보인다.

③ 오늘날 여러 알의 모양과 비슷하다.

④ 지금 살고 있는 새의 발자국 모습과 같다.

⑤ 머리, 가슴, 꼬리의 세 부분으로 나눌 수 있다.

04 다음과 같은 특징을 가진 화석의 기호를 쓰시오.

> 잎의 가장자리가 갈라져 손 모양을 하고 있고, 잎맥이 잘 보인다.

▲ 나뭇잎 화석   ▲ 물고기 화석   ▲ 공룡알 화석

( )

개념 3 • 동물 화석과 식물 화석을 묻는 문제

동물 화석	식물 화석
• 삼엽충 화석 • 물고기 화석 • 새 발자국 화석 • 공룡알 화석	• 고사리 화석 • 나뭇잎 화석

05 다음 화석은 동물 화석과 식물 화석 중 어느 것으로 분류할 수 있는지 쓰시오.

( )

06 식물 화석은 어느 것입니까? ( )

①
②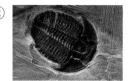
③
④
⑤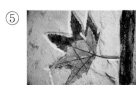

개념 4 • 화석이 만들어져 발견되는 과정을 묻는 문제

(1) 죽은 생물이나 나뭇잎 등이 호수나 바다의 바닥으로 운반되면, 그 위에 퇴적물이 두껍게 쌓임.
(2) 퇴적물이 계속 쌓여 지층이 만들어지고 그 속에 묻힌 생물이 화석이 됨.
(3) 지층이 높게 솟아오른 뒤 깎임.
(4) 지층이 더 많이 깎여 화석이 드러남.

07 다음은 화석이 만들어져 발견되는 과정을 순서 없이 나타낸 것입니다. 순서대로 기호를 쓰시오.

⊙ 지층이 높게 솟아오른 뒤 깎인다.
⊙ 그 위에 퇴적물이 두껍게 쌓인다.
⊙ 지층이 더 많이 깎여 화석이 드러난다.
⊙ 죽은 생물이나 나뭇잎 등이 호수나 바다의 바닥으로 운반된다.
⊙ 퇴적물이 계속 쌓여 지층이 만들어지고 그 속에 묻힌 생물이 화석이 된다.

( )

08 다음은 화석이 잘 만들어지기 위한 조건을 나타낸 것입니다. ( ) 안의 알맞은 말에 ○표 하시오.

• 생물의 몸체 위에 퇴적물이 (빠르게 , 느리게) 쌓여야 한다.
• 생물의 몸체에서 (단단한 , 부드러운) 부분이 있으면 화석으로 만들어지기 쉽다.

개념 5 · 화석 모형과 실제 화석의 공통점과 차이점을 묻는 문제

(1) 화석 모형을 만드는 방법: 찰흙 반대기에 조개껍데기를 올려놓고 손으로 눌렀다가 떼어 냄. → 찰흙 반대기에 생긴 조개껍데기 자국이 모두 덮이도록 알지네이트 반죽을 부음. → 알지네이트가 다 굳으면 알지네이트를 찰흙 반대기에서 떼어 냄.

(2) 화석 모형과 실제 화석의 공통점과 차이점

공통점	• 모양과 무늬가 같음.
차이점	• 실제 화석은 화석 모형보다 단단하고, 색깔과 무늬가 선명함. • 화석 모형은 만드는 데 걸리는 시간이 짧지만, 실제 화석은 만들어지는 데 오랜 시간이 걸림.

09 다음은 화석 모형을 만드는 과정입니다. ( ) 안에 공통으로 들어갈 준비물은 어느 것입니까?
( )

> ㉠ 찰흙 반대기에 조개껍데기를 올려놓고 손으로 눌렀다가 떼어 낸다.
> ㉡ 찰흙 반대기에 생긴 조개껍데기 자국이 모두 덮이도록 ( ) 반죽을 붓는다.
> ㉢ ( )이/가 다 굳으면 찰흙 반대기에서 떼어 낸다.

① 물 ② 식초 ③ 물 풀
④ 식용유 ⑤ 알지네이트

10 화석 모형과 실제 화석의 차이점으로 옳은 것을 보기 에서 골라 기호를 쓰시오.

> **보기**
> ㉠ 모양이 다르다.
> ㉡ 무늬가 다르다.
> ㉢ 만드는 데 걸리는 시간이 다르다.

( )

개념 6 · 화석의 이용을 묻는 문제

(1) 옛날에 살았던 생물의 생김새와 생활 모습, 그 지역의 환경을 짐작할 수 있음.

삼엽충 화석	• 옛날에 살았던 삼엽충의 생김새를 알 수 있음. • 삼엽충 화석이 발견된 곳이 당시에 물속이었다는 것을 알 수 있음.
산호 화석	• 지금 산호의 생김새와 비슷하다는 것을 알 수 있음. • 산호 화석이 발견된 곳은 깊이가 얕고 따뜻한 바다였음을 알 수 있음.

(2) 지층이 쌓인 시기를 알 수 있음. ㉖ 공룡 발자국 화석으로 공룡이 살던 시기에 쌓인 지층이라는 것을 알 수 있음.

(3) 석탄이나 석유와 같은 화석 연료는 우리 생활에 유용하게 이용됨.

11 옛날에 살았던 생물의 생김새와 생활 모습, 그 지역의 환경을 짐작할 수 있게 해 주는 것은 어느 것입니까? ( )

① 지층 ② 화석 ③ 퇴적물
④ 퇴적암 ⑤ 고인돌

12 어느 지역에서 다음과 같은 산호 화석이 발견되었습니다. 옛날에 이 지역의 환경으로 알맞은 것에 ○표 하시오.

(1) 깊이가 깊고 차가운 호수 ( )
(2) 깊이가 얕고 차가운 호수 ( )
(3) 깊이가 얕고 따뜻한 바다 ( )
(4) 깊이가 깊고 따뜻한 바다 ( )

01 다음 ( ) 안에 들어갈 알맞은 말을 쓰시오.

> 화석은 퇴적암 속에 아주 오랜 옛날에 살았던 생물의 몸체와 생물이 생활한 ( )이/가 남아 있는 것이다.

( )

ᒥ중요ᒧ
02 화석에 대한 설명으로 옳지 <u>않은</u> 것은 어느 것입니까? ( )

① 공룡 발자국은 화석이다.
② 모래에 난 사람의 발자국은 화석이다.
③ 동물이 기어간 흔적도 화석이 될 수 있다.
④ 동물의 뼈나 식물의 잎과 같은 생물의 몸체도 화석이 될 수 있다.
⑤ 화석은 거대한 공룡의 뼈부터 현미경으로 관찰할 수 있는 작은 생물까지 그 크기가 다양하다.

03 다음과 같은 고인돌이 화석이 <u>아닌</u> 까닭을 [보기] 에서 골라 기호를 쓰시오.

> **보기**
>
> ㉠ 모양이 너무 뚜렷하기 때문이다.
> ㉡ 생물이 생활한 흔적이 아니기 때문이다.
> ㉢ 옛날에 만들어진 것이 아니기 때문이다.

( )

04 다음 [보기] 에서 삼엽충 화석에 대한 설명으로 옳은 것을 골라 기호를 쓰시오.

> **보기**
>
> ㉠ 손 모양을 하고 있다.
> ㉡ 지금 물고기의 모습과 비슷하다.
> ㉢ 머리, 가슴, 꼬리의 세 부분으로 나눌 수 있다.

( )

[05~06] 다음 여러 화석을 보고, 물음에 답하시오.

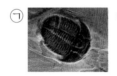 

㉠ ▲ 삼엽충 화석   ㉡ ▲ 고사리 화석   ㉢ ▲ 나뭇잎 화석

㉣ ▲ ( )   ㉤ ▲ 새 발자국 화석   ㉥ ▲ 공룡알 화석

05 위 ㉣ 화석의 이름을 쓰시오.

( )

06 위 화석을 다음과 같이 분류하였습니다. 잘못 분류된 것을 골라 기호를 쓰시오.

식물 화석	동물 화석
㉠, ㉡, ㉢	㉣, ㉤, ㉥

( )

07 동물 화석과 식물 화석에 대한 설명으로 옳은 것은 어느 것입니까? ( )

① 식물 화석은 뿌리 부분만 남아 있다.

② 동물 화석은 모두 바닷속에서 발견된다.

③ 동물 화석은 주로 동물의 살 부분으로 되어 있다.

④ 오늘날 살고 있는 생물과 비교하여 화석 속 생물이 동물인지 식물인지 구분한다.

⑤ 화석이 발견되었을 때는 동물 화석으로 분류되었다가 나중에 식물 화석으로 분류되는 경우가 많다.

08 다음은 화석이 만들어져 발견되는 과정을 나타낸 것입니다. ( ) 안에 공통으로 들어갈 알맞은 말을 쓰시오.

> ㉠ 죽은 생물이나 나뭇잎 등이 호수나 바다의 바닥으로 운반된다.
> ㉡ 그 위에 퇴적물이 두껍게 쌓인다.
> ㉢ 퇴적물이 계속 쌓여 지층이 만들어지고 그 속에 묻힌 생물이 ( )이/가 된다.
> ㉣ 지층이 높게 솟아오른 뒤 깎인다.
> ㉤ 지층이 더 많이 깎여 ( )이/가 드러난다.

( )

[09~11] 다음은 화석 모형을 만드는 과정을 나타낸 것입니다. 물음에 답하시오.

(가)

조개껍데기

( )에 조개껍데기를 올려놓고 손으로 눌렀다가 떼어 낸다.

(나)

알지네이트 반죽

( )에 생긴 조개껍데기 자국이 모두 덮이도록 알지네이트 반죽을 붓는다.

(다)

알지네이트가 다 굳으면 알지네이트를 ( )에서 떼어 낸다.

09 이 실험에서 ( ) 안에 들어갈 알맞은 준비물은 무엇인지 쓰시오.

( )

10 이 실험에서 조개껍데기는 실제 화석이 만들어지는 과정에서 무엇에 해당되는지 보기 에서 골라 기호를 쓰시오.

> 보기
> ㉠ 지층
> ㉡ 화석
> ㉢ 옛날에 살았던 생물

( )

⊏서술형⊐

11 이 실험에서 만든 화석 모형과 실제 조개 화석의 공통점을 한 가지 쓰시오.

_____

_____

⊏중요⊐

12 다음은 화석 모형과 실제 화석의 차이점을 설명한 것입니다. ( ) 안의 알맞은 말에 ○표 하시오.

> • 실제 화석은 화석 모형보다 (단단하고 , 무르고) 색깔과 무늬가 선명하다.
> • 화석 모형은 만드는 데 걸리는 시간이 (짧지만 , 길지만), 실제 화석은 만들어지는 데 (짧은 , 오랜) 시간이 걸린다.

⊏중요⊐

13 화석이 잘 만들어지는 조건으로 옳은 것을 두 가지 고르시오. (,)

① 생물의 크기가 커야 한다.
② 생물의 수가 많아야 한다.
③ 생물의 무게가 적게 나가야 한다.
④ 생물의 몸체에서 단단한 부분이 있어야 한다.
⑤ 생물의 몸체 위에 퇴적물이 빠르게 쌓여야 한다.

14 화석이 발견된 곳이 깊이가 얕고 따뜻한 바다였음을 알 수 있는 것은 어느 것입니까? ( )

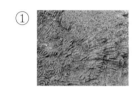
① ▲ 산호 화석

② ▲ 석탄

③ ▲ 공룡알 화석

④ ▲ 새 발자국 화석

⑤ ▲ 나뭇잎 화석

15 삼엽충 화석을 이용하여 알 수 있는 것을 보기 에서 모두 골라 기호를 쓰시오.

보기

㉠ 옛날에 살았던 삼엽충의 먹이를 알 수 있다.
㉡ 옛날에 살았던 삼엽충의 생김새를 알 수 있다.
㉢ 옛날에 살았던 삼엽충의 번식 방법을 알 수 있다.
㉣ 삼엽충 화석이 발견된 곳은 옛날에 물속이 었다는 것을 알 수 있다.

( )

16 화석 연료로 이용되는 것을 두 가지 고르시오.
(,)

① 석유
② 석탄
③ 산호 화석
④ 삼엽충 화석
⑤ 공룡알 화석

[17~18] 다음은 고사리와 고사리 화석의 모습입니다. 물음에 답하시오.

고사리	고사리 화석

⊏서술형⊐

17 위 고사리와 고사리 화석을 비교해 보고, 공통점을 한 가지 쓰시오.

_____

_____

18 위 화석 속 고사리가 살았던 지역의 환경을 바르게 짐작한 친구의 이름을 쓰시오.

• 민수: 춥고 건조했을 것 같아.
• 윤희: 따뜻하고 건조했을 것 같아.
• 재석: 춥고 습기가 많은 곳이었을 것 같아.
• 동준: 따뜻하고 습기가 많은 곳이었을 것 같아.

( )

학교에서 출제되는 서술형·논술형 평가를 미리 준비하세요.

연습 문제

1 다음 여러 가지 화석을 보고, 물음에 답하시오.

 ㉠   ㉡   ㉢   ㉣   ㉤

(1) 위 화석을 동물 화석과 식물 화석으로 분류하여 쓰시오.

동물 화석	식물 화석

(2) 위 (1)번의 답과 같이 동물 화석과 식물 화석으로 분류한 까닭을 쓰시오.

> 오늘날 살고 있는 생물과 비교하여 화석 속 (　　　)이/가 동물인 지 식물인지 (　　　)할 수 있기 때문이다.

2 다음은 화석 모형을 만드는 실험입니다. 물음에 답하시오.

(가)
조개껍데기
찰흙 반대기에 조개껍데기 를 올려놓고 손으로 눌렀 다가 떼어 낸다.

(나)
알지네이트 반죽
찰흙 반대기에 생긴 조개 껍데기 자국이 모두 덮이 도록 알지네이트 반죽을 붓는다.

(다)
알지네이트가 다 굳으면 알지네이트를 찰흙 반대기 에서 떼어 낸다.

(1) 위 실험과 실제 화석이 만들어지는 과정을 비교하여 각각 무엇을 나타내는지 쓰시오.

> 찰흙 반대기는 (　　　)을/를, 조개껍데기는 옛날에 살았던 (　　　)을/를, 찰흙 반대기에 찍힌 겉모양과 알지네이트로 만든 조개의 형태는 (　　　)에 비유된다.

(2) 화석 모형과 실제 화석의 공통점과 차이점을 쓰시오.

공통점	• (　　　)와/과 (　　　)이/가 같다.
차이점	• 실제 화석은 화석 모형보다 단단하고, 색깔과 무늬가 선명하다. • 화석 모형은 만드는 데 걸리는 시간이 (　　　), 실제 화석은 만들어지는 데 걸리는 시간이 (　　　).

문제 해결 전략
퇴적암 속에 옛날에 살았던 생물의 몸체 와 생물이 생활한 흔적이 남아 있는 것 을 화석이라고 합니다. 화석은 종류와 형 태가 다양합니다.

핵심 키워드
동물 화석, 식물 화석

문제 해결 전략
생물의 몸체나 생활한 흔적 위에 퇴적 물이 계속해서 쌓이면 퇴적암으로 이루 어진 지층이 만들어지고 그 속에 화석이 만들어집니다.

핵심 키워드
화석 모형, 실제 화석

실전 문제

1 다음은 모래에 난 사람의 발자국입니다. 물음에 답하시오.

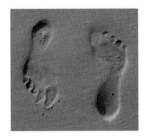

(1) 위 발자국은 화석인지, 화석이 아닌지 쓰시오.

(   )

(2) 위 (1)번과 같이 답한 까닭을 쓰시오.

_____

_____

2 다음과 같은 단단한 지층에 공룡 발자국이 화석으로 남을 수 있었던 까닭을 쓰시오.

_____

_____

3 다음은 화석인 석탄과 석유가 우리 생활에 이용되는 모습입니다. 이를 통해 알 수 있는 사실을 쓰시오.

▲ 석탄의 이용   ▲ 석유의 이용

_____

_____

4 다음과 같은 삼엽충 화석이 어떤 지역에서 발견되었습니다. 물음에 답하시오.

(1) 위 화석 속 생물의 생김새를 한 가지 쓰시오.

_____

_____

(2) 위 화석이 발견된 지역은 옛날에 어떤 환경이었을지 쓰시오.

_____

_____

1 지층

- 지층: 자갈, 모래, 진흙 등으로 이루어진 암석들이 층을 이루고 있는 것
- 여러 가지 모양의 지층 비교

▲ 수평인 지층

▲ 끊어진 지층

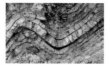
▲ 휘어진 지층

공통점	• 줄무늬가 보임. • 여러 개의 층으로 이루어져 있음.
차이점	• 층의 두께와 색깔이 다름. • 지층의 모양이 서로 다름.

- 지층이 만들어져 발견되는 과정

물이 운반한 자갈, 모래, 진흙 등이 쌓임.

자갈, 모래, 진흙 등이 계속 쌓이면 먼저 쌓인 것들이 눌림.

오랜 시간이 지나면 단단한 지층이 만들어짐.

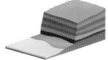
지층은 땅 위로 솟아오른 뒤 깎여서 보임.

2 퇴적암

- 퇴적암: 물이 운반한 자갈, 모래, 신흙 등의 퇴적물이 굳어져 만들어진 암석
- 퇴적암의 종류와 특징

구분	이암		사암		역암	
알갱이의 크기	매우 작음.		중간임.		가장 큼.	
알갱이의 종류	진흙과 같은 작은 알갱이		주로 모래		주로 자갈, 모래 등	
색깔	연한 갈색	노란색	연한 회색	연한 갈색	회색	짙은 갈색

3 화석

- 화석: 퇴적암 속에 옛날에 살았던 생물의 몸체와 생물이 생활한 흔적이 남아 있는 것
- 여러 가지 화석

▲ 삼엽충 화석

▲ 고사리 화석

▲ 나뭇잎 화석

▲ 물고기 화석

▲ 새 발자국 화석

▲ 공룡알 화석

- 화석의 이용
  - 옛날에 살았던 생물의 생김새, 생활 모습, 화석이 발견된 지역의 당시 환경을 짐작할 수 있음.
  - 지층이 쌓인 시기를 알 수 있음.
  - 석탄이나 석유와 같은 화석 연료는 우리 생활에 유용하게 이용됨.

대단원 마무리

⌐중요⌐
01 지층에 대한 설명으로 옳은 것은 어느 것입니까?
( )

① 옛날에 살았던 생물의 몸체나 흔적이 남아 있는 것이다.
② 옛날에 살았던 생물이 생활한 흔적이 남아 있는 것이다.
③ 자갈, 모래, 진흙 등으로 이루어진 암석들이 층을 이루고 있는 것이다.
④ 암석을 이루는 알갱이가 진흙보다 굵은 모래가 굳어져 만들어진 암석이다.
⑤ 진흙이나 갯벌의 흙과 같이 알갱이의 크기가 매우 작은 것이 굳어져 만들어진 암석이다.

[02~03] 다음은 여러 가지 모양의 지층입니다. 물음에 답하시오.

 ㉠   ㉡   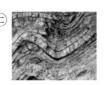 ㉢

02 위 지층 중 다음과 같은 특징을 가진 것의 기호를 쓰시오.

> • 쌓여 있는 얇은 층이 끊어져 어긋나 있다.
> • 두께와 색깔이 같은 층이 연결되어 있지 않다.

( )

03 위 지층에서 공통적으로 볼 수 있는 무늬는 무엇인지 쓰시오.

( )

2. 지층과 화석

[04~05] 다음은 지층 모형과 실제 지층의 모습입니다. 물음에 답하시오.

▲ 지층 모형   ▲ 실제 지층

04 위 지층 모형과 실제 지층에서 가장 나중에 쌓인 층의 기호를 각각 쓰시오.

(1) 지층 모형: ( )
(2) 실제 지층: ( )

05 위 지층 모형과 실제 지층을 비교한 내용으로 옳은 것에 모두 ○표 하시오.

(1) 지층 모형과 실제 지층에 모두 줄무늬가 보인다. ( )
(2) 지층 모형과 실제 지층은 모두 아래에 있는 층이 나중에 쌓인 것이다. ( )
(3) 지층 모형은 만드는 데 걸리는 시간이 짧지만, 실제 지층은 만들어지는 데 오랜 시간이 걸린다. ( )

⌐중요⌐
06 다음은 지층이 만들어져 발견되는 과정입니다. ( ) 안에 들어갈 알맞은 말을 쓰시오.

> ㈎ (㉠)이/가 운반한 자갈, 모래, 진흙 등이 쌓인다.
> ㈏ 자갈, 모래, 진흙 등이 계속 쌓이면 먼저 쌓인 것들이 (㉡).
> ㈐ 오랜 시간이 지나면 단단한 지층이 만들어진다.
> ㈑ 지층은 땅 위로 솟아오른 뒤 깎여서 보인다.

㉠ ( ), ㉡ ( )

07 암석을 이루는 알갱이의 크기가 작은 것부터 순서대로 나열한 것은 어느 것입니까? (　　)

① 사암 – 이암 – 역암
② 이암 – 역암 – 사암
③ 이암 – 사암 – 역암
④ 역암 – 사암 – 이암
⑤ 역암 – 이암 – 사암

08 다음과 같은 특징을 가진 퇴적암을 골라 기호를 쓰시오.

알갱이의 종류와 크기	주로 자갈, 모래 등으로 되어 있고, 알갱이의 크기가 크다.
색깔	회색이다.
손으로 만졌을 때의 느낌	부드럽기도 하고 거칠기도 하다.

▲ 이암　　　▲ 사암　　　▲ 역암

(　　　　　　　)

09 이암에 대한 설명으로 옳지 <u>않은</u> 것을 보기 에서 골라 기호를 쓰시오.

> **보기**
> ㉠ 손으로 만졌을 때의 느낌이 부드럽다.
> ㉡ 연한 갈색, 노란색 등 색깔이 다양하다.
> ㉢ 알갱이의 크기가 큰 것도 있고 작은 것도 있다.

(　　　　　　　)

[10~12] 다음은 퇴적암 모형을 만드는 실험입니다. 물음에 답하시오.

> ㈎ 종이컵에 모래를 종이컵의 $\frac{1}{3}$ 정도 넣은 다음, 종이컵에 넣은 모래 양의 반 정도의 물 풀을 넣는다.
> ㈏ 나무 막대기로 섞어 모래 반죽을 만든다.
> ㈐ 다른 종이컵으로 모래 반죽을 누른다.
> ㈑ 하루 동안 그대로 놓아둔 다음, 종이컵을 찢어 모래 반죽을 꺼낸다.

10 위 실험에서 모래와 모래 사이의 빈 곳을 채우고 모래 알갱이를 서로 붙여 주기 위해 넣는 것은 무엇인지 쓰시오.

(　　　　　　　)

11 ⊏중요⊐
위 과정 ㈐에서 다른 종이컵으로 모래 반죽을 누르는 까닭은 무엇입니까? (　　)

① 모래를 더 잘게 부수기 위해서
② 누르는 힘의 효과를 알아보기 위해서
③ 종이컵이 더 잘 찢어지게 하기 위해서
④ 퇴적암 모형을 오랫동안 만들기 위해서
⑤ 모래 알갱이 사이의 공간을 좁아지게 하기 위해서

12 위 퇴적암 모형을 만들 때 이용한 알갱이로 만들어진 실제 퇴적암은 어느 것인지 보기 에서 골라 기호를 쓰시오.

> **보기**
>
> ▲ 이암　　　▲ 사암　　　▲ 역암

(　　　　　　　)

13 다음 화석의 이름을 각각 쓰시오.

(1) 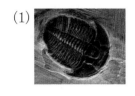 (2)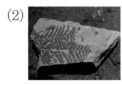

(   ) (   )

ᄃ중요ᄀ
14 동물 화석이 아닌 것을 두 가지 고르시오.

(,   )

①  ②

③  ④

⑤

15 화석이 아닌 것의 기호를 쓰시오.

㉠  ㉡

㉢  ㉣

(   )

[16~18] 다음은 화석 모형을 만드는 실험입니다. 물음에 답하시오.

(가) 조개껍데기
찰흙 반대기에 조개껍데기를 올려놓고 손으로 눌렀다가 떼어 낸다.

(나) 알지네이트 반죽
찰흙 반대기에 생긴 조개껍데기 자국이 모두 덮이도록 알지네이트 반죽을 붓는다.

(다)
알지네이트가 다 굳으면 알지네이트를 찰흙 반대기에서 떼어 낸다.

(라)
완성된 화석 모형을 관찰해 본다.

16 위 실험에서 사용한 찰흙 반대기는 실제 화석이 만들어지는 과정에서 무엇을 나타내는지 쓰시오.

(   )

17 위 실험에서 사용한 것 중에서 옛날에 살았던 생물을 나타내는 것을 골라 쓰시오.

(   )

18 위 실험에서 만든 화석 모형과 실제 조개 화석의 공통점은 어느 것입니까? (   )

① 단단한 정도가 같다.
② 모양과 무늬가 같다.
③ 색깔과 무늬가 선명하다.
④ 만드는 데 걸리는 시간이 같다.
⑤ 만드는 데 사용된 재료가 같다.

19 화석으로 만들어지기 쉬운 부분이 <u>아닌</u> 것은 어느 것입니까? ( )

① 동물의 뼈
② 동물의 살
③ 식물의 잎
④ 동물의 이빨
⑤ 조개껍데기

20 다음은 산호 화석에 대한 두 친구의 대화입니다. ( ) 안에 들어갈 알맞은 말을 쓰시오.

산호 화석을 보면 지금 산호의 (㉠) 와/과 비슷하다는 것을 알 수 있어.

산호 화석이 발견된 곳은 (㉡) 였음을 알 수 있어.

㉠ ( ), ㉡ ( )

21 어느 지역의 지층에서 공룡 발자국 화석이 발견되었습니다. 이 화석을 이용하여 알 수 있는 것은 어느 것입니까? ( )

① 공룡이 알을 낳았다는 것을 알 수 있다.
② 공룡이 살던 지역의 기온을 알 수 있다.
③ 공룡이 살던 곳이 바다였다는 것을 알 수 있다.
④ 공룡이 살던 시기에 쌓인 지층이라는 것을 알 수 있다.
⑤ 화석이 발견된 곳이 당시에 물속이었다는 것을 알 수 있다.

22 다음의 석탄과 석유와 같이 우리 생활에서 연료로 이용되는 화석을 무엇이라고 하는지 쓰시오.

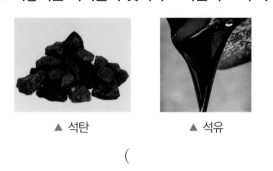

▲ 석탄　　　　▲ 석유

( )

23 지층과 화석에 대한 자연사 박물관을 꾸미려고 합니다. 주제로 적당하지 <u>않은</u> 것은 어느 것입니까? ( )

① 여러 가지 모양의 지층
② 세계 여러 나라의 박물관
③ 지층과 퇴적암이 만들어지는 과정
④ 알갱이의 크기에 따라 이름이 달라지는 퇴적암
⑤ 옛날에 살았던 동물과 식물을 알 수 있는 다양한 화석

24 다음과 같이 자연사 박물관 전시실을 꾸몄습니다. 이 전시실의 주제로 알맞은 것을 [보기]에서 골라 기호를 쓰시오.

[보기]
㉠ 화석 전시실　　㉡ 지층 전시실
㉢ 공룡 전시실　　㉣ 퇴적암 전시실

( )

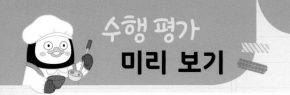

1 다음은 퇴적암 모형을 만드는 실험입니다. 물음에 답하시오.

[준비물]
종이컵 두 개, (㉠), 물 풀, 나무 막대기, 사암 표본
[실험 방법]
㈎ 종이컵에 (㉠)을/를 종이컵의 $\frac{1}{3}$ 정도 넣은 다음, 종이컵에 넣은 (㉠) 양의 반 정도의 물 풀을 넣는다.
㈏ 나무 막대기로 섞어 (㉠) 반죽을 만든다.
㈐ 다른 종이컵으로 (㉠) 반죽을 누른다.
㈑ 하루 동안 그대로 놓아둔 다음, 종이컵을 찢어 (㉠) 반죽을 꺼낸다.

(1) 위에서 사암 표본과 비슷한 퇴적암 모형을 만들기 위해 필요한 준비물인 ㉠은 무엇인지 쓰시오.　　　　　　　　　　　　　　　　　　　　　　　(　　　　　　)

(2) 위 실험에서 물 풀을 넣는 까닭을 쓰시오.

_____

_____

2 다음은 여러 가지 화석입니다. 물음에 답하시오.

	(가)	(나)	(다)	(라)
화석				
특징	모양이 잎을 닮았고, 머리, 가슴, 꼬리의 세 부분으로 나눌 수 있다.	식물의 줄기와 잎이 잘 보이며, 오늘날의 고사리 모습과 비슷하다.	잎맥이 잘 보이고, 잎의 가장자리가 갈라져 손 모양을 하고 있다.	지금 물고기의 모습과 비슷하게 생겼다.

(1) 위 화석의 이름을 각각 쓰시오.
　　　　　　　(가) (　　　　　), (나) (　　　　　), (다) (　　　　　), (라) (　　　　　)

(2) 위 화석을 분류 기준을 세워 분류하고, 그 기호를 쓰시오.

분류 기준		
화석의 기호		

3 단원

식물의 한살이

식물을 길러본 적이 있나요? 가을에 꽃이 피고 열매를 맺은 후 시드는 식물도 있고, 앙상한 가지로 겨울을 나는 식물도 있습니다.

이 단원에서는 과학자들이 식물을 관찰할 때처럼 식물의 변화를 관찰하고 측정할 것입니다. 또 식물의 자람, 전 과정을 살펴볼 것입니다.

단원 학습 목표

(1) 식물의 한살이
- 여러 가지 씨를 관찰합니다.
- 식물의 한살이 관찰 계획을 세웁니다.

(2) 식물의 자람
- 씨가 싹 트는 데 필요한 조건과 씨가 싹 트는 과정을 알아봅니다.
- 식물이 자라는 데 필요한 조건을 알아봅니다.
- 잎과 줄기의 자람, 꽃과 열매의 변화를 알아봅니다.

(3) 여러 가지 식물의 한살이
- 한해살이 식물과 여러해살이 식물의 한살이를 알아봅니다.

단원 진도 체크

회차	학습 내용		진도 체크
1차	(1) 식물의 한살이	교과서 내용 학습 + 핵심 개념 문제	✓
2차		실전 문제 + 서술형·논술형 평가	✓
3차	(2) 식물의 자람	교과서 내용 학습 + 핵심 개념 문제	✓
4차		실전 문제 + 서술형·논술형 평가	✓
5차	(3) 여러 가지 식물의 한살이	교과서 내용 학습 + 핵심 개념 문제	✓
6차		실전 문제 + 서술형·논술형 평가	✓
7차	대단원 정리 학습 + 대단원 마무리 + 수행 평가 미리 보기		✓

해당 부분을 공부한 후 ✓표를 하세요.

(1) 식물의 한살이

밤콩

작두콩

흰강낭콩

▲ 여러 가지 강낭콩

1 여러 가지 씨

(1) 식물의 씨를 관찰하는 방법

① 눈으로 모양과 색깔을 관찰합니다.

② 손으로 촉감을 느낍니다.

③ 자나 동전을 이용하여 크기를 재어 봅니다.

▲ 동전을 이용한 씨의 크기 비교

▲ 자를 이용한 씨의 길이 비교

(2) 여러 가지 씨의 특징

씨 이름	그림	모양	색깔	길이
강낭콩		둥글고 길쭉하다.	검붉은색 또는 알록달록한 색	가로 1.5 cm, 세로 0.8 cm
참외씨		길쭉하다.	연한 노란색	가로 0.5 cm, 세로 0.2 cm
사과씨		둥글고 길쭉하며 한쪽은 모가 나 있다.	갈색	가로 0.8 cm, 세로 0.4 cm
봉숭아씨		둥글다.	어두운 갈색	가로 0.3 cm, 세로 0.2 cm
호두		동그랗고 주름이 있다.	연한 갈색	가로 3 cm, 세로 3 cm
채송화씨		동그랗다.	검은색	매우 작아 재기 어렵다.

(3) 여러 가지 씨의 공통점과 차이점

공통점	• 단단하고 껍질이 있다. • 대부분 주먹보다 크기가 작다.
차이점	• 색깔, 모양, 크기 등의 생김새가 다르다.

2 식물의 한살이 관찰 계획 세우기

(1) **식물의 한살이**: 식물의 씨가 싹 터서 자라며, 꽃이 피고 열매를 맺어 다시 씨가 만들어지는 과정입니다.

(2) 식물의 한살이 관찰 계획 세우기
　① 한살이를 관찰할 식물을 선택합니다.
　　– 강낭콩, 봉숭아, 나팔꽃, 토마토 등 한살이 기간이 짧고, 잎, 줄기, 꽃, 열매 등을 관찰하기 쉬운 식물을 선택하는 것이 좋습니다.
　② 그 식물을 선택한 까닭을 이야기해 봅니다.
　③ 언제, 어디에, 어떻게 심을 것인지 정합니다.
　④ 식물을 기르면서 무엇을 어떻게 관찰할지 이야기해 봅니다.
　　– 식물의 길이, 줄기의 굵기, 잎의 개수, 잎의 길이, 꽃의 개수, 열매의 개수 등을 관찰합니다.
　⑤ 관찰 계획서를 써 봅니다.
　⑥ 계획한 대로 씨를 심어 관찰해 봅니다.

(3) **씨 심는 방법**

화분 바닥에 있는 물빠짐 구멍을 망이나 작은 돌로 막습니다.

작은 돌

화분에 거름흙을 $\frac{3}{4}$ 정도 넣습니다.

씨 크기의 두세 배 깊이로 씨를 심고, 흙을 덮습니다.

물뿌리개로 물을 충분히 줍니다.

팻말을 꽂아 햇빛이 비치는 곳에 놓아둡니다.

강낭콩

▶ **관찰 계획서 쓰기**
관찰 계획서에는 관찰자, 관찰할 식물뿐만 아니라 식물을 선택한 까닭, 씨를 심을 날짜와 심을 곳, 씨를 심는 방법, 식물을 어떻게 기를 것이며, 어떤 부분을 어떤 방법으로 관찰할 것인지 자세히 쓰도록 합니다.

관찰자	○○○	
관찰할 식물	강낭콩	
식물을 선택한 까닭	한살이 기간이 짧기 때문이다.	
씨를 심을 날짜	20○○년 ○○월 ○○일	
씨를 심을 곳	화단	
씨를 심는 방법	강낭콩 크기의 두세 배 깊이로 씨를 심고 흙을 덮는다.	
관찰 방법	언제	매일 아침, 점심시간 등
	어디서	화단, 교실 창가 화분 등
	무엇을 어떻게	강낭콩이 자라는 모습을 관찰 기록장에 그리거나 사진을 찍어 기록한다.

▶ **화분에 꽂은 팻말에 쓸 내용**
식물 이름, 씨를 심은 날짜, 씨를 심은 사람의 이름, 식물의 별명, 다짐의 말 등을 넣습니다.

🐭 개념 확인 문제

1 식물의 씨가 싹 터서 자라며, 꽃이 피고 열매를 맺어 다시 씨가 만들어지는 과정을 식물의 (　　　)(이)라고 합니다.
2 한살이를 관찰할 식물을 선택할 때에는 한살이 기간이 (짧은 , 긴) 식물을 선택하는 것이 좋습니다.

3 화분에 씨를 심을 때에는 씨 크기의 (두세 , 네다섯) 배 깊이로 씨를 심고 흙을 덮습니다.

정답 **1** 한살이 **2** 짧은 **3** 두세

3. 식물의 한살이 **47**

개념 1 : 여러 가지 씨를 관찰하는 방법과 여러 가지 씨의 특징을 묻는 문제

(1) 씨를 관찰하는 방법
• 눈으로 모양과 색깔을 관찰함.
• 손으로 촉감을 느낌.
• 자나 동전을 이용하여 크기를 재어 봄.

(2) 여러 가지 씨의 특징
• 색깔, 모양, 크기 등의 생김새가 다름.
• 단단하고 껍질이 있음.
• 대부분 주먹보다 크기가 작음.

01 다음은 10개의 색상을 나타낸 그림을 이용하여 씨의 어떤 특징을 관찰하는 방법입니까? ( )

① 씨의 모양   ② 씨의 색깔   ③ 씨의 크기
④ 씨의 촉감   ⑤ 씨의 가격

02 다음 세 가지 씨의 공통점으로 옳은 것은 어느 것입니까? ( )

▲ 강낭콩   ▲ 봉숭아씨   ▲ 호두

① 색깔이 같다.
② 크기가 같다.
③ 주름이 있다.
④ 주먹보다 크기가 작다.
⑤ 길쭉하고 한쪽은 모가 나 있다.

개념 2 : 식물의 한살이와 씨를 심는 방법에 대해 묻는 문제

(1) 식물의 한살이: 식물의 씨가 싹 터서 자라며, 꽃이 피고 열매를 맺어 다시 씨가 만들어지는 과정

(2) 씨를 심는 방법
① 화분 바닥에 있는 물 빠짐 구멍을 망이나 작은 돌로 막음.
② 화분에 거름흙을 $\frac{3}{4}$ 정도 넣음.
③ 씨 크기의 두세 배 깊이로 씨를 심고, 흙을 덮음.
④ 물뿌리개로 물을 충분히 줌.
⑤ 팻말을 꽂아 햇빛이 비치는 곳에 놓아둠.

03 다음 ( ) 안에 들어갈 알맞은 말은 어느 것입니까? ( )

식물의 씨가 싹 터서 자라며, 꽃이 피고 열매를 맺어 다시 씨가 만들어지는 과정을 식물의 ( )(이)라고 한다.

① 일생
② 열매
③ 꼬투리
④ 한살이
⑤ 여러해살이

04 화분에 씨를 심는 방법으로 알맞은 것을 보기 에서 골라 기호를 쓰시오.

보기

㉠ 씨 크기의 두세 배 깊이로 심는다.
㉡ 화분 바닥에 최대한 가깝게 씨를 심는다.
㉢ 씨를 흙 위에 놓고 씨가 보이지 않을 정도만 흙을 뿌린다.

( )

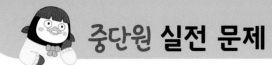
01 다음과 같이 자를 이용하여 관찰할 수 있는 씨의 특징을 쓰시오.

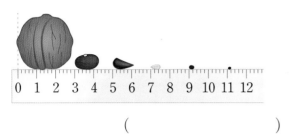

(   )

[02~03] 다음 여러 가지 씨를 보고, 물음에 답하시오.

㉠ ▲ 강낭콩　　㉡ ▲ 참외씨　　㉢ ▲ 사과씨

㉣ ▲ 봉숭아씨　　㉤ ▲ 호두　　㉥ ▲ 채송화씨

02 위 씨 중에서 다음 식물에 해당하는 씨의 기호를 쓰시오.

(   )

03 위 씨 중에서 다음과 같은 특징을 가진 씨의 기호를 쓰시오.

- 모양은 둥글고 길쭉하다.
- 색깔은 검붉은색 또는 알록달록한 색이다.
- 크기는 가로 1.5 cm, 세로 0.8 cm 정도이다.

(   )

⊏서술형⊐

04 여러 가지 씨의 차이점을 한 가지 쓰시오.

_____

_____

05 봉숭아씨의 특징으로 옳은 것은 어느 것입니까?

(   )

① 주름이 있다.
② 연한 노란색이다.
③ 둥글고 길쭉하다.
④ 한쪽은 모가 나 있다.
⑤ 사과씨보다 크기가 작다.

06 다음은 여러 가지 씨를 관찰한 내용입니다. 어떤 특징을 관찰한 것입니까? (   )

- 강낭콩: 둥글고 길쭉하다.
- 호두: 동그랗고 주름이 있다.
- 사과씨: 둥글고 길쭉하며 한쪽은 모가 나 있다.

① 모양
② 색깔
③ 크기
④ 촉감
⑤ 무게

07 다음은 식물의 한살이에 대한 설명입니다. ( ) 안에 공통으로 들어갈 알맞은 말을 쓰시오.

> 식물의 (   )이/가 싹 터서 자라며, 꽃이 피고 열매를 맺어 다시 (   )이/가 만들어지는 과정을 식물의 한살이라고 한다.

(   )

08 다음은 식물의 한살이를 관찰할 식물을 선택할 때 주의할 점입니다. ( ) 안에 들어갈 알맞은 말을 쓰시오.

> 한살이 기간이 (   ), 잎, 줄기, 꽃, 열매 등을 관찰하기 쉬운 식물을 선택하는 것이 좋다.

(   )

09 식물의 한살이를 관찰하기에 알맞은 식물은 어느 것입니까? (   )

① 강낭콩
② 개나리
③ 무궁화
④ 감나무
⑤ 사과나무

10 식물의 한살이를 관찰하기 위해 관찰 계획서를 쓸 때 들어갈 내용으로 알맞지 <u>않은</u> 것은 어느 것입니까? (   )

① 관찰자
② 씨의 가격
③ 관찰할 식물
④ 씨를 심을 곳
⑤ 씨를 심을 날짜

11 다음은 식물의 한살이를 관찰하기 위해 화분에 씨를 심는 방법을 순서대로 나열한 것입니다. 옳지 <u>않은</u> 것을 골라 기호를 쓰시오.

> ⊙ 화분 바닥에 있는 물 빠짐 구멍을 망이나 작은 돌 등으로 막는다.
> ⓒ 화분에 거름흙을 $\frac{3}{4}$ 정도 넣는다.
> ⓒ 씨 크기의 네다섯 배 깊이로 씨를 심고 흙을 덮는다.
> ⓔ 물뿌리개로 충분히 물을 준다.
> ⓜ 팻말을 꽂아 햇빛이 비치는 곳에 놓아둔다.

(   )

12 화분에 씨를 심고 꽂아 둔 팻말에 쓸 내용으로 적당하지 <u>않은</u> 것은 어느 것입니까? (   )

① 식물 이름
② 다짐의 말
③ 씨를 심은 날짜
④ 씨를 구입한 장소
⑤ 씨를 심은 사람의 이름

학교에서 출제되는 서술형·논술형 평가를 미리 준비하세요.

정답과 해설 9쪽

연습 문제

🔍 **문제 해결 전략**
식물의 종류에 따라 씨의 모양, 크기, 색깔 등이 다양합니다. 씨는 길쭉한 것도 있고 동그란 것도 있습니다.

🔍 **핵심 키워드**
씨, 크기, 모양, 색깔

1 다음은 여러 가지 씨의 모습입니다. 물음에 답하시오.

▲ 강낭콩　　　　▲ 참외씨　　　　▲ 호두

(1) 강낭콩, 참외씨, 호두를 크기가 작은 것부터 순서대로 쓰시오.

(　　　　　　　　　　　　　　　　　　　　　)

(2) 강낭콩, 참외씨, 호두의 특징을 쓰시오.

씨 이름	모양	색깔
강낭콩	(　　　　　)	검붉은색 또는 알록달록한 색이다.
참외씨	길쭉하다.	(　　　　)
호두	동그랗고 (　　　　)	연한 갈색이다.

실전 문제

1 다음 여러 가지 식물을 보고, 물음에 답하시오.

▲ 봉숭아　　　　▲ 토마토

▲ 사과나무　　　　▲ 무궁화

(1) 식물의 한살이를 관찰하기에 좋은 식물의 기호를 모두 쓰시오.

(　　　　　　　)

(2) 식물의 한살이 과정을 관찰하기 좋은 식물의 조건을 한 가지 쓰시오.

_____

_____

2 다음은 화분에 씨를 심는 방법입니다. 물음에 답하시오.

> ㈎ 화분 바닥에 있는 물 빠짐 구멍을 망이나 작은 돌 등으로 막는다.
> ㈏ 화분에 (㉠)을/를 $\frac{3}{4}$ 정도 넣는다.
> ㈐ 씨 크기의 두세 배 깊이로 씨를 심고 흙을 덮는다.
> ㈑ 물뿌리개로 충분히 물을 준다.
> ㈒ 팻말을 꽂아 햇빛이 비치는 곳에 놓아둔다.

(1) 위 ㉠에 들어갈 알맞은 말을 쓰시오.

(　　　　　　　)

(2) 위 과정 ㈒에서 팻말에 쓸 내용을 두 가지 이상 쓰시오.

_____

_____

(2) 식물의 자람

▶ 씨의 싹 트기(발아)
씨는 알맞은 온도에서 물을 충분히 흡수하면 껍질이 부풀면서 싹이 트는데, 이것을 '발아'라고 합니다.

1 씨가 싹 트는 데 필요한 조건

(1) 씨가 싹 트는 데 필요한 조건: 적당한 양의 물과 적당한 온도가 필요합니다.

(2) 씨가 싹 트는 데 필요한 조건 알아보기

① 씨가 싹 트는 데 물이 미치는 영향 알아보기

다르게 할 조건	같게 할 조건
물	온도, 공기, 탈지면, 페트리 접시 등

② 씨가 싹 트는 데 온도가 미치는 영향 알아보기

다르게 할 조건	같게 할 조건
온도	물, 공기, 탈지면, 페트리 접시 등

▶ 씨가 싹 터서 자라는 과정 관찰하기
① 적당한 크기의 플라스틱 컵을 준비합니다.
② 플라스틱 컵에 탈지면을 넣습니다. 물은 탈지면을 적시면서 아래에 살짝 고일 정도만 줍니다.
③ 강낭콩은 탈지면 위에 놓습니다.

— 강낭콩
— 물에 젖은 탈지면

2 씨가 싹 트는 과정

(1) 물을 주지 않은 강낭콩과 물을 주어 싹이 튼 강낭콩의 겉모양과 속 모양

구분	겉모양		속 모양	
물을 주지 않은 것		둥글고 길쭉하다.		뿌리와 잎은 있으나 납작하게 붙어 있다.
물을 주어 싹이 튼 것		뿌리가 자라 밖으로 나와 있다.		잎은 싱싱하고 색깔이 노랗다.

▶ 옥수수가 싹 터서 자라는 과정
옥수수는 싹이 틀 때 본잎이 떡잎싸개에 둘러싸여 나옵니다.

①
딱딱하다.

②
부풉니다.

③
뿌리
뿌리가 나옵니다.

④
떡잎싸개
뿌리
떡잎싸개가 나옵니다.

⑤
본잎
떡잎싸개
뿌리
떡잎싸개 사이로 본잎이 나옵니다.

(2) 강낭콩이 싹 터서 자라는 과정

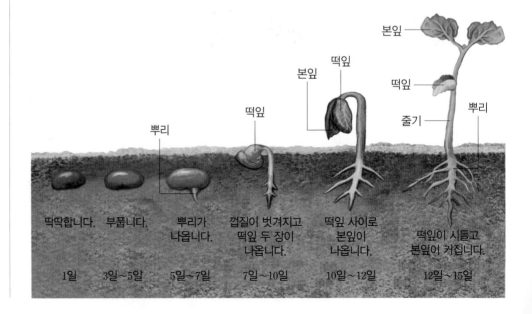

뿌리
떡잎
본잎
떡잎
본잎
떡잎
줄기
뿌리

딱딱합니다.	부풉니다.	뿌리가 나옵니다.	껍질이 벗겨지고 떡잎 두 장이 나옵니다.	떡잎 사이로 본잎이 나옵니다.	떡잎이 시들고 본잎이 커집니다.
1일	3일~5일	5일~7일	7일~10일	10일~12일	12일~15일

낱말 사전
조건(條件) 어떤 일을 이루게 하거나 이루지 못하게 하기 위하여 갖추어야 할 상태나 요소

(3) 강낭콩 속에는 뿌리, 줄기, 잎이 될 부분이 있습니다.

(4) 씨가 싹 튼 뒤에 식물의 모습: 줄기도 굵어지고, 식물의 키도 자라며, 잎의 개수도 많아지고 잎의 크기도 커집니다.

3 식물이 자라는 데 필요한 조건

(1) 식물이 자라는 데 필요한 조건: 적당한 양의 물, 빛과 적당한 온도가 필요합니다.

(2) 식물이 자라는 데 물이 미치는 영향 알아보기

다르게 할 조건	같게 할 조건
물	화분의 크기, 식물의 종류, 빛, 양분, 온도 등

(3) 식물이 자라는 데 온도가 미치는 영향 알아보기

다르게 할 조건	같게 할 조건
온도	화분의 크기, 식물의 종류, 빛, 물, 양분 등

4 잎과 줄기의 자람

(1) 강낭콩의 잎과 줄기가 자란 정도를 측정하는 방법

잎	줄기
• 잎의 개수를 센다. • 잎의 길이를 잰다. • 모눈종이에 잎의 본을 뜬다.	• 새로 난 가지의 개수를 센다. • 줄기의 길이를 잰다.

(2) 강낭콩의 잎과 줄기의 길이를 측정하는 방법

잎의 길이 측정하기	줄기의 길이 측정하기
잎이 줄기에 붙어 있는 부분에서 잎의 끝부분까지 자로 잰다.	새순이 난 바로 아래까지의 길이를 줄자로 잰다.

(3) 강낭콩이 자라는 모습: 잎은 점점 넓어지고 개수도 많아지며, 줄기가 점점 굵어지고 길어집니다.

▶ **식물이 자라는 데 물이 미치는 영향을 알아보는 실험**
① 크기가 비슷한 강낭콩 화분 두 개를 준비합니다.
② 한 화분에만 물을 적당히 주고, 다른 화분에는 계속 물을 주지 않습니다.

물을 적당히 줍니다.   물을 주지 않습니다.

잎이 잘 자랐습니다.   잎이 시들었습니다.

▶ **잎이 자란 정도 측정**
새로 나온 잎에 유성 펜을 사용하여 0.5 cm~1 cm 간격으로 격자 모양을 그려 넣고 며칠 간격으로 격자 모양이 얼마나 커졌는지 관찰합니다.

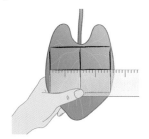

▶ **줄기가 자란 정도 측정**
줄기에 일정한 간격으로 선을 그어 간격의 변화를 측정합니다.

---

1 씨가 싹 트는 데 적당한 양의 (   )와/과 적당한 온도가 필요합니다.

2 씨가 싹 트는 데 물이 미치는 영향을 알아보기 위해서는 (물 , 온도) 이외의 나머지 조건은 같게 해야 합니다.

3 식물이 자라는 데 온도가 미치는 영향을 알아보기 위해서 다르게 할 조건은 (물 , 온도)입니다.

정답 1 물 2 물 3 온도

5 꽃과 열매의 변화

(1) 강낭콩의 꽃과 열매의 변화 관찰하기

▶ **꽃과 열매의 변화를 관찰하는 방법**
- 꽃의 개수를 세어 날짜별로 기록합니다.
- 열매의 개수를 세어 날짜별로 기록합니다.
- 열매의 크기를 잽니다.

①
작은 몽우리가 더 커지더니 꽃봉오리가 되었습니다.

②
꽃이 지고 난 자리에 작은 꼬투리가 보입니다.

③
꼬투리는 조금 더 커졌으며 꼬투리가 두 개 더 생겨났습니다.

④
작은 꼬투리가 네 개가 되었습니다.

➡ 강낭콩의 꽃이 지고 나면 열매가 생기는데 이것을 꼬투리라고 합니다.

(2) 강낭콩의 꽃과 열매가 자라면서 달라지는 것

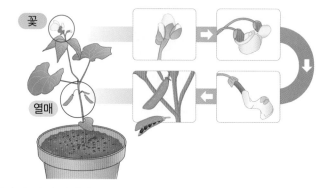

꽃

열매

▶ **꽃과 열매의 변화를 관찰한 내용을 나타내는 방법**
- 꽃이 자라는 모습을 그림으로 그립니다.
- 열매의 크기 변화를 그래프로 나타냅니다.
- 꽃과 열매의 변화를 날짜별로 표로 정리합니다.

① 꽃의 색깔이 달라집니다.
② 꽃의 모양과 크기가 달라집니다.
③ 꼬투리의 모양이 달라집니다.
④ 꼬투리의 개수와 크기가 달라집니다.

(3) 식물이 자라면 꽃이 피고 열매를 맺는 까닭
① 씨를 맺어 번식하기 위해서입니다.
② 씨를 맺어 자손을 만들기 위해서입니다.

(4) 식물의 꽃과 열매가 자라는 과정
① 식물이 자라면 꽃이 피고, 꽃이 지면 열매가 생깁니다.
② 열매 속에는 씨가 들어 있는데, 열매 속에 들어 있는 씨를 심으면 다시 싹이 트고 자라 꽃이 피고 열매를 맺습니다.

🐭 낱말 사전

번식(繁殖) 붇고 늘어서 많이 퍼짐.
자손(子孫) 자식과 손자를 아울러 이르는 말.

🐭 개념 확인 문제

1 강낭콩이 자라면서 줄기와 잎의 개수가 점점 (많아집니다 , 줄어듭니다).

2 강낭콩의 꽃이 지고 나면 생기는 열매를 (   )(이)라고 합니다.

3 식물이 자라면 꽃이 피고 열매를 맺는 까닭은 (번식 , 성장)하기 위해서입니다.

정답 **1** 많아집니다 **2** 꼬투리 **3** 번식

씨가 싹 트는 데 필요한 조건 알아보기

[준비물] 강낭콩, 페트리 접시 두 개, 탈지면, 물이 담긴 분무기

[실험 방법]

① 씨가 싹 트는 데 물이 어떤 영향을 미치는지 알아보려고 하는 실험에서 다르게 할 조건과 같게 할 조건은 무엇인지 이야기해 봅시다.

다르게 할 조건	같게 할 조건
물	온도, 공기, 탈지면, 페트리 접시 등

주의할 점

강낭콩에 물을 줄 때에 한번에 너무 많이 주면 강낭콩이 썩을 수 있으므로 탈지면이 충분히 젖을 정도로만 줍니다.

② 물을 준 강낭콩과 물을 주지 않은 강낭콩이 어떻게 될지 예상해 봅시다.

③ 페트리 접시 두 개에 탈지면을 깔고 강낭콩을 올려놓습니다.

④ 한쪽 페트리 접시에만 물을 주어 탈지면이 흠뻑 젖게 합니다.

▲ 물을 준 것   ▲ 물을 주지 않은 것

중요한 점

온도는 18 ℃~25 ℃를 유지하며, 물은 충분히 주되 씨가 잠기지 않도록 합니다.

⑤ 약 일주일 동안 페트리 접시에 있는 강낭콩의 변화를 관찰해 봅시다.

[실험 결과]

물을 준 것	물을 주지 않은 것
싹이 텄다.	싹이 트지 않았다.

탐구 문제

정답과 해설 10쪽

1 다음 실험에서 씨가 싹 트는 데 필요한 조건 중 다르게 한 조건은 무엇인지 쓰시오.

> (가) 페트리 접시 두 개에 탈지면을 깔고 강낭콩을 올려놓는다.
> (나) 한쪽 페트리 접시에만 물을 주어 탈지면이 흠뻑 젖게 한다.
> (다) 약 일주일 동안 페트리 접시에 있는 강낭콩의 변화를 관찰한다.

(   )

2 다음과 같은 조건으로 실험했을 때 싹이 트는 것은 어느 것인지 기호를 쓰시오.

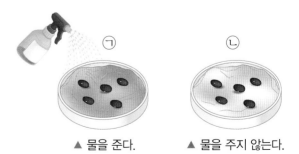

③   ㉡

▲ 물을 준다.   ▲ 물을 주지 않는다.

(   )

핵심 개념 문제

개념 1 씨가 싹 트는 데 필요한 조건을 묻는 문제

(1) 씨가 싹 트는 데 필요한 조건
  • 적당한 양의 물이 필요함.
  • 적당한 온도가 필요함.

(2) 씨가 싹 트는 데 필요한 조건 알아보기
  • 씨가 싹 트는 데 물이 미치는 영향 알아보기

다르게 할 조건	물
같게 할 조건	온도, 공기, 탈지면, 페트리 접시 등

  • 씨가 싹 트는 데 온도가 미치는 영향 알아보기

다르게 할 조건	온도
같게 할 조건	물, 공기, 탈지면, 페트리 접시 등

01 씨가 싹 트는 데 필요한 조건을 두 가지 쓰시오.

(,   )

02 씨가 싹 트는 데 물이 미치는 영향을 알아보기 위한 실험에서 다르게 할 조건은 어느 것입니까? ( )

① 물
② 온도
③ 공기
④ 탈지면
⑤ 페트리 접시

개념 2 물을 주지 않은 강낭콩과 물을 주어 싹이 튼 강낭콩에 대해 묻는 문제

구분	겉모양	속 모양
물을 주지 않은 것	둥글고 길쭉하다.	뿌리와 잎은 있으나 납작하게 붙어 있다.
물을 주어 싹이 튼 것	뿌리가 자라 밖으로 나와 있다.	잎은 싱싱하고 색깔이 노랗다.

03 물을 주지 않은 강낭콩의 겉모양으로 옳은 것의 기호를 쓰시오.

㉠   ㉡

(   )

04 물을 준 강낭콩의 속 모양으로 옳은 것의 기호를 쓰시오.

(   )

개념 3 › 씨가 싹 터서 자라는 과정을 묻는 문제

(1) 강낭콩이 싹 터서 자라는 과정: 먼저 뿌리가 나오고 껍질이 벗겨진 뒤, 땅 위로 두 장의 떡잎이 나오고 떡잎 사이에서 본잎이 나옴.

(2) 옥수수가 싹 터서 자라는 과정: 옥수수는 싹이 틀 때 본잎이 떡잎싸개에 둘러싸여 나옴.

(3) 씨가 싹 튼 후 식물의 모습: 줄기도 굵어지고, 식물의 키도 자라며, 잎의 개수도 많아지고 잎의 크기도 커짐.

05 다음은 옥수수가 싹 트는 과정입니다. ㉠은 무엇인지 쓰시오.

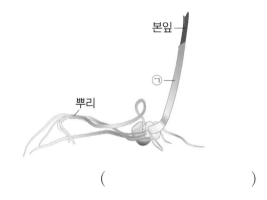

(   )

06 씨가 싹 튼 후 식물의 모습으로 옳지 <u>않은</u> 것은 어느 것입니까? (   )

① 줄기가 굵어진다.
② 식물의 키가 커진다.
③ 잎의 크기가 커진다.
④ 잎의 개수가 많아진다.
⑤ 뿌리의 크기가 작아진다.

개념 4 › 식물이 자라는 데 필요한 조건을 묻는 문제

(1) 식물이 싹 트는 데 필요한 조건: 적당한 양의 물, 빛과 적당한 온도가 필요함.

(2) 식물이 자라는 데 필요한 조건 알아보기

• 식물이 자라는 데 물이 미치는 영향 알아보기

다르게 할 조건	물
같게 할 조건	화분의 크기, 식물의 종류, 빛, 양분, 온도 등

• 식물이 자라는 데 온도가 미치는 영향 알아보기

다르게 할 조건	온도
같게 할 조건	화분의 크기, 식물의 종류, 빛, 물, 양분 등

07 다음은 식물이 자라는 데 어떤 조건이 미치는 영향을 알아보기 위한 실험입니까? (   )

다르게 할 조건	물
같게 할 조건	화분의 크기, 식물의 종류, 빛, 양분, 온도 등

① 물
② 빛
③ 흙
④ 온도
⑤ 공기

08 식물이 자라는 데 온도가 미치는 영향을 알아보는 실험을 할 때 같게 할 조건을 보기 에서 모두 골라 기호를 쓰시오.

보기

㉠ 물	㉡ 온도
㉢ 화분의 크기	㉣ 식물의 종류

(   )

핵심 개념 문제

개념 5 ▸ **잎과 줄기의 자람을 묻는 문제**

(1) 강낭콩의 잎과 줄기가 자란 정도를 측정하는 방법

잎	• 잎의 개수를 셈. • 잎의 길이를 잼. • 모눈종이에 잎의 본을 뜸.
줄기	• 새로 난 가지의 개수를 셈. • 줄기의 길이를 잼.

(2) 강낭콩이 자라면서 변화한 잎과 줄기의 모습
  • 잎이 점점 넓어짐.
  • 잎의 개수가 많아짐.
  • 줄기가 점점 굵어짐.
  • 줄기가 점점 길어짐.

09 다음은 식물이 자라면서 변하는 모습 중 무엇을 측정하는 모습입니까? (   )

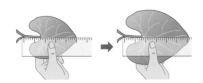

  ① 잎의 개수
  ② 잎의 길이
  ③ 잎의 색깔
  ④ 잎의 굵기
  ⑤ 잎의 모양

10 강낭콩이 자라면서 변한 잎과 줄기의 모습으로 옳지 <u>않은</u> 것은 어느 것입니까? (   )

  ① 잎이 점점 넓어진다.
  ② 잎의 개수가 많아진다.
  ③ 줄기가 점점 길어진다.
  ④ 줄기가 점점 굵어진다.
  ⑤ 잎의 길이가 점점 짧아진다.

개념 6 ▸ **꽃과 열매의 변화를 묻는 문제**

(1) 강낭콩의 꽃과 열매가 자라면서 달라지는 것
  • 꽃의 색깔이 달라짐.
  • 꽃의 모양과 크기가 달라짐.
  • 꼬투리의 모양이 달라짐.
  • 꼬투리의 개수와 크기가 달라짐.

(2) 식물이 자라면 꽃이 피고 열매를 맺는 까닭
  • 씨를 맺어 번식하기 위해서
  • 씨를 맺어 자손을 만들기 위해서

(3) 식물의 꽃과 열매가 자라는 과정
  • 식물이 자라면 꽃이 피고, 꽃이 지면 열매가 생김.
  • 열매 속에는 씨가 들어 있음.
  • 열매 속에 들어 있는 씨를 심으면 다시 싹이 트고 자라 꽃이 피고 열매를 맺음.

11 강낭콩의 꽃과 열매가 자라면서 달라지는 것으로 옳지 <u>않은</u> 것은 어느 것입니까? (   )

  ① 꽃의 색깔
  ② 꽃의 모양
  ③ 꽃의 종류
  ④ 꼬투리의 모양
  ⑤ 꼬투리의 개수

12 다음과 같이 강낭콩의 꽃이 지고 난 자리에 보이는 ㉠은 무엇인지 쓰시오.

(   )

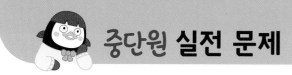

[01~02] 다음과 같이 페트리 접시 두 개에 탈지면을 깔고 강낭콩을 올려놓은 다음, 한쪽 페트리 접시에만 물을 주었습니다. 물음에 답하시오.

▲ 물을 준다.

▲ 물을 주지 않는다.

[중요]

01 위 실험에서 씨가 싹 트는 데 필요한 조건으로 알아보려는 것은 어느 것입니까? (   )

① 물
② 흙
③ 빛
④ 공기
⑤ 온도

02 위 실험 결과 약 일주일 후 싹이 튼 강낭콩의 기호를 쓰시오.

(   )

03 씨가 싹 트는 데 온도가 미치는 영향을 알아보기 위한 실험에서 같게 할 조건이 <u>아닌</u> 것은 어느 것입니까? (   )

① 물
② 온도
③ 공기
④ 탈지면
⑤ 페트리 접시

04 다음은 물을 주어 싹이 튼 강낭콩의 겉모양과 속 모양의 모습입니다. ㉠의 이름을 쓰시오.

▲ 겉모양   ▲ 속 모양

(   )

05 다음은 강낭콩이 싹 터서 자라는 과정을 나타낸 것입니다. (   ) 안에 들어갈 말을 바르게 나타낸 것은 어느 것입니까? (   )

㈎ 씨가 부푼다.
㈏ 뿌리가 나온다.
㈐ 껍질이 벗겨지고 두 장의 (㉠   )이/가 나온다.
㈑ 떡잎 사이로 (㉡   )이/가 나온다.

	㉠	㉡
①	본잎	떡잎
②	떡잎	본잎
③	떡잎	떡잎싸개
④	떡잎싸개	떡잎
⑤	떡잎싸개	본잎

06 다음은 싹이 튼 옥수수의 모습입니다. ㉠과 ㉡의 이름을 쓰시오.

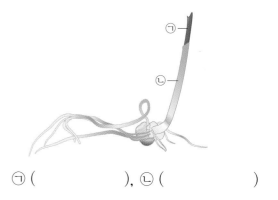

㉠ (   ), ㉡ (   )

[07~08] 다음과 같이 크기가 비슷한 강낭콩 화분 두 개를 준비하여 한 화분에만 물을 적당히 주고, 다른 화분에는 계속 물을 주지 않았습니다. 물음에 답하시오.

▲ 물을 적당히 준다.

▲ 물을 주지 않는다.

07 위 실험은 식물이 자라는 데 필요한 조건 중 무엇이 미치는 영향을 알아보려는 것입니까? (　　)

① 물　　　② 흙　　　③ 빛
④ 바람　　⑤ 온도

08 위 실험 결과, 며칠 동안 관찰한 강낭콩의 변화로 옳은 것은 어느 것입니까? (　　)

① ㉠ 강낭콩과 ㉡ 강낭콩은 모두 시들었다.
② ㉠ 강낭콩과 ㉡ 강낭콩은 모두 잘 자랐다.
③ ㉠ 강낭콩과 ㉡ 강낭콩은 모두 변화가 없다.
④ ㉠ 강낭콩은 잘 자랐지만, ㉡ 강낭콩은 시들었다.
⑤ ㉠ 강낭콩은 시들었지만, ㉡ 강낭콩은 잘 자랐다.

⊏중요⊐
09 식물이 자라는 데 온도가 미치는 영향을 알아보는 실험에서 다르게 할 조건과 같게 할 조건을 바르게 나타낸 것은 어느 것입니까? (　　)

	다르게 할 조건	같게 할 조건
①	물	빛
②	빛	바람
③	온도	물
④	바람	공기
⑤	공기	온도

10 다음과 같이 새로 나온 잎에 유성 펜을 사용하여 격자 모양을 그려 넣고 며칠 간격으로 격자 모양이 얼마나 커졌는지 관찰하려고 합니다. 이 방법을 통해 알 수 있는 것은 어느 것입니까? (　　)

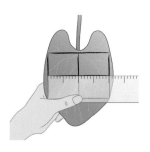

① 잎의 개수의 변화
② 잎의 크기의 변화
③ 잎의 굵기의 변화
④ 잎의 모양의 변화
⑤ 잎의 색깔의 변화

⊏서술형⊐
11 식물의 줄기가 자란 정도를 알아볼 수 있는 방법을 한 가지 쓰시오.

_____

_____

12 강낭콩의 잎과 줄기가 자란 정도를 확인할 때 관찰해야 하는 것으로 옳지 <u>않은</u> 것은 어느 것입니까? (　　)

① 잎의 크기　　② 잎의 개수
③ 떡잎의 개수　④ 줄기의 길이
⑤ 줄기의 굵기

13 강낭콩이 자라면서 변한 잎과 줄기의 모습에 대해 바르게 설명한 친구의 이름을 쓰시오.

> • 민서: 잎이 점점 넓어져.
> • 세연: 줄기가 점점 짧아져.
> • 준수: 잎의 개수가 줄어들어.
> • 주희: 줄기가 점점 가늘어져.

(   )

14 잎의 길이를 측정할 수 있는 도구로 알맞은 것은 어느 것입니까? (   )

① ▲ 비커
② ▲ 전자저울
③ ▲ 자
④ ▲ 나침반
⑤ ▲ 막대자석

15 잎이 자란 정도를 알아볼 수 있는 방법으로 옳지 않은 것은 어느 것입니까? (   )

① 잎의 개수를 센다.
② 잎의 길이를 잰다.
③ 잎을 두 장 떼어 크기를 비교해 본다.
④ 잎의 그림을 그려 본을 뜬 후 크기를 비교해 본다.
⑤ 잎에 모눈 투명 종이를 대고 그려서 칸을 세어 본다.

16 강낭콩의 꽃이 지고 나면 열매가 생기는데, 이 열매를 무엇이라고 합니까? (   )

① 잎
② 줄기
③ 본잎
④ 꼬투리
⑤ 떡잎싸개

17 강낭콩의 꽃과 열매의 변화를 관찰하였을 때 가장 마지막에 볼 수 있는 모습은 어느 것인지 기호를 쓰시오.

ㄱ 작은 꼬투리가 네 개가 되었다.
ㄴ 꽃이 지고 난 자리에 작은 꼬투리가 보인다.
ㄷ 꼬투리는 조금 더 커졌으며 꼬투리가 두 개 더 생겨났다.
ㄹ 작은 몽우리가 더 커지더니 꽃봉오리가 되었다.

(   )

18 다음은 강낭콩이 자라는 모습 중 줄기의 길이를 측정한 결과를 표에 나타낸 것입니다. 가장 마지막에 관찰한 결과를 나타낸 것의 기호를 쓰시오.

구분	ㄱ	ㄴ	ㄷ	ㄹ	ㅁ
줄기의 길이 (cm)	11	4	18	22	6

(   )

연습 문제

🔍 **문제 해결 전략**
씨가 싹 트려면 적당한 양의 물이 필요합니다.

🔍 **핵심 키워드**
물, 온도

1 다음은 씨가 싹 트는 데 물이 필요한지 알아보는 실험입니다. 물음에 답하시오.

> [준비물]
> 강낭콩, 페트리 접시 두 개, 탈지면, 물이 담긴 분무기
> [실험 방법]
> ㈎ 씨가 싹 트는 데 물이 어떤 영향을 미치는지 알아보려면 다르게 할 조건과 같게 할 조건은 무엇인지 이야기해 본다.
> ㈏ 크기가 같은 페트리 접시 두 개에 같은 양의 탈지면을 깐다.
> ㈐ 강낭콩을 탈지면 위에 올려놓는다.
> ㈑ 한쪽 페트리 접시에만 분무기로 물을 주어 탈지면이 흠뻑 젖게 한다.
> ㈒ 약 일주일 동안 페트리 접시에 있는 강낭콩의 변화를 관찰해 본다.

(1) 위 실험에서 다르게 할 조건을 쓰시오.

다르게 할 조건	( )
같게 할 조건	온도, 공기, 탈지면, 페트리 접시 등

(2) 위 실험 결과를 쓰시오.

물을 준 것	물을 주지 않은 것

🔍 **문제 해결 전략**
씨는 알맞은 환경이 되면 땅속에서 싹이 터서 땅 위로 올라옵니다.

🔍 **핵심 키워드**
뿌리, 떡잎, 본잎

2 다음은 강낭콩이 싹 터서 자라는 과정입니다. (   ) 안에 들어갈 알맞은 내용을 쓰시오.

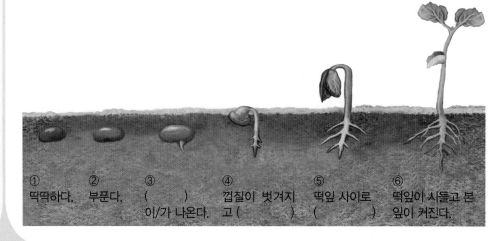

① 딱딱하다.   ② 부푼다.   ③ (   )이/가 나온다.   ④ 껍질이 벗겨지고 (   )   ⑤ 떡잎 사이로 (   )   ⑥ 떡잎이 시들고 본잎이 커진다.

실전 문제

1 다음은 씨가 싹 트는 데 물이 미치는 영향을 알아 보는 실험의 결과입니다. 물음에 답하시오.

ㄱ 　　ㄴ

▲ 싹이 텄다.　　　　▲ 싹이 트지 않았다.

(1) 위 실험 결과를 보고, 물을 주지 않은 강낭 콩의 기호를 쓰시오.
(　　　　　　　)

(2) 위 (1)의 답과 같이 생각한 까닭을 쓰시오.

_____

_____

2 다음은 옥수수가 싹 트는 과정을 나타낸 것입니 다. 물음에 답하시오.

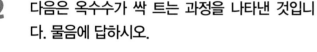

ㄱ 딱딱하다.　　　ㄴ 부푼다.　　　ㅁ

  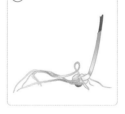

뿌리가 나온다.　(　　)이/가 나　(　　　　　　)
온다.

(1) 위 과정 ㄹ의 (　　) 안에 들어갈 알맞은 말을 쓰시오.
(　　　　　　　)

(2) 위 과정 ㅁ의 (　　) 안에 들어갈 알맞은 내용을 쓰시오.

_____

_____

3 다음은 강낭콩이 자라는 모습을 순서 없이 나타 낸 것입니다. 물음에 답하시오.

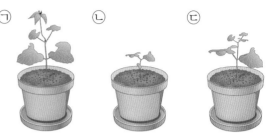

ㄱ　　　　　　ㄴ　　　　　　ㄷ

(1) 위 강낭콩의 잎이 자라는 과정에 맞게 순 서대로 기호를 쓰시오.
(　　　　　　　)

(2) 위 (1)번의 답을 보고, 알 수 있는 사실을 한 가지 쓰시오.

_____

_____

4 다음은 강낭콩의 줄기가 자란 정도를 측정한 결 과를 표로 나타낸 것입니다. 물음에 답하시오.

측정한 날짜	줄기의 (　ㄱ　)	줄기의 (　ㄴ　)
○월 ○○일	4 cm	0.4 cm
○월 ○○일	8 cm	0.4 cm
○월 ○○일	14 cm	0.5 cm
○월 ○○일	23 cm	0.5 cm
○월 ○○일	27 cm	0.6 cm

(1) 위 (　　) 안에 들어갈 알맞은 말을 쓰시오.
ㄱ (　　　　　　), ㄴ (　　　　　　)

(2) 위 표를 보고, 알 수 있는 점을 한 가지 쓰 시오.

_____

_____

교과서 내용 학습

(3) 여러 가지 식물의 한살이

▶ 벼의 한살이
- 볍씨에서 뿌리와 떡잎싸개가 나옵니다.
- 떡잎싸개에 싸여 본잎이 나옵니다.
- 벼꽃은 하얀색이며, 반으로 갈라진 초록색의 벼 껍질 속에 수술 여섯 개가 나와 있습니다.
- 표면이 거칠거칠한 노란색의 열매(볍씨)가 달립니다.

▶ 한눈에 볼 수 있는 식물의 한살이 자료 만들기
① 식물을 정하고, 그 식물의 한살이를 조사해 봅니다.
② 모둠 구성원이 할 역할을 정하고 필요한 재료를 고릅니다.
③ 식물의 한살이가 잘 드러나도록 자료를 만들어 봅니다.
　→ 씨에서 싹이 트고 자라 꽃이 피고, 꽃이 진 뒤에 열매를 맺어 다시 씨가 되는 내용을 연결하여 표현할 수 있어야 합니다.
- 식물의 한살이 자료 예

 ◀ 사과나무의 한살이 책

 ◀ 분꽃의 한살이 돌림책

 ◀ 목화의 한살이 돌림책

 ◀ 해바라기의 한살이 뫼비우스 띠

④ 만든 자료에서 고쳐야 할 것은 없는지 확인해 봅니다.

1 한해살이 식물

(1) 한 해 동안 한살이를 거치고 일생을 마치는 식물입니다.
(2) 벼, 강낭콩, 옥수수, 호박 등이 있습니다.

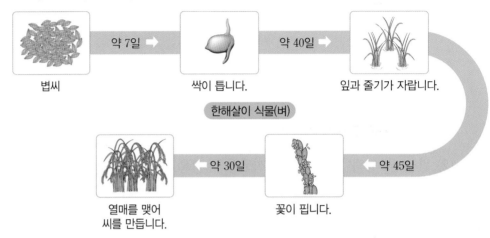

한해살이 식물(벼)

볍씨 → 약 7일 → 싹이 틉니다. → 약 40일 → 잎과 줄기가 자랍니다. → 약 45일 → 꽃이 핍니다. ← 약 30일 ← 열매를 맺어 씨를 만듭니다.

2 여러해살이 식물

(1) 여러 해 동안 죽지 않고 살아가는 식물입니다.
(2) 감나무, 개나리, 사과나무, 무궁화 등이 있습니다.

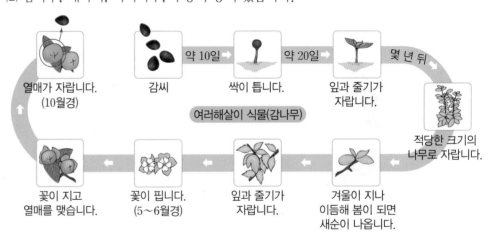

여러해살이 식물(감나무)

열매가 자랍니다. (10월경) / 감씨 → 약 10일 → 싹이 틉니다. → 약 20일 → 잎과 줄기가 자랍니다. → 몇 년 뒤 → 적당한 크기의 나무로 자랍니다. → 겨울이 지나 이듬해 봄이 되면 새순이 나옵니다. → 잎과 줄기가 자랍니다. → 꽃이 핍니다. (5~6월경) → 꽃이 지고 열매를 맺습니다.

3 한해살이 식물과 여러해살이 식물의 공통점과 차이점

공통점	씨가 싹 터서 자라며 꽃이 피고 열매를 맺어 번식한다.
차이점	한해살이 식물은 열매를 맺고 한 해만 살고 죽지만, 여러해살이 식물은 여러 해를 살면서 열매 맺는 것을 반복한다.

개념 1 한해살이 식물을 묻는 문제

(1) 한해살이 식물은 한 해 동안 한살이를 거치고 일생을 마침.

(2) 벼, 강낭콩, 옥수수, 호박 등이 있음.

(3) 벼의 한살이: 볍씨 → 싹이 틈. → 잎과 줄기가 자람. → 꽃이 핌. → 열매를 맺어 씨를 만듦.

01 다음 (   ) 안에 들어갈 알맞은 말을 쓰시오.

> 한 해 동안 살면서 열매를 맺고 죽는 식물을 (   )(이)라고 한다.

(   )

⊏중요⊐

02 다음과 같은 한살이 과정을 거치는 식물은 어느 것입니까? (   )

> 씨 → 싹이 틈. → 잎과 줄기가 자람.→ 꽃이 핌. → 열매를 맺어 씨를 만듦.

① 무궁화
② 감나무
③ 개나리
④ 강낭콩
⑤ 사과나무

개념 2 여러해살이 식물을 묻는 문제

(1) 여러해살이 식물은 여러 해 동안 살면서 꽃이 피고 열매 맺기를 반복함.

(2) 감나무, 개나리, 사과나무, 무궁화 등이 있음.

(3) 감나무의 한살이: 씨 → 싹이 틈. → 잎과 줄기가 자람. → 적당한 크기의 나무로 자람. → 겨울이 되면 죽지 않고 살아남아 이듬해 봄에 나뭇가지에서 새순이 다시 남. → 잎과 줄기가 자라고 꽃이 핌. → 꽃이 진 자리에 열매를 맺음. → 열매가 자람.

03 다음과 같은 한살이 과정을 거치는 식물을 무엇이라고 하는지 쓰시오.

> 씨 → 싹이 틈. → 잎과 줄기가 자람. → 겨울이 지나 이듬해 봄에 새순이 남. → 잎과 줄기가 자라고 꽃이 피고 짐. → 열매를 맺고 열매가 자람. → 겨울이 지나 이듬해 봄에 새순이 남.

(   )

04 여러해살이 식물이 <u>아닌</u> 것은 어느 것입니까?

(   )

① 옥수수
② 감나무
③ 무궁화
④ 개나리
⑤ 사과나무

개념 3 • 한해살이 식물과 여러해살이 식물의 공통점과 차이점을 묻는 문제

(1) **공통점**: 씨가 싹 터서 자라며 꽃이 피고 열매를 맺어 번식함.

(2) **차이점**: 한해살이 식물은 열매를 맺고 한 해만 살고 죽지만, 여러해살이 식물은 여러 해를 살면서 열매 맺는 것을 반복함.

05 다음은 한해살이 식물과 여러해살이 식물 중 어떤 식물에 대한 설명인지 쓰시오.

> 씨가 싹 터서 자라며 꽃이 피고 열매를 맺은 뒤 한 해만 살고 일생을 마치는 식물

(   )

06 다음은 한해살이 식물과 여러해살이 식물의 공통점입니다. ( ) 안에 들어갈 알맞은 말을 쓰시오.

> (㉠)(이)가 싹 터서 자라며 꽃이 피고
> (㉡)을/를 맺어 번식한다.

㉠ (   ), ㉡ (   )

개념 4 • 한눈에 볼 수 있는 식물의 한살이 자료 만들기를 묻는 문제

(1) 모둠에서 식물을 정하고, 그 식물의 한살이를 조사함.

(2) 모둠 구성원이 할 역할을 정하고, 필요한 재료를 준비함.

(3) 식물의 한살이가 잘 드러나도록 자료를 만들어 봄.

(4) 만든 자료에서 고쳐야 할 것은 없는지 확인해 봄.

07 식물의 한살이를 효과적으로 표현하기에 적당하지 <u>않은</u> 것은 어느 것입니까?(   )

①   ②

③   ④

⑤

08 강낭콩의 한살이 과정을 그림으로 그려 돌림책에 붙이려고 합니다. 순서대로 기호를 쓰시오.

㉠   ㉡

㉢   ㉣

(   )

중단원 **실전 문제**

정답과 해설 13쪽

01 다음은 벼의 한살이 과정을 나타낸 것입니다. 볍씨를 심은 뒤 가장 먼저 볼 수 있는 모습의 기호를 쓰시오.

(   )

[02~03] 다음 여러 식물을 보고, 물음에 답하시오

▲ 벼

▲ 호박

▲ 개나리

▲ 옥수수

02 위 식물 중 여러 해 동안 살면서 꽃이 피고 열매 맺기를 반복하는 식물의 기호를 쓰시오.

(   )

03 위 식물 중 강낭콩과 같은 한살이 과정을 거치는 식물을 모두 고른 것은 어느 것입니까? (   )

① ㉠   ② ㉠, ㉡
③ ㉠, ㉡, ㉢   ④ ㉠, ㉡, ㉣
⑤ ㉠, ㉡, ㉢, ㉣

ㄷ**중요**ㄱ
04 다음 (   ) 안에 들어갈 말을 바르게 나타낸 것은 어느 것입니까? (   )

• (㉠) 식물이란 한 해 동안 한살이를 거치고 일생을 마치는 식물이다.
• 강낭콩, 봉숭아는 (㉡) 식물이다.

	㉠	㉡
①	한해살이	한살이
②	한해살이	한해살이
③	한해살이	여러해살이
④	여러해살이	한살이
⑤	여러해살이	한해살이

[05~06] 다음 설명을 보고, 물음에 답하시오.

여러 해 동안 살면서 꽃이 피고 열매를 맺어 번식하는 과정을 반복한다.

05 위 설명과 같은 식물을 무엇이라고 하는지 쓰시오.

(   )

06 위 설명에 해당하는 식물은 어느 것입니까?

(   )

① 벼
② 호박
③ 무궁화
④ 강낭콩
⑤ 옥수수

07 다음 감나무의 한살이에 대한 설명으로 옳지 않은 것은 어느 것입니까? (   )

① 한 해에 한살이를 마친다.
② 자라는 과정이 몇 년 동안 반복된다.
③ 이듬해 봄에 나뭇가지에 새순이 나온다.
④ 싹이 터서 자라고 겨울 동안에도 죽지 않고 살아남는다.
⑤ 적당한 크기의 나무로 자라면 꽃이 피고 열매를 맺는 것을 반복한다.

08 다음 식물 중 한살이 기간이 나머지와 다른 식물의 기호를 쓰시오.

ㄱ   ㄴ   ㄷ
▲ 봉숭아   ▲ 사과나무   ▲ 무궁화

(   )

09 한해살이 식물과 여러해살이 식물에 대한 설명으로 옳은 것을 보기 에서 골라 기호를 쓰시오.

보기
㉠ 나무는 한해살이 식물이다.
㉡ 풀은 모두 여러해살이 식물이다.
㉢ 한해살이 식물은 땅속에 묻힌 뿌리가 겨울에도 죽지 않는다.
㉣ 여러해살이 식물은 씨가 싹 터서 자라며 꽃이 피고 열매를 맺어 번식한다.

(   )

10 여러 가지 식물의 한살이에 대한 설명으로 옳은 것은 어느 것입니까? (   )

① 호박은 여러해살이 식물이다.
② 대추나무는 여러해살이 식물이다.
③ 개나리는 한 해에 한살이를 거치고 일생을 마친다.
④ 강낭콩은 여러 해 동안 살면서 한살이의 일부를 반복한다.
⑤ 벼와 같은 한살이를 거치는 식물로는 옥수수, 감나무가 있다.

⸢중요⸥
11 다음 보기 에서 한해살이 식물과 여러해살이 식물의 공통점을 골라 기호를 쓰시오.

보기
㉠ 열매를 맺고 한 해만 살고 죽는다.
㉡ 여러 해를 살면서 열매 맺는 것을 반복한다.
㉢ 씨가 싹 터서 자라며 꽃이 피고 열매를 맺어 번식한다.

(   )

12 다음은 한해살이 식물과 여러해살이 식물의 차이점을 정리한 것입니다. (   ) 안에 들어갈 알맞은 말을 쓰시오.

(㉠) 식물은 열매를 맺고 한 해만 살고 일생을 마치지만, (㉡) 식물은 여러 해 동안 죽지 않고 살아가면서 한살이의 일부를 반복한다.

㉠ (   ), ㉡ (   )

서술형·논술형 평가 돋보기

정답과 해설 14쪽

학교에서 출제되는 서술형·논술형 평가를 미리 준비하세요.

연습 문제

문제 해결 전략
감나무는 여러 해 동안 살면서 꽃이 피고 열매 맺기를 반복합니다.

핵심 키워드
씨, 싹, 잎, 줄기, 나무, 꽃, 열매, 새순

1 다음 감나무의 한살이 과정을 쓰시오.

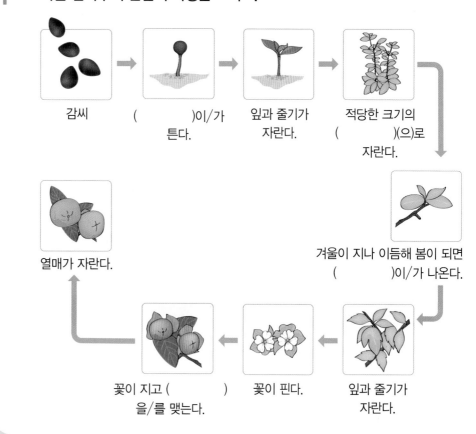

감씨 → (   )이/가 튼다. → 잎과 줄기가 자란다. → 적당한 크기의 (   )(으)로 자란다.

겨울이 지나 이듬해 봄이 되면 (   )이/가 나온다.

잎과 줄기가 자란다. → 꽃이 핀다. → 꽃이 지고 (   )을/를 맺는다. → 열매가 자란다.

실전 문제

1 다음은 벼의 한살이 과정입니다. ㈎에 들어갈 벼의 마지막 과정은 어떻게 되는지 쓰시오.

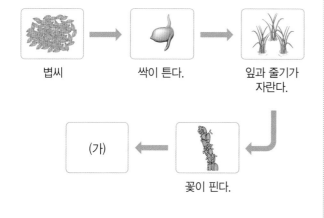

볍씨 → 싹이 튼다. → 잎과 줄기가 자란다. → 꽃이 핀다. → (가)

_____

_____

2 다음은 여러 가지 식물을 한살이 기간에 따라 분류한 것입니다. 물음에 답하시오.

(가)	(나)
벼, 강낭콩, 옥수수, 호박	감나무, 개나리, 사과나무, 무궁화

(1) 위에서 여러해살이 식물에 해당하는 것의 기호를 쓰시오.

(   )

(2) 한해살이 식물과 여러해살이 식물의 차이점을 쓰시오.

_____

_____

1 식물의 한살이

• 여러 가지 씨의 공통점과 차이점

공통점	단단하고 껍질이 있으며, 대부분 주먹보다 크기가 작음.
차이점	색깔, 모양, 크기 등의 생김새가 다름.

• 식물의 한살이: 식물의 씨가 싹 터서 자라고, 꽃이 피고 열매를 맺어 다시 씨가 만들어지는 과정

• 씨 심는 방법

 → → → →

화분 바닥에 있는 물 빠짐 구멍을 망이나 작은 돌로 막기 / 화분에 거름흙을 $\frac{3}{4}$ 정도 넣기 / 씨 크기의 두세 배 깊이로 씨를 심고, 흙을 덮기 / 물뿌리개로 물을 충분히 주기 / 팻말을 꽂아 햇빛이 비치는 곳에 놓아두기

2 식물의 자람

• 씨가 싹 트는 데 필요한 조건: 적당한 물과 적당한 온도가 필요함.

▲ 물을 준 것은 싹이 텄음.   ▲ 물을 주지 않은 것은 싹이 트지 않았음.

• 식물이 자라는 데 필요한 조건: 적당한 물, 적당한 온도, 빛이 필요함.

▲ 물을 준 것은 잘 자랐음.   ▲ 물을 주지 않은 것은 시들었음.

• 강낭콩의 한살이

 → → 잎과 줄기가 자람. → → → 씨

씨   싹이 틈.   잎과 줄기가 자람.   꽃이 핌.   열매를 맺음.   씨

3 여러 가지 식물의 한살이

• 한해살이 식물과 여러해살이 식물

한해살이 식물	여러해살이 식물
• 한 해 동안 한살이를 거치고 일생을 마침. • 벼, 강낭콩, 옥수수, 호박 등	• 여러 해 동안 살면서 꽃이 피고 열매 맺기를 반복함. • 감나무, 개나리, 사과나무, 무궁화 등

• 한해살이 식물과 여러해살이 식물의 공통점과 차이점

공통점	씨가 싹 터서 자라며 꽃이 피고 열매를 맺어 번식함.
차이점	한해살이 식물은 열매를 맺고 한 해만 살고 죽지만, 여러해살이 식물은 여러 해를 살면서 열매 맺는 것을 반복함.

대단원 마무리

3. 식물의 한살이

01 다음은 동전을 이용해서 씨의 어떤 특징을 관찰하는 방법입니까? ( )

① 모양
② 색깔
③ 크기
④ 촉감
⑤ 냄새

02 씨의 모양을 관찰할 때 필요한 도구는 어느 것입니까? ( )

① 자
② 돋보기
③ 스포이트
④ 전자저울
⑤ 페트리 접시

03 참외씨에 대한 설명으로 옳은 것은 어느 것입니까? ( )

① 동그랗다.
② 주름이 있다.
③ 연한 노란색이다.
④ 채송화씨보다 작다.
⑤ 한쪽은 모가 나 있다.

04 여러 가지 씨에 대한 설명으로 옳지 <u>않은</u> 것은 어느 것입니까? ( )

① 채송화씨: 동그랗고, 검은색이다.
② 봉숭아씨: 둥글고, 어두운 갈색이다.
③ 호두: 동그랗고 주름이 없으며, 연한 갈색이다.
④ 사과씨: 둥글고 길쭉하며 한쪽은 모가 나 있고, 갈색이다.
⑤ 강낭콩: 둥글고 길쭉하며, 검붉은색 또는 알록달록한 색이다.

⌐서술형⌐
05 다음과 같은 여러 가지 씨를 관찰하였을 때 공통점을 한 가지 쓰시오.

▲ 강낭콩   ▲ 사과씨   ▲ 채송화씨

_____

_____

⌐중요⌐
06 식물의 한살이를 관찰하기에 좋은 식물끼리 바르게 짝 지은 것은 어느 것입니까? ( )

① 감나무, 옥수수
② 개나리, 강낭콩
③ 봉숭아, 나팔꽃
④ 토마토, 무궁화
⑤ 채송화, 사과나무

07 화분에 씨를 심을 때 필요한 준비물이 <u>아닌</u> 것은 어느 것입니까? ( )

① 화분　　　② 자석　　　③ 거름흙
④ 작은 돌　　⑤ 식물의 씨

[08~09] 다음은 식물의 한살이를 관찰하기 위해 화분에 씨를 심는 과정을 나타낸 것입니다. 물음에 답하시오.

> (가) 화분 바닥에 있는 물 빠짐 구멍을 망이나 작은 돌 등으로 막는다.
> (나) 화분에 거름흙을 $\frac{3}{4}$ 정도 넣는다.
> (다) 씨를 심고 흙을 덮는다.
> (라) 물뿌리개로 충분히 물을 준다.
> (마) 팻말을 꽂아 햇빛이 비치는 곳에 놓아둔다.

08 위 과정 (다)에서 씨를 심는 깊이로 적당한 것의 기호를 쓰시오.

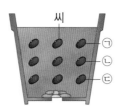

( )

09 위 과정 (마)에서 팻말에 쓸 내용으로 적당하지 <u>않은</u> 것은 어느 것입니까? ( )

① 식물 이름
② 다짐의 말
③ 식물의 별명
④ 씨를 사온 날짜
⑤ 씨를 심은 사람의 이름

┌중요┐
10 씨가 싹 트는 데 필요한 조건끼리 바르게 짝 지은 것은 어느 것입니까? ( )

① 물, 흙　　　② 흙, 빛　　　③ 물, 온도
④ 흙, 온도　　⑤ 빛, 양분

┌중요┐
11 다음은 강낭콩이 싹 터서 자라는 과정을 순서 없이 나열한 것입니다. 순서대로 기호를 쓰시오.

> ㉠ 씨가 부푼다.
> ㉡ 뿌리가 나온다.
> ㉢ 떡잎 사이로 본잎이 나온다.
> ㉣ 떡잎이 시들고 본잎이 커진다.
> ㉤ 껍질이 벗겨지고 떡잎이 두 장 나온다.

( )

12 다음은 강낭콩이 싹 터서 자라는 모습입니다. ㉠과 ㉡의 이름을 쓰시오.

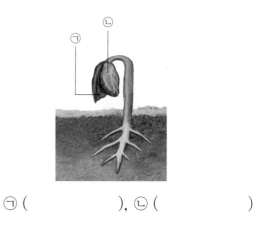

㉠ ( )， ㉡ ( )

13 다음 옥수수가 싹이 틀 때 가장 먼저 나오는 부분의 기호와 이름을 순서대로 쓰시오.

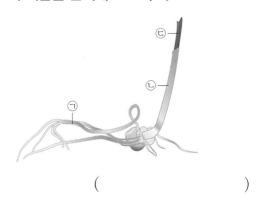

( )

[14~15] 다음은 식물이 자라는 데 필요한 조건을 알아보기 위한 실험입니다. 물음에 답하시오.

> (가) 크기가 비슷한 강낭콩 화분 두 개를 준비한다.
> (나) 한 화분에만 물을 적당히 주고, 다른 화분에는 계속 물을 주지 않는다.
>
>
>
> ▲ 물을 적당히 준다.　　▲ 물을 주지 않는다.

14 위 실험에서 다르게 한 조건은 어느 것입니까?

(　　)

① 물
② 양분
③ 온도
④ 식물의 종류
⑤ 화분의 크기

15 위 식물을 며칠 동안 관찰한 결과입니다. 물을 주지 <u>않은</u> 화분의 기호를 쓰시오.

(　　　　)

16 다음은 식물이 자라면서 변하는 모습 중 무엇을 측정하는 것입니까? (　　)

① 줄기의 개수
② 줄기의 색깔
③ 줄기의 모양
④ 줄기의 굵기
⑤ 줄기의 길이

17 식물이 자라면서 변하는 모습 중 측정하기 <u>어려운</u> 것은 어느 것입니까? (　　)

① 잎의 길이
② 잎의 개수
③ 줄기의 길이
④ 줄기의 굵기
⑤ 뿌리의 굵기

18 식물이 자란 정도를 측정하는 방법으로 옳지 <u>않은</u> 것을 보기 에서 골라 기호를 쓰시오.

보기

> ㉠ 꼬투리의 개수를 세어 본다.
> ㉡ 꽃잎을 따서 개수를 센 뒤 날짜별로 기록한다.
> ㉢ 꼬투리가 시작되는 지점부터 끝까지 길이를 잰다.
> ㉣ 줄기에 일정한 간격으로 선을 그어 간격의 변화를 측정한다.

(　　　　)

19 강낭콩의 자람에 따른 잎의 변화에 대한 설명으로 옳은 것을 보기 에서 골라 기호를 쓰시오.

> **보기**
> ㉠ 잎이 점점 넓어진다.
> ㉡ 잎의 개수가 점점 줄어든다.
> ㉢ 잎의 크기가 점점 작아진다.

(   )

20 열매의 변화를 관찰한 내용을 나타내는 방법으로 옳지 <u>않은</u> 것은 어느 것입니까? (   )

① 열매의 모양을 그래프로 나타낸다.
② 열매의 개수 변화를 표로 나타낸다.
③ 열매의 길이 변화를 그래프로 나타낸다.
④ 열매가 자라는 모습을 사진으로 찍어 정리한다.
⑤ 열매가 자라는 모습을 그림으로 그려 정리한다.

ㄷ중요ㄱ
21 식물이 자라면서 꽃이 피고 열매를 맺는 까닭을 바르게 말한 사람의 이름을 쓰시오.

> • 진경: 꼬투리를 만들기 위해서야.
> • 정훈: 씨를 맺어 번식하기 위해서야.
> • 수민: 사람이나 동물의 영양분으로 이용되기 위해서야.
> • 준수: 식물이 한 해 동안만 살고 일생을 마치기 때문이야.

(   )

22 다음과 같은 한살이 과정을 거치는 식물은 어느 것입니까? (   )

> 한 해 동안 씨가 싹 터서 자라며, 꽃이 피고 열매를 맺어 씨를 만들고 일생을 마친다.

① 감나무
② 개나리
③ 옥수수
④ 무궁화
⑤ 사과나무

23 다음 (   ) 안에 들어갈 말을 바르게 나타낸 것은 어느 것입니까? (   )

> (㉠)이란 여러 해 동안 살면서 꽃이 피고 열매 맺기를 반복하는 식물을 말하며, 이런 식물에는 (㉡) 등이 있다.

	㉠	㉡
①	한해살이 식물	감나무
②	한해살이 식물	개나리
③	한해살이 식물	무궁화
④	여러해살이 식물	옥수수
⑤	여러해살이 식물	사과나무

24 식물의 한살이 자료를 만들 때 가장 중요하게 생각해야 하는 것은 어느 것입니까? (   )

① 씨가 비싼가?
② 꽃이 화려한가?
③ 열매는 먹을 수 있는 것인가?
④ 자료로 쓸 수 있는 종이가 두꺼운가?
⑤ 열매를 맺어 다시 씨가 되는 내용이 포함되는가?

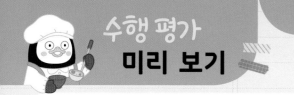

1 다음은 강낭콩이 자라는 데 필요한 조건을 알아보기 위한 실험입니다. 물음에 답하시오.

물

(1) 위 실험에서 다르게 할 조건과 같게 할 조건은 무엇인지 쓰시오.

다르게 할 조건	같게 할 조건

(2) 위 실험 결과를 쓰고, 이를 통해 알 수 있는 사실을 쓰시오.

실험 결과	
알 수 있는 사실	

2 다음 여러 가지 식물을 보고, 물음에 답하시오.

▲ 옥수수

▲ 무궁화

▲ 개나리

▲ 호박

(1) 위 식물을 한해살이 식물과 여러해살이 식물로 분류하여 기호를 쓰시오.

한해살이 식물	여러해살이 식물

(2) 한해살이 식물과 여러해살이 식물의 공통점과 차이점을 쓰시오.

공통점	
차이점	

4단원

물체의 무게

여러 가지 물체를 손으로 들어 보면 물체의 무게가 저울로 측정한 것과는 다른 경우를 경험한 적이 있을 것입니다. 그래서 우리는 물체의 정확한 무게를 알기 위해 다양한 곳에서 저울을 사용합니다.

이 단원에서는 생활 속에서 물체의 무게를 측정하는 경우를 알아보고, 용수철의 성질과 수평 잡기의 원리를 이용해 물체의 무게를 측정하고 비교하는 방법을 이해합니다. 또한 여러 가지 저울을 관찰하고, 그 원리를 알아봅니다.

단원 학습 목표

⑴ 물체의 무게와 용수철저울
  • 물체의 무게를 측정하는 경우와 무게 측정이 필요한 까닭을 알아봅니다.
  • 용수철에 물체를 걸어 보고 용수철저울의 원리를 알아봅니다.
⑵ 수평 잡기의 원리
  • 수평 잡기 활동을 통해 물체의 무게를 비교합니다.
  • 양팔저울로 여러 가지 물체의 무게를 비교합니다.
⑶ 여러 가지 저울과 간단한 저울 만들기
  • 여러 가지 저울의 특징을 알고, 간단한 저울을 만들어 봅니다.

단원 진도 체크

회차	학습 내용		진도 체크
1차	⑴ 물체의 무게와 용수철저울	교과서 내용 학습 + 핵심 개념 문제	✓
2차		실전 문제 + 서술형·논술형 평가	✓
3차	⑵ 수평 잡기의 원리	교과서 내용 학습 + 핵심 개념 문제	✓
4차		실전 문제 + 서술형·논술형 평가	✓
5차	⑶ 여러 가지 저울과 간단한 저울 만들기	교과서 내용 학습 + 핵심 개념 문제	✓
6차		실전 문제 + 서술형·논술형 평가	✓
7차	대단원 정리 학습 + 대단원 마무리 + 수행 평가 미리 보기		✓

해당 부분을 공부한 후 ✓표를 하세요.

(1) 물체의 무게와 용수철저울

▶ 여러 개의 수박 중 무거운 수박 고르기

① 여러 개의 수박을 손으로 들어 봅니다.

② 가장 무거운 수박이 어느 것인지 찾아봅니다.

③ 사람마다 느끼는 물체의 무게가 다를 수 있기 때문에 사람마다 고르는 수박이 달라질 수 있습니다.

④ 무게 차이가 많이 날수록 무게를 어림하여 비교하기 쉽습니다.

▶ 물체의 무게를 정확하게 측정하지 않을 때 일어날 수 있는 문제

• 물건을 파는 사람이 신뢰를 잃을 수 있습니다.

• 같은 상품이라도 품질이나 맛이 다를 수 있습니다.

• 몸무게 차이가 많이 나는 사람끼리 태권도나 유도 등의 경기를 하게 되어 결과를 쉽게 예상할 수 있습니다.

낱말 사전

어림 대강 짐작으로 헤아림.
측정(測定) 일정한 양을 기준으로 하여 같은 종류의 다른 양의 크기를 잼.
신뢰(信賴) 굳게 믿고 의지함.

1 물체의 무게

(1) 여러 가지 물체를 손으로 들어보고 무거운 순서 정하기

① 모양과 크기가 비슷한 여러 가지 물체를 바구니에 넣습니다.

② 바구니에 있는 물체를 손으로 들어보고, 물체를 무거운 순서대로 나열해 봅니다.

③ 내가 쓴 물체의 무거운 순서와 모둠 구성원이 쓴 물체의 무거운 순서를 비교해 보면 무거운 순서가 같지 않을 수 있습니다.

(2) 물체의 무게를 손으로 어림하기: 사람마다 느끼는 물체의 무게가 다를 수 있습니다.

(3) 물체의 무게를 정확하게 알기 위해 저울을 사용합니다.

(4) 우리 생활에서 저울을 사용해 물체의 무게를 정확하게 측정하는 경우

① 상품의 무게에 따라 가격을 다르게 정할 때 측정합니다.

② 정해진 무게의 재료를 사용해 상품을 만들 때 측정합니다.

③ 태권도나 유도 등과 같은 운동 경기에서 선수들의 몸무게에 따라 체급을 나눌 때 측정합니다.

④ 우체국에서 등기 우편을 보낼 때 우편물의 무게를 정확하게 측정합니다.

⑤ 화물차가 싣고 있는 짐의 무게가 적합한지 알기 위해 무게를 측정합니다.

2 용수철에 물체 걸어 놓기

(1) 용수철의 성질

① 용수철은 손으로 잡아당기면 길이가 늘어나고 잡았던 손을 놓으면 원래의 길이로 되돌아가는 성질이 있습니다.

② 용수철에 추를 걸어 놓으면 용수철의 길이가 늘어납니다.

③ 용수철의 길이가 늘어난 까닭: 지구가 추를 끌어당기기 때문입니다.

(2) 물체의 무게

① 물체의 무게: 지구가 물체를 끌어당기는 힘의 크기입니다.

② 무게의 단위

단위	g중	kg중	N
읽기	그램중	킬로그램중	뉴턴

우리 생활에서 사람들은 g중, kg중을 g, kg으로 줄여서 사용하기도 합니다.

개념 확인 문제

1 물건을 파는 사람이 신뢰를 잃지 않으려면 물체의 (   )을/를 정확하게 측정해야 합니다.

2 물체의 무게를 정확하게 알기 위해 (   )을/를 사용합니다.

3 지구가 물체를 끌어당기는 힘의 크기를 물체의 (   )(이)라고 합니다.

정답 **1** 무게 **2** 저울 **3** 무게

추의 무게 때문에 나타나는 용수철의 길이 변화 비교하기

[준비물]　스탠드, 용수철 두 개, 무게가 다른 추 세 개

[실험 방법]

① 같은 용수철 두 개를 각각 스탠드에 걸어 고정합니다.

② 한 용수철 끝의 고리에 가장 가벼운 추를 걸고 늘어난 용수철의 길이를 눈으로 확인해 봅니다.

주의할 점
· 두 개의 용수철은 탄성이 비슷한 것을 준비합니다.
· 용수철을 힘껏 잡아당기면 용수철이 탄성을 잃어 망가질 수 있으므로 주의합니다.
· 늘어나지 않은 용수철을 기준으로 옆에 있는 늘어난 용수철의 길이만큼 손으로 잡아당겨야 합니다.

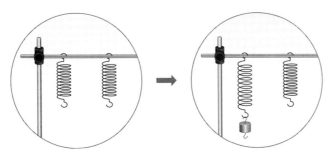

③ 늘어난 용수철의 길이만큼 옆에 있는 용수철을 손으로 잡아당겨 추의 무거운 정도를 느껴봅니다.

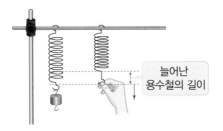

늘어난 용수철의 길이

중요한 점
추의 무게에 따라 늘어난 용수철의 길이가 다른 까닭을 지구가 끌어당기는 힘의 크기와 관련지어 생각합니다.

④ 무게가 다른 나머지 두 개의 추를 사용해 ②~③을 반복합니다.

[실험 결과]

① 추의 무게에 따라 용수철의 길이가 늘어나는 정도: 가장 무거운 추를 걸어 놓았을 때 용수철의 길이가 가장 많이 늘어납니다.

② 용수철을 손으로 잡아당기는 정도: 가장 무거운 추를 걸어 놓았을 때 늘어난 용수철의 길이만큼 옆에 있는 용수철을 손으로 잡아당길 때 가장 세게 잡아당겨야 합니다.

탐구 문제

정답과 해설 16쪽

1 용수철 끝의 고리에 걸어 놓았을 때 용수철의 길이가 가장 많이 늘어나는 추의 기호를 쓰시오.

▲ 20 g중　　▲ 10 g중　　▲ 5 g중

(　　　　　　　　　　)

2 다음은 추의 무게에 따른 용수철의 길이 변화를 정리한 것입니다. (　　) 안에 들어갈 알맞은 말을 쓰시오.

> 용수철에 걸어 놓은 추의 (　　　　　)이/가 무거울수록 용수철의 길이가 많이 늘어난다.

(　　　　　　　　　　)

▶ **용수철저울의 눈금과 단위 표시**

• 눈금이 나타내는 무게

작은 눈금 하나	20 g중
큰 눈금 하나	100 g중

• 용수철저울에는 g중 단위와 N 단위가 함께 표시되어 있기도 합니다.

▶ **용수철저울의 고리에 걸 수 없는 물체의 무게를 측정하는 방법**
펀치로 구멍을 뚫은 지퍼 백을 고리에 걸고 영점을 맞춘 다음, 지퍼 백에 물체를 넣고 무게를 측정합니다.

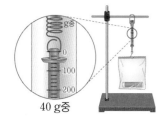

40 g중

낱말 사전

펀치 구멍을 뚫어 표를 내는 공구

---

3 용수철의 성질을 이용한 저울

(1) 물체의 무게가 무거울수록 용수철은 더 많이 늘어납니다.

(2) 용수철은 물체의 무게에 따라 일정하게 늘어나거나 줄어드는 성질이 있습니다.

(3) 용수철저울, 가정용 저울, 체중계 등이 있습니다.

4 용수철저울로 물체의 무게 측정하기

(1) 용수철저울 각 부분의 이름

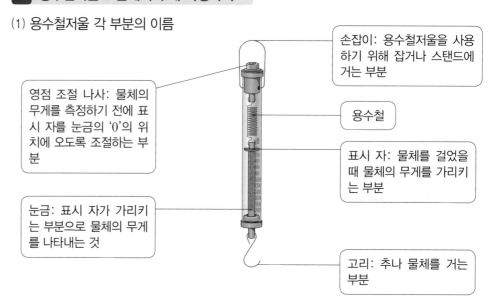

손잡이: 용수철저울을 사용하기 위해 잡거나 스탠드에 거는 부분

영점 조절 나사: 물체의 무게를 측정하기 전에 표시 자를 눈금의 '0'의 위치에 오도록 조절하는 부분

용수철

표시 자: 물체를 걸었을 때 물체의 무게를 가리키는 부분

눈금: 표시 자가 가리키는 부분으로 물체의 무게를 나타내는 것

고리: 추나 물체를 거는 부분

(2) 용수철저울의 사용 방법
① 스탠드에 용수철저울을 겁니다.
② 영점 조절 나사를 돌려 표시 자를 눈금의 '0'에 맞춥니다.
③ 용수철저울의 고리에 물체를 걸고 표시 자가 가리키는 눈금의 숫자를 단위와 같이 읽습니다.

이것을 '영점 조절'이라고 하며, 영점을 조절하지 않으면 물체의 무게를 정확하게 측정할 수 없습니다.

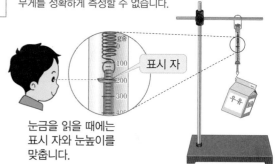

표시 자

눈금을 읽을 때에는 표시 자와 눈높이를 맞춥니다.

(3) 용수철저울로 물체의 무게 측정하기
① 용수철저울로 측정할 수 있는 무게의 범위를 미리 생각해 봅니다.
② 표시 자의 눈금이 움직이지 않을 때의 무게를 측정합니다.

개념 확인 문제

1 용수철은 물체의 (크기 , 무게)에 따라 일정하게 늘어나거나 줄어듭니다.

2 무게를 측정하기 전에 표시 자가 눈금의 '0'의 위치에 오도록 (   ) 조절을 합니다.

3 용수철저울의 눈금을 읽을 때는 (표시 자 , 고리)와/과 눈높이를 맞춰 읽습니다.

정답 **1** 무게 **2** 영점 **3** 표시 자

추의 무게와 늘어난 용수철의 길이 사이의 관계 알아보기

[준비물]   스탠드, 용수철, 20 g중 추 여섯 개, 종이 자, 셀로판테이프

[실험 방법]

1 늘어난 용수철의 길이를 측정할 수 있는 장치 만들기

① 용수철을 스탠드에 걸어 고정합니다.

② 용수철 끝의 고리에 20 g중 추 한 개를 걸어 놓습니다.

③ 종이 자의 눈금 '0'을 용수철 끝에 맞추고, 셀로판테이프로 스탠드에 고정합니다.

2 늘어난 용수철의 길이 측정하기

① 20 g중 추 한 개를 더 걸고, 늘어난 용수철의 길이를 종이 자로 측정합니다.

② 추의 개수를 한 개씩 늘려 가면서 늘어난 용수철의 길이를 종이 자로 측정합니다.

> **주의할 점**
> • 처음에는 용수철이 잘 늘어나지 않기 때문에 추 하나를 먼저 걸어 놓고 실험을 시작합니다.
> • 종이 자를 스탠드에 고정할 때 종이 자의 눈금 '0'을 용수철 끝과 일치하도록 고정합니다.

▲ 늘어난 용수철의 길이를 측정할 수 있는 장치

추를 걸었을 때 늘어난 용수철의 길이를 표시하는 부분

▲ 추의 개수를 한 개씩 늘려 가면서 늘어난 용수철의 길이 측정하기

[실험 결과]

① 추의 무게에 따라 늘어난 용수철의 길이와 추 한 개당 늘어난 용수철의 길이

추의 무게(g중)	0	20	40	60	80	100
늘어난 용수철의 길이(cm)	0	3	6	9	12	15
추 한 개당 늘어난 용수철의 길이(cm)		3	3	3	3	3

> **중요한 점**
> 추 한 개당 용수철의 길이가 3 cm씩 일정하게 늘어납니다. 늘어난 용수철의 길이는 용수철에 걸어 놓은 추의 무게를 나타냅니다.

② 용수철에 걸어 놓은 추의 무게가 일정하게 늘어나면 용수철의 길이도 일정하게 늘어납니다.

탐구 문제

정답과 해설 16쪽

1 용수철 끝의 고리에 걸었을 때 용수철의 길이가 가장 많이 늘어나는 것은 어느 것입니까? (   )

① 20 g중 추를 1개 걸어 놓았을 때

② 20 g중 추를 2개 걸어 놓았을 때

③ 20 g중 추를 3개 걸어 놓았을 때

④ 20 g중 추를 4개 걸어 놓았을 때

⑤ 20 g중 추를 5개 걸어 놓았을 때

2 다음은 추의 무게에 따라 늘어난 용수철의 길이를 나타낸 표입니다. ㉠에 들어갈 알맞은 수를 쓰시오.

추의 무게(g중)	0	30	60	90	120
늘어난 용수철의 길이(cm)	0	5	㉠	15	20

(   )

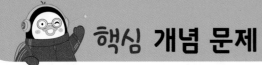

개념 1 · 물체의 무게를 정확하게 측정해야 하는 까닭을 묻는 문제

(1) 물체의 무게를 손으로 들어보고 어림하면 정확하지 않음.

(2) 물건을 팔 때 물체의 무게가 정확하지 않을 경우 신뢰를 잃을 수 있음.

(3) 물체의 무게를 정확하게 측정하려면 저울을 사용해야 함.

01 다음은 정육점에서 손으로 어림하여 고기를 판매할 때 생기는 문제점을 설명한 것입니다. ( ) 안에 들어갈 알맞은 말을 쓰시오.

> 같은 가격이라도 고기의 (　　　)이/가 달라질 수 있기 때문에 고기를 파는 사람은 신뢰를 잃을 수 있다.

(　　　　　　)

02 물체의 무게를 정확하게 측정하기 위해 사용하는 것은 무엇인지 쓰시오.

(　　　　　　)

개념 2 · 우리 생활에서 물체의 무게를 정확하게 측정하는 경우를 묻는 문제

(1) 상품의 무게에 따라 가격을 다르게 정할 때 측정함.
➡ 과일의 가격, 곡식의 가격, 고기나 채소의 가격 등

(2) 정해진 무게의 재료를 사용해 상품을 만들 때 측정함. ➡ 식빵을 만들 때 사용되는 각 재료의 양 등

(3) 운동 경기에서 선수들의 몸무게에 따라 체급을 나눌 때 측정함. ➡ 태권도, 유도, 레슬링 등의 경기

(4) 우체국에서 등기 우편을 보낼 때 우편물의 무게를 정확하게 측정함.

(5) 화물차가 싣고 있는 짐의 무게가 적합한지 알기 위해 측정함.

03 정확하게 무게를 측정해서 판매해야 하는 것은 어느 것입니까? ( )

① ② ③ ④ ⑤

04 다음과 같이 태권도 경기를 할 때 체급을 나누기 위해 정확하게 측정해야 하는 것은 무엇인지 쓰시오.

(　　　　　　)

개념 3 용수철의 성질을 묻는 문제

(1) 용수철은 손으로 잡아당기면 길이가 늘어나고, 잡았던 손을 놓으면 원래의 길이로 되돌아가는 성질이 있음.

(2) 용수철에 추를 걸어 놓으면 용수철의 길이가 늘어남.

(3) 용수철에 추를 걸어 놓으면 용수철의 길이가 늘어나는 까닭은 지구가 추를 끌어당기기 때문임.

05 용수철을 손으로 잡아당겼을 때 나타나는 현상으로 옳은 것에 ○표 하시오.

(1) 용수철이 끊어진다. ( )
(2) 용수철의 길이가 늘어난다. ( )
(3) 용수철이 원래의 길이로 되돌아간다.
( )

06 용수철에 추를 걸어 놓았을 때 용수철의 길이가 늘어나는 까닭으로 옳은 것을 [보기]에서 골라 기호를 쓰시오.

보기

> ㉠ 용수철이 추를 밀어내기 때문이다.
> ㉡ 지구가 추를 끌어당기기 때문이다.
> ㉢ 추가 용수철을 끌어당기기 때문이다.

( )

개념 4 추의 무게 때문에 나타나는 용수철의 길이 변화 비교에 대해 묻는 문제

(1) 용수철에 걸어 놓은 추의 무게가 무거울수록 용수철의 길이가 많이 늘어남.

(2) 용수철에 걸어 놓은 추의 무게에 따라 용수철이 늘어나는 길이가 다른 까닭은 지구가 추를 끌어당기는 힘이 다르기 때문임.

┌중요┐
07 다음과 같이 같은 용수철 세 개에 무게가 다른 추 세 개를 각각 걸어 놓았습니다. 추의 무게가 가장 무거운 것의 기호를 쓰시오.

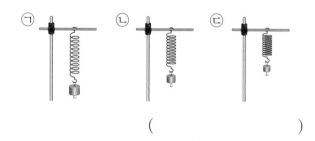

( )

08 위 **07**번을 보고, ( ) 안에 들어갈 알맞은 말을 쓰시오.

> 용수철에 걸어 놓은 추의 무게에 따라 늘어난 용수철의 길이가 다른 까닭은 ( )이/가 추를 끌어당기는 힘이 다르기 때문이다.

( )

개념5 물체의 무게와 무게의 단위에 대해 묻는 문제

(1) 지구가 물체를 끌어당기는 힘의 크기를 물체의 무게라고 함.
(2) 무게의 단위에는 g중, kg중, N이 있음.
(3) 'g중'은 '그램중', 'kg중'은 '킬로그램중', 'N'은 '뉴턴'이라고 읽음.

09 다음은 물체의 무게에 대한 설명입니다. (   ) 안의 알맞은 말에 ○표 하시오.

> 물체의 무게는 (태양 , 지구)이/가 물체를 끌어당기는 힘의 크기이다.

개념6 추의 무게와 늘어난 용수철의 길이 사이의 관계를 묻는 문제

(1) 용수철에 걸어 놓은 추의 개수가 한 개씩 늘어날 때마다 용수철의 길이도 일정하게 늘어남.
(2) 용수철에 걸어 놓은 추의 무게가 일정하게 늘어나면 용수철의 길이도 일정하게 늘어남.
(3) 늘어난 용수철의 길이는 용수철에 걸어 놓은 추의 무게를 나타냄.

11 다음은 늘어난 용수철의 길이를 측정할 수 있는 장치에 20 g중 추의 개수를 한 개씩 늘려 가면서 추의 무게에 따라 늘어난 용수철의 길이를 측정한 결과를 나타낸 표입니다. 이 결과를 보고, (   ) 안에 들어갈 알맞은 말을 쓰시오.

추의 무게(g중)	0	20	40	60
늘어난 용수철의 길이(cm)	0	3	6	9

> 용수철에 추를 한 개씩 더 걸어 놓을 때마다 용수철의 길이는 (   )하게 늘어난다.

(   )

12 위 **11**번의 표를 보고, 늘어난 용수철의 길이가 나타내는 것은 무엇인지 보기 에서 골라 기호를 쓰시오.

보기
> ㉠ 용수철의 무게를 나타낸다.
> ㉡ 용수철의 원래 길이를 나타낸다.
> ㉢ 용수철에 걸어 놓은 추의 무게를 나타낸다.

(   )

10 물체의 무게를 나타내는 단위는 어느 것입니까?
(   )

① cm   ② N
③ L   ④ m³
⑤ m/s

개념 7 용수철저울의 각 부분에 대해 묻는 문제

(1) 손잡이: 용수철저울을 사용하기 위해 잡거나 스탠드에 거는 부분

(2) 영점 조절 나사: 물체의 무게를 측정하기 전에 표시 자를 눈금의 '0'의 위치에 오도록 조절하는 부분

(3) 표시 자: 물체를 걸었을 때 물체의 무게를 가리키는 부분

(4) 눈금: 표시 자가 가리키는 부분으로 물체의 무게를 나타내는 것

(5) 고리: 추나 물체를 거는 부분

13 용수철저울로 무게를 측정할 때 물체의 무게를 가리키는 부분은 어느 것입니까? ( )

① 눈금
② 고리
③ 손잡이
④ 표시 자
⑤ 영점 조절 나사

14 다음 용수철저울에서 물체의 무게를 측정하기 전에 표시 자를 눈금의 '0'의 위치에 오도록 조절하는 부분의 기호를 쓰시오.

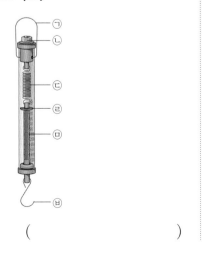

( )

개념 8 용수철저울로 물체의 무게를 측정하는 방법에 대해 묻는 문제

(1) 용수철저울을 스탠드에 걸어 놓고 영점 조절 나사를 돌려 표시 자를 눈금의 '0'에 맞춤.

(2) 용수철저울의 고리에 물체를 걸고 표시 자가 가리키는 눈금의 숫자를 읽음.

(3) 표시 자가 가리키는 눈금을 읽을 때는 표시 자와 관찰자의 눈높이를 맞춰야 함.

(4) 용수철저울의 고리에 걸 수 없는 물체의 무게를 측정할 때는 펀치로 구멍을 뚫은 지퍼 백을 고리에 걸고 영점을 맞춘 다음, 지퍼 백에 물체를 넣고 측정함.

┌중요┐

15 용수철저울로 무게를 측정할 때 용수철저울을 스탠드에 걸어 놓고 가장 먼저 해야 할 일은 무엇입니까? ( )

① 고리에 물체를 건다.
② 지퍼 백에 물체를 넣는다.
③ 용수철저울을 손으로 잡아당긴다.
④ 표시 자가 가리키는 눈금을 읽는다.
⑤ 영점 조절 나사를 돌려 표시 자를 눈금의 '0'에 맞춘다.

16 다음은 용수철저울의 눈금을 읽는 방법입니다. ( ) 안에 들어갈 알맞은 말을 쓰시오.

> 표시 자가 움직이지 않을 때 가리키는 눈금을 읽으며, 이때 표시 자와 관찰자의 ( ) 을/를 맞춰 읽는다.

( )

[01~03] 다음은 지수와 민우가 손으로 물체의 무게를 어림하는 모습입니다. 물음에 답하시오.

01 위와 같이 지수와 민우가 여러 가지 물체를 손으로 어림하고 다음 표와 같이 무거운 것부터 순서대로 정리하였습니다. 물체의 무거운 순서가 서로 다른 까닭으로 옳은 것에 ○표 하시오.

구분	가장 무거운 것	두 번째로 무거운 것	가장 가벼운 것
지수	필통	휴대 전화	연필
민우	휴대 전화	필통	연필

(1) 지수와 민우의 몸무게가 다르기 때문이다.
( )

(2) 지수와 민우의 손의 크기가 다르기 때문이다.
( )

(3) 지수와 민우가 느끼는 물체의 무게가 다르기 때문이다.
( )

02 위와 같이 물체의 무게를 손으로 어림하였을 때의 문제점은 무엇입니까? ( )

① 손을 다칠 수 있다.
② 물체가 망가질 수 있다.
③ 비싼 물체의 무게는 알 수 없다.
④ 물체를 다시 사용할 수 없게 된다.
⑤ 물체의 정확한 무게를 측정할 수 없다.

03 위 02번의 답과 같은 문제점을 해결하기 위해 필요한 도구는 무엇입니까? ( )

① 저울　　② 줄자　　③ 돋보기
④ 나침반　　⑤ 현미경

04 용수철의 성질로 옳은 것은 어느 것입니까?
( )

① 손으로 잡아당겨도 움직이지 않는다.
② 손으로 잡아당겼을 때에만 늘어난다.
③ 한 번 늘어나면 다시 줄어들지 않는다.
④ 물체를 걸어 놓아도 아무 변화가 없다.
⑤ 잡아당겼다가 놓으면 원래의 길이로 되돌아간다.

[05~06] 다음과 같이 용수철을 스탠드에 걸어 고정하고, 용수철 끝의 고리에 추를 걸었습니다. 물음에 답하시오.

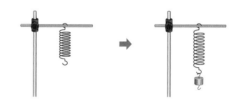

05 위와 같이 용수철의 길이가 늘어난 까닭으로 옳은 것을 보기 에서 골라 기호를 쓰시오.

> **보기**
>
> ㉠ 용수철의 길이가 짧기 때문이다.
> ㉡ 지구가 추를 끌어당기기 때문이다.
> ㉢ 용수철이 추를 끌어당기기 때문이다.

( )

06 위 용수철에 더 무거운 추를 걸어 놓았을 때 나타나는 현상으로 옳은 것은 어느 것입니까? ( )

① 아무 변화가 없다.
② 용수철이 계속 움직인다.
③ 용수철의 길이가 줄어든다.
④ 용수철의 굵기가 굵어진다.
⑤ 용수철의 길이가 더 많이 늘어난다.

[07~09] 오른쪽과 같이 같은 용수철 두 개 중 용수철 (가) 끝의 고리에 추를 걸어 놓고 늘어난 용수철의 길이만큼 옆에 있는 용수철 (나)를 손으로 잡아당겼습니다. 물음에 답하시오.

ᄃ중요ᄀ

07 위 실험에서 용수철 (나)를 손으로 잡아당길 때 필요한 힘에 대한 설명입니다. ( ) 안에 들어갈 알맞은 말은 무엇입니까? ( )

> 손으로 잡아당길 때의 힘은 ( )와 같다.

① 손의 무게　　　② 추의 무게
③ 공기의 무게　　④ 지구의 무게
⑤ 용수철의 무게

08 위 실험에서 용수철 (가)에 추의 개수를 한 개씩 늘려 가면서 늘어난 용수철의 길이만큼 옆에 있는 용수철 (나)를 손으로 잡아당겼습니다. 용수철 (나)를 가장 세게 잡아당겨야 하는 경우를 보기 에서 골라 기호를 쓰시오.

> **보기**
>
> ㉠ 추를 1개 걸어 놓았을 때
> ㉡ 추를 2개 걸어 놓았을 때
> ㉢ 추를 3개 걸어 놓았을 때

( )

09 위 실험으로 알 수 있는 사실을 정리한 것입니다. ( ) 안에 들어갈 알맞은 말을 쓰시오.

> 용수철에 걸어 놓은 물체가 무거울수록 ( )이/가 물체를 끌어당기는 힘의 크기가 커지기 때문에 용수철의 길이도 많이 늘어난다.

( )

10 물체의 무게에 대한 설명으로 옳지 않은 것은 어느 것입니까? ( )

① 물체의 무게는 저울을 사용하면 정확하게 측정할 수 있다.
② 물체의 무게는 지구가 물체를 끌어당기는 힘의 크기이다.
③ 무거운 물체를 들 때에는 가벼운 물체를 들 때보다 힘이 덜 든다.
④ 지구는 가벼운 물체보다 무거운 물체를 더 큰 힘으로 끌어당긴다.
⑤ 용수철에 걸어 놓은 물체의 무게가 무거울수록 용수철의 길이는 더 많이 늘어난다.

11 물체의 무게를 나타내는 단위가 아닌 것을 두 가지 고르시오. (,)

① g중　　　② kg중　　　③ N
④ cm　　　⑤ mL

12 용수철에 걸어 놓은 물체 중 무게가 가장 무거운 것은 어느 것입니까? ( )

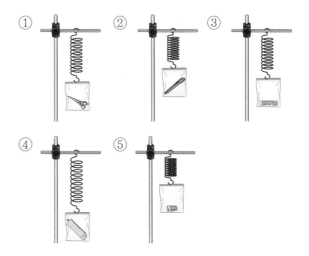

13 오른쪽은 추의 무게와 늘어난 용수철의 길이 사이의 관계를 알아보기 위해 늘어난 용수철의 길이를 측정할 수 있는 장치입니다. ㉠ 부분을 바르게 만든 것은 어느 것입니까?

( )

 ① ② ③

 ④ ⑤

[14~15] 다음은 늘어난 용수철의 길이를 측정할 수 있는 장치에 20 g중 추의 개수를 한 개씩 늘려 가면서 추의 무게에 따라 늘어난 용수철의 길이를 측정한 결과를 나타낸 표입니다. 물음에 답하시오.

추의 무게(g중)	0	20	40	60	80
늘어난 용수철의 길이(cm)	0	3	6	9	㉠

14 위 표를 보고 추의 무게와 늘어난 용수철의 길이 사이의 관계를 바르게 설명한 것에 ○표 하시오.

(1) 추의 무게가 늘어날수록 용수철의 길이가 짧아진다. ( )

(2) 추의 무게에 따라 늘어나는 용수철의 길이는 불규칙하다. ( )

(3) 추의 개수가 한 개씩 늘어날 때마다 용수철의 길이는 3 cm씩 늘어난다. ( )

ᄃ중요ᄀ
15 위 표의 ㉠에 들어갈 알맞은 수를 쓰시오.

( ) cm

[16~17] 늘어난 용수철의 길이를 측정할 수 있는 장치에 30 g중 추를 한 개 걸었을 때 늘어난 용수철의 길이가 5 cm가 되었습니다. 물음에 답하시오.

16 위 장치에 30 g중 추의 개수를 한 개씩 늘려 가면서 걸었을 때 늘어난 용수철의 길이에 대한 설명으로 옳은 것은 어느 것입니까? ( )

① 용수철의 길이는 변화가 없다.

② 용수철의 길이가 일정하게 줄어든다.

③ 용수철의 길이가 일정하게 늘어난다.

④ 추를 3개 걸었을 때까지만 용수철의 길이가 늘어난다.

⑤ 추를 3개 걸었을 때부터 용수철의 길이가 더 많이 늘어난다.

17 위 장치에 30 g중 추를 4개 걸었을 때 늘어난 용수철의 길이는 몇 cm가 되는지 쓰시오.

( ) cm

18 용수철의 성질을 이용하여 만든 저울을 모두 골라 기호를 쓰시오.

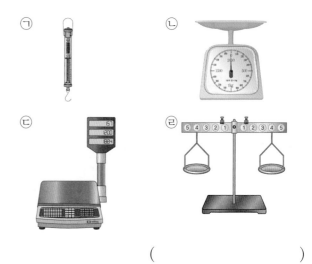

( )

[19~21] 다음 용수철저울을 보고, 물음에 답하시오

고리

19 위 용수철저울에서 ㉠이 하는 일은 무엇입니까?
( )

① 물체의 무게를 나타낸다.
② 스탠드에 거는 부분이다.
③ 물체를 걸었을 때 늘어난다.
④ 용수철저울을 잡는 부분이다.
⑤ 표시 자를 눈금의 '0' 위치에 오도록 조절한다.

ㄷ중요ㄱ
20 위 용수철저울의 고리에 물체를 걸었을 때 물체의 무게를 가리키는 부분은 어느 것인지 기호와 이름을 순서대로 쓰시오.

( )

21 위 용수철저울의 고리에 걸 수 없는 물체의 무게를 측정할 때 사용하면 좋은 것은 어느 것입니까? ( )

① 추   ② 자
③ 가위   ④ 클립
⑤ 지퍼 백

[22~24] 다음은 용수철저울에 우유를 매달았을 때의 모습입니다. 물음에 답하시오.

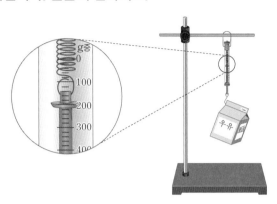

22 위 용수철저울에 표시된 무게의 단위를 바르게 읽은 것을 보기 에서 골라 기호를 쓰시오.

보기
㉠ 뉴턴   ㉡ 그램중   ㉢ 킬로그램중

( )

23 위 용수철저울에서 작은 눈금 하나와 큰 눈금 하나가 나타내는 무게는 얼마입니까? ( )

	작은 눈금 하나	큰 눈금 하나
①	5 g중	50 g중
②	5 kg중	100 kg중
③	20 g중	50 g중
④	20 g중	100 g중
⑤	20 kg중	100 kg중

24 위에서 측정된 우유의 무게는 얼마인지 쓰시오.

( )

서술형·논술형 평가 돋보기

연습 문제

🔍 **문제 해결 전략**
용수철에 걸어 놓은 추의 무게를 다르게 하면 용수철이 늘어나는 길이도 다릅니다. 이것은 추의 무게에 따라 지구가 끌어당기는 힘이 다르기 때문입니다.

🔍 **핵심 키워드**
용수철, 물체의 무게

1 다음과 같이 한 용수철 끝의 고리에 추를 걸어 놓고 늘어난 용수철의 길이만큼 옆에 있는 용수철을 손으로 잡아당겨 보았습니다. 물음에 답하시오.

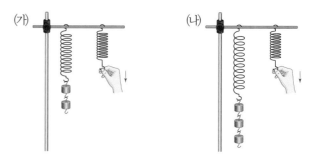

(1) 추의 무게와 손으로 잡아당길 때의 힘 사이의 관계를 쓰시오.

> • 용수철에 걸어 놓은 추의 무게가 (   ) 옆에 있는 용수철은 손으로 더 세게 잡아당겨야 한다.
> • 추의 (   )은/는 손으로 용수철을 잡아당기는 힘의 크기와 같다.

(2) 물체의 무게와 용수철의 길이 사이의 관계를 쓰시오.

> 물체의 무게란 (   )이/가 물체를 끌어당기는 (   )의 크기이다. 용수철에 걸어 놓은 물체가 무거울수록 (   )이/가 물체를 끌어당기는 (   )의 크기가 커지기 때문에 용수철의 길이가 많이 늘어난다.

🔍 **문제 해결 전략**
용수철저울은 용수철의 성질을 이용해 만든 것으로, 무게를 측정하기 전에 표시 자가 눈금의 '0'을 가리키지 않는 경우가 있기 때문에 정확한 무게를 측정하기 위해서 표시 자를 눈금의 '0'에 맞추어야 합니다.

🔍 **핵심 키워드**
용수철저울, 표시 자, 눈금

2 오른쪽 용수철저울을 보고, 물음에 답하시오.

(1) 용수철저울은 어떤 원리를 이용해 만든 저울인지 쓰시오.

> 용수철저울은 (   )이/가 (   )하게 늘어나거나 (   ) 성질을 이용해 만든 저울이다.

손잡이
영점 조절 나사
용수철
표시 자
눈금
고리

(2) 용수철저울의 사용 방법을 쓰시오.

> 스탠드에 용수철저울을 걸고 (   )을/를 돌려 표시 자를 눈금의 '0'의 위치에 맞춘 뒤, (   )에 물체를 걸고 (   )이/가 가리키는 눈금의 숫자를 단위와 같이 읽는다.

실전 문제

1 다음은 영주네 모둠 친구들이 물체의 무게를 손으로 어림하여 무거운 것부터 순서대로 정리한 것입니다. 이 결과를 보고 물체의 무거운 순서가 같지 <u>않은</u> 까닭을 쓰시오.

구분	가장 무거운 것	두 번째로 무거운 것	가장 가벼운 것
지영	가위	풀	지우개
영주	풀	가위	지우개
선희	가위	지우개	풀

2 오른쪽과 같은 용수철 끝의 고리에 구멍 뚫린 지퍼 백을 걸고, 무게가 다른 과일 세 개를 각각 지퍼 백에 넣어 보았습니다. 물음에 답하시오.

▲ 자두　　▲ 사과　　▲ 방울 토마토

(1) 위 과일 중 지퍼 백에 넣었을 때 용수철의 길이가 가장 많이 늘어나는 과일부터 순서대로 기호를 쓰시오.

(　　　　　　　)

(2) 위 (1)번과 같이 답한 까닭을 용수철의 성질과 관련지어 쓰시오.

3 다음 표는 늘어난 용수철의 길이를 측정할 수 있는 장치에 같은 무게의 추를 한 개씩 늘려 가면서 추의 무게에 따라 늘어난 용수철의 길이를 측정한 것입니다. 물음에 답하시오.

추의 개수(개)	0	1	2	3
늘어난 용수철의 길이(cm)	0	3	6	9
추 한 개당 늘어난 용수철의 길이(cm)	(㉠)	(㉡)	(㉢)	

(1) 위 ㉠~㉢에 들어갈 알맞은 숫자를 쓰시오.
㉠ (　　　), ㉡ (　　　), ㉢ (　　　)

(2) 위 표를 보고 추의 무게와 늘어난 용수철의 길이 사이의 관계를 쓰시오.

4 다음 용수철저울로 물체의 무게를 측정할 때 영점 조절을 하지 않으면 물체의 무게를 정확하게 측정할 수 없습니다. 영점 조절이란 무엇인지 쓰시오.

(2) 수평 잡기의 원리

▶ **수평대**
긴 나무판자와 받침대를 이용해 물체의 무게를 비교할 수 있는 장치입니다.

1 수평 잡기의 원리 알아보기

(1) 무게가 같은 나무토막으로 수평 잡기
　① 나무판자가 수평이 되도록 받침대에 올려놓습니다.
　② 무게가 같은 나무토막을 나무판자의 왼쪽과 오른쪽에 올려 수평을 잡아 봅니다.

▶ **시소를 이용해 수평 잡기의 원리 알아보기**
• 두 사람의 몸무게가 비슷할 때는 두 사람이 시소의 받침점으로부터 같은 거리에 앉으면 수평을 잡을 수 있습니다.

받침대 왼쪽의 나무토막 위치	①	②	③	④	⑤
받침대 오른쪽의 나무토막 위치	①	②	③	④	⑤

　③ 무게가 같은 두 물체로 수평을 잡으려면, 각각의 물체를 받침점으로부터 같은 거리에 놓아야 합니다.

(2) 무게가 다른 나무토막으로 수평 잡기
　① 나무판자가 수평이 되도록 받침대에 올려놓습니다.
　② 나무토막 한 개와 나무토막 두 개를 각각 나무판자의 왼쪽과 오른쪽에 올려 수평을 잡아 봅니다.

• 두 사람의 몸무게가 서로 다를 때에는 무거운 사람이 시소의 받침점에서 가까운 쪽에 앉거나, 가벼운 사람이 시소의 받침점에서 먼 쪽에 앉으면 수평을 잡을 수 있습니다.

받침대 왼쪽의 나무토막 위치	①	②	③	④	⑤
받침대 오른쪽의 나무토막 위치	⓪과 ①의 중간	①	①과 ②의 중간	②	②와 ③의 중간

　③ 무게가 다른 두 물체로 수평을 잡으려면 무거운 물체를 가벼운 물체보다 받침점에 더 가까이 놓아야 합니다.

2 수평 잡기의 원리를 이용해 물체의 무게 비교하기

(1) 수평대를 이용해 물체의 무게를 비교하려면 각각의 물체를 받침점으로부터 같은 거리의 나무판자 위에 올려놓습니다.
(2) 두 물체의 무게가 같으면 나무판자는 수평이 됩니다.
(3) 두 물체의 무게가 다르면 나무판자는 무거운 물체 쪽으로 기울어집니다.

개념 확인 문제

1 무게가 같은 두 물체를 나무판자 위에 올려놓았을 때 나무판자가 수평을 잡으려면 각각의 물체를 받침점으로부터 (같은 , 다른) 거리에 놓아야 합니다.

2 무게가 다른 두 물체를 나무판자 위에 올려놓았을 때 나무판자가 수평을 잡으려면 무거운 물체를 가벼운 물체보다 받침점에 더 (가까이 , 멀리) 놓아야 합니다.

정답 **1** 같은 **2** 가까이

이제 실험 관찰로 알아볼까?

양팔저울로 여러 가지 물체의 무게 비교하기

[준비물] 양팔저울, 여러 가지 물체(풀, 가위, 지우개 등), 클립 여러 개

[실험 방법]

① 양팔저울 각 부분의 이름을 알아봅니다.

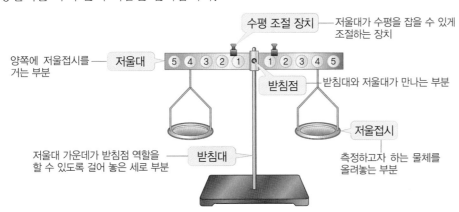

수평 조절 장치 — 저울대가 수평을 잡을 수 있게 조절하는 장치

양쪽에 저울접시를 거는 부분 — 저울대

받침점 — 받침대와 저울대가 만나는 부분

저울접시

측정하고자 하는 물체를 올려놓는 부분

저울대 가운데가 받침점 역할을 할 수 있도록 걸어 놓은 세로 부분 — 받침대

주의할 점
• 양팔저울을 사용할 때 먼저 평평한 곳에 받침대를 세우고 저울대의 중심을 받침대와 연결한 후 저울대의 중심에서 같은 거리에 각각의 저울접시를 걸어 놓습니다.
• 클립 이외에 장구 핀이나 금액이 같은 동전, 똑같은 단추 등 무게가 일정한 기준 물체를 사용할 수 있습니다.

② 수평 조절 장치로 저울대의 수평을 맞춥니다.

③ 양팔저울의 한쪽 저울접시에 측정하려는 물체를 올려놓습니다.

④ 저울대가 수평을 잡을 때까지 다른 한쪽 저울접시에 클립을 올려놓습니다.

⑤ 저울대가 수평을 잡았을 때 클립의 총개수를 세어 봅니다.

클립

풀

⑥ 물체를 바꿔 ②~⑤의 활동을 한 다음 측정한 물체의 무게를 비교해 봅니다.

중요한 점
양팔저울은 수평 잡기의 원리를 이용하여 만든 저울입니다. 양팔저울의 받침점으로부터 같은 거리에 있는 저울접시에 물체를 각각 올려놓고, 저울대가 어느 쪽으로 기울어졌는지 확인해 물체의 무게를 비교할 수 있습니다.

[실험 결과]

① 물체의 무게에 해당하는 클립의 수

물체	지우개	가위	풀
클립의 수(개)	27	41	46

② 측정한 물체의 무게를 비교해 무거운 순서대로 나열하면 풀, 가위, 지우개의 순으로 무게가 무겁습니다.

탐구 문제

정답과 해설 19쪽

1 오른쪽 양팔저울에서 저울대가 수평을 잡을 수 있게 조절하는 부분의 기호와 이름을 순서대로 쓰시오.

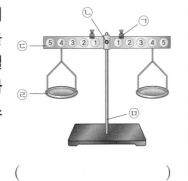

(   )

2 양팔저울로 물체의 무게를 측정할 때 클립 대신 사용할 수 있는 것은 어느 것입니까? (   )

① 모양이 같은 돌
② 금액이 같은 동전
③ 색깔이 같은 단추
④ 무게가 다른 나사못
⑤ 크기가 다른 장구 핀

핵심 개념 문제

개념 1 ▸ 수평 잡기의 원리를 묻는 문제

(1) 받침점이 나무판자의 가운데 있는 경우, 무게가 같은 나무토막으로 수평 잡기: 각각의 물체를 받침점으로 부터 같은 거리에 놓음.

(2) 받침점이 나무판자의 가운데 있는 경우, 무게가 다른 나무토막으로 수평 잡기: 무거운 나무토막을 가벼운 나무토막보다 받침점에 더 가까이 놓음.

01 다음과 같이 나무판자 위에 나무토막을 올려놓았습니다. 나무판자가 수평이 되려면 무게가 같은 나무토막을 나무판자의 어느 부분에 올려놓아야 하는지 쓰시오.

왼쪽 5 4 3 2 1 0 1 2 3 4 5 오른쪽

( )쪽, ( )번

02 다음은 받침점이 나무판자의 가운데 있는 수평 대 위에 무거운 나무토막과 가벼운 나무토막을 올려놓고 수평을 잡는 방법을 설명한 것입니다. ( ) 안에 들어갈 알맞은 말을 쓰시오.

> 무거운 나무토막을 가벼운 나무토막보다 받침 점에 더 ( ) 놓아 수평을 잡는다.

( )

개념 2 ▸ 수평 잡기로 물체의 무게를 비교하는 문제

(1) 비교하려는 각각의 물체를 받침점으로부터 같은 거리의 나무판자 위에 올려놓음.

(2) 두 물체의 무게가 같으면 나무판자는 수평이 됨.

(3) 두 물체의 무게가 다르면 나무판자는 무거운 물체 쪽으로 기울어짐.

03 다음과 같이 수평대 위에 물체를 올려놓았습니다. 두 물체 중 더 무거운 물체에 ○표 하시오.

5 4 3 2 1 0 1 2 3 4 5

04 수평 잡기의 원리를 이용한 놀이기구는 어느 것입니까? ( )

개념 3 ▸ 양팔저울의 사용 방법을 묻는 문제

(1) 평평한 곳에 양팔저울의 받침대를 세움.

(2) 저울대의 중심을 받침대와 연결함.

(3) 저울대의 중심에서 같은 거리에 각각의 저울접시를 걸어 놓고 수평 조절 장치로 저울대의 수평을 맞춤.

(4) 한쪽 저울접시에는 무게를 측정하려는 물체를 올려놓고, 다른 한쪽 저울접시에는 무게가 일정한 클립을 저울대가 수평을 잡을 때까지 올려놓음.

(5) 저울대가 수평을 잡으면 클립의 총개수를 세어 봄.

05 다음 양팔저울에서 ㉠이 하는 일을 설명한 것입니다. ( ) 안에 들어갈 알맞은 말을 쓰시오.

> 저울대가 ( )을/를 잡을 수 있게 조절하는 장치이다.

( )

06 오른쪽과 같이 양팔저울의 한쪽에 저울접시를 걸어 놓았습니다. 다른 한쪽 저울접시는 저울대의 어느 부분에 걸어야 하는지 쓰시오.

( )쪽, ( )번

개념 4 ▸ 양팔저울로 물체의 무게를 비교하는 문제

(1) 양팔저울의 받침점으로부터 같은 거리에 있는 한쪽 저울접시에는 무게를 측정하려는 물체를, 다른 한쪽 저울접시에는 무게가 일정한 물체를 올려놓고 개수를 세어 비교함.

(2) 양팔저울의 받침점으로부터 같은 거리에 있는 저울접시에 물체를 각각 올려놓고, 저울대가 어느 쪽으로 기울어졌는지 확인하여 비교함.

07 다음과 같이 양팔저울의 한쪽 저울접시에 가위를 올려놓고 다른 한쪽 저울접시에 클립을 올려놓았습니다. 가위의 무게를 측정할 수 있는 방법으로 옳은 것에 ○표 하시오.

(1) 오른쪽 저울접시에서 클립을 빼낸다.

( )

(2) 오른쪽 저울접시에 동전을 올려놓는다.

( )

(3) 오른쪽 저울접시에 클립을 더 올려놓는다.

( )

08 다음과 같이 양팔저울로 물체의 무게를 비교하였습니다. 더 무거운 물체는 어느 것인지 쓰시오.

( )

[01~02] 다음은 물체의 무게를 비교하기 위한 수평대입니다. 물음에 답하시오.

01 위 장치를 만드는 데 필요한 재료를 두 가지 고르시오 (　　,　　)

① 접시 　　　② 받침대 　　　③ 표시 자
④ 나무판자 　　⑤ 나무토막

02 위 장치는 어떤 원리를 이용하여 물체의 무게를 비교하는 것인지 쓰시오.

(　　　　　　　　　)

 ᵓ중요ᵓ
03 다음과 같이 나무토막 한 개를 받침대의 왼쪽 나무판자에 올려놓았습니다. 나무판자가 수평을 잡을 수 있는 방법으로 옳은 것은 어느 것입니까?

(　　　)

① 같은 무게의 나무토막 1개를 받침대의 오른쪽 나무판자의 1번에 올려놓는다.
② 같은 무게의 나무토막 1개를 받침대의 오른쪽 나무판자의 3번에 올려놓는다.
③ 같은 무게의 나무토막 2개를 받침대의 오른쪽 나무판자의 1번에 올려놓는다.
④ 같은 무게의 나무토막 2개를 받침대의 오른쪽 나무판자의 3번에 올려놓는다.
⑤ 같은 무게의 나무토막 2개를 받침대의 오른쪽 나무판자의 5번에 올려놓는다.

[04~05] 다음과 같이 수평대 위에 물체를 올려놓았더니 나무판자가 한쪽으로 기울어졌습니다. 물음에 답하시오.

04 위 두 물체의 무게를 비교하여 어느 물체가 더 무거운지 >, =, <로 나타내시오.

㉠ (　　　　) ㉡

 ᵓ중요ᵓ
05 위 수평대의 수평을 잡을 수 있는 방법으로 옳은 것은 어느 것입니까? (　　　)

① ㉠을 받침점에 더 가까이 놓는다.
② ㉡을 받침점에 더 가까이 놓는다.
③ ㉠을 받침점에서 더 멀리 놓는다.
④ ㉠과 ㉡을 모두 받침점에 가까이 놓는다.
⑤ ㉠과 ㉡을 모두 받침점에서 더 멀리 놓는다.

06 다음과 같이 민수와 종혁이가 시소에 앉아 수평을 잡았습니다. 민수와 종혁이 중 몸무게가 더 무거운 친구의 이름을 쓰시오.

(　　　　　　　　　)

[07~09] 다음 양팔저울을 보고, 물음에 답하시오.

07 위 양팔저울의 각 부분의 이름을 바르게 나타낸 것은 어느 것입니까? ( )

① ㉠: 영점 조절 장치
② ㉡: 저울대
③ ㉢: 받침대
④ ㉣: 받침점
⑤ ㉤: 저울접시

08 위 양팔저울이 수평이 되지 않았을 때 조절하는 부분의 기호를 쓰시오.

( )

09 위 양팔저울로 물체의 무게를 측정하는 방법을 설명한 것입니다. ( ) 안에 들어갈 알맞은 말을 쓰시오.

> 한쪽 저울접시에 무게를 측정하려는 물체를 올려놓고 다른 한쪽 저울접시에 (㉮)이/가 일정한 클립을 올려 저울대가 (㉯)을/를 잡았을 때 클립의 총개수가 물체의 무게가 된다.

㉮ ( ), ㉯ ( )

10 다음은 양팔저울로 두 물체의 무게를 비교하는 방법입니다. ( ) 안에 들어갈 알맞은 말을 쓰시오.

> 양팔저울의 받침점으로부터 같은 거리에 있는 저울접시에 두 물체를 각각 올려놓았을 때 저울대가 기울어진 쪽에 있는 물체의 무게가 더 ( ).

( )

[11~12] 다음은 양팔저울을 이용해 물체의 무게를 측정한 결과입니다. 물음에 답하시오.

물체	지우개	가위	풀
클립의 수(개)	27	41	46

11 위 결과를 보고 물체의 무게를 바르게 비교한 것은 어느 것입니까? ( )

① 풀이 가장 가볍다.
② 가위가 가장 무겁다.
③ 가위가 풀보다 무겁다.
④ 풀이 지우개보다 무겁다.
⑤ 지우개가 가위보다 무겁다.

ㄷ중요ㄱ
12 위 표의 가위를 양팔저울의 왼쪽 저울접시에 올려놓고 오른쪽 저울접시에는 어떤 물체를 올려놓아야 다음과 같이 양팔저울이 기울어지는지 쓰시오.

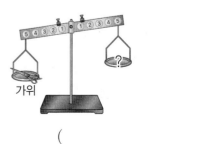

( )

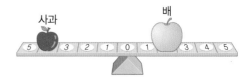
연습 문제

🔍 **문제 해결 전략**
수평대는 수평 잡기의 원리를 이용하여 물체의 무게를 비교하는 도구로, 물체의 무게가 다를 경우 무거운 물체를 받침점에 가까이하면 수평을 잡을 수 있습니다.

🔍 **핵심 키워드**
수평대, 받침점

1 다음과 같이 수평대의 양쪽에 사과와 배를 올려놓았더니 수평이 되었습니다. 물음에 답하시오.

사과   배
5 ᐧ 3 2 1 0 1 ᐧ 3 4 5

(1) 위 수평대의 역할을 쓰시오.

> 긴 나무판자와 (　　　　)을/를 이용해 물체의 (　　　　)을/를 비교할 수 있는 장치이다.

(2) 위 수평대에 올려놓은 과일 중 무게가 더 무거운 것은 무엇인지 쓰고, 물체의 무게가 달라도 수평이 된 까닭을 쓰시오.

> • 무게가 더 무거운 과일은 (　　　　)이다.
> • 받침점이 나무판자의 가운데 있는 경우, 무게가 다른 물체로 수평을 잡으려면 무거운 물체를 가벼운 물체보다 (　　　　)에 더 가까이 놓는다.

🔍 **문제 해결 전략**
양팔저울의 양쪽 저울접시에 물체를 직접 올려놓으면 무게를 비교할 수 있으며 무게가 무거운 쪽으로 기울어지게 됩니다.

🔍 **핵심 키워드**
양팔저울, 저울접시

2 다음은 양팔저울로 세 가지 물체의 무게를 비교하는 모습입니다. 물음에 답하시오.

(가) 풀 / 가위

(나) 가위 / 지우개

(1) 위 양팔저울로 물체의 무게를 비교하는 방법을 쓰시오.

> 양팔저울의 받침점으로부터 같은 거리에 있는 (　　　　)에 물체를 각각 올려놓으면 무게가 (　　　　) 쪽으로 저울대가 기울어진다.

(2) 위 세 가지 물체 중 가장 무거운 물체를 찾고, 그렇게 생각한 까닭을 쓰시오.

> (가)에서 (　　　　)은/는 (　　　　)보다 무겁고, (나)에서 (　　　　)는 (　　　　)보다 무거우므로 (　　　　)이/가 가장 무겁다.

실전 문제

1 다음과 같이 사과와 감을 수평대의 양쪽에 올려 놓았습니다. 두 물체의 무게를 비교하고 그렇게 생각한 까닭을 쓰시오.

사과   감

_____

_____

_____

2 다음은 영주와 아빠가 시소를 타고 있는 모습입니다. 물음에 답하시오.

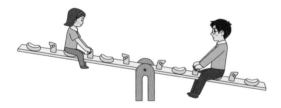

(1) 위의 시소가 수평을 잡을 수 있는 방법을 설명한 것입니다. ( ) 안의 알맞은 말에 ○표 하시오.

> 아빠가 시소의 받침점에서 (가까운 , 먼) 자리로 이동하면 시소가 수평을 잡을 수 있다.

(2) 위 (1)번의 답과 같이 했을 때 수평을 잡을 수 있는 까닭을 쓰시오.

_____

_____

3 다음은 양팔저울의 한쪽 저울접시에 풀을 올려 놓은 뒤, 저울대가 수평을 잡을 때까지 다른 한쪽 저울접시에 클립을 올려놓는 모습입니다. 물음에 답하시오.

풀   클립

(1) 위 실험에서 클립 대신 사용할 수 있는 물체를 한 가지만 쓰시오.

(   )

(2) 위 (1)번의 답인 물체가 클립과 같은 역할을 할 수 있는 까닭을 쓰시오.

_____

_____

4 양팔저울로 다음 세 가지 물체의 무게를 비교할 수 있는 방법을 한 가지 쓰시오.

▲ 탁구공   ▲ 테니스공   ▲ 고무공

_____

_____

(3) 여러 가지 저울과 간단한 저울 만들기

▶ 수평 잡기의 원리를 이용한 저울

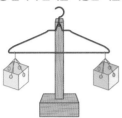

▲ 옷걸이를 이용한 저울

▶ 용수철의 성질을 이용한 저울

▲ 용수철과 지퍼 백을 이용한 저울

▶ 용수철과 일회용 접시를 이용한 저울을 만들 때 필요한 재료
일회용 접시 대신에 우유갑을 사용할 수 있습니다.

낱말 사전

원리(原理) 사물의 근본이 되는 이치
걸고리 물건을 한곳에 매달아 놓거나 떨어져 있는 두 부분을 이어 주는 고리

1 여러 가지 저울

(1) 용수철의 성질을 이용한 저울: 용수철저울, 가정용 저울, 체중계 등

(2) 수평 잡기의 원리를 이용한 저울: 양팔저울 등

(3) 전자저울: 전기적 성질을 이용해 화면에 숫자로 물체의 무게를 표시하는 저울

▲ 택배 상자의 무게 측정   ▲ 무거운 철근의 무게 측정   ▲ 주방에서 요리 재료의 무게 측정   ▲ 간단한 물체의 무게 측정

2 간단한 저울 만들기

(1) 바지걸이를 이용한 저울 만들기: 수평 잡기의 원리를 이용한 저울입니다.

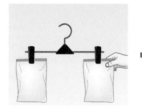 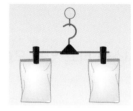 

바지걸이를 준비해 바지걸이의 양 끝에 지퍼 백을 매답니다.

지퍼 백을 매단 바지걸이를 걸고리에 걸어 수평이 되게 합니다.

무게가 같은 클립을 이용해 물체의 무게를 비교합니다.

(2) 용수철과 일회용 접시를 이용한 저울 만들기: 무게에 따라 용수철이 일정하게 늘어나는 성질을 이용한 저울입니다.

① 송곳으로 마개 가운데에 구멍을 냅니다.

② 용수철에 두꺼운 실을 연결하여 단단히 묶고, 구멍 뚫린 마개에 두꺼운 실을 끼웁니다.

③ 플라스틱 투명 관에 용수철을 넣고 마개를 잘 맞춰 끼웁니다.

④ 얇은 실에 고리를 연결하고, 일회용 접시의 모서리 네 군데에 구멍을 뚫어 얇은 실로 묶은 후 고리에 연결합니다.

⑤ 플라스틱 투명 관에 종이 자를 붙입니다.

개념 확인 문제

1 용수철의 성질을 이용한 저울을 만들 때는 용수철이 물체의 무게에 따라 (　　　　) 늘어나는 성질을 이용합니다.

2 바지걸이를 이용한 저울을 만들 때 이용되는 원리는 (　　　　)의 원리입니다.

정답 1 일정하게 2 수평 잡기

이제 실험 관찰로 알아볼까?

저울의 이름과 쓰임새 조사하기

[준비물] 스마트 기기

[실험 방법]

① 다음 그림에서 사용된 저울의 이름과 쓰임새를 알아봅니다.

▲ 체육관

▲ 주방

▲ 금은방

▲ 정육점

② 우리 생활에서 사용하는 저울의 이름과 쓰임새를 스마트 기기로 조사해 봅니다.

③ 우리 생활에서 저울을 사용하지 않으면 어떤 점이 불편할지 생각해 봅니다.

[실험 결과]

① 그림에 사용된 저울의 이름과 쓰임새

장소	저울의 이름	저울의 쓰임새
체육관	체중계	몸무게를 측정한다.
주방	가정용 저울	요리에 쓰이는 재료의 무게를 측정한다.
금은방	전자저울	팔거나 사려는 귀금속의 무게를 측정한다.
정육점	전자저울	고기의 무게를 측정한다.

② 스마트 기기로 조사한 우리 생활에서 사용하는 저울의 이름과 쓰임새

장소	저울의 이름	저울의 쓰임새
실험실	전자저울	실험 약품의 무게를 측정한다.
젤리 가게	전자저울	구입한 젤리의 무게를 측정한다.
공항	전자저울	여행 가방의 무게를 측정한다.

③ 우리 생활에서 저울을 사용하지 않을 때 생기는 불편한 점: 물건의 값을 정하거나 요리할 때, 몸무게를 알려고 할 때, 실험을 할 때 정확한 물체의 무게를 알 수 없어 혼란스럽게 될 것입니다.

주의할 점

• 체중계는 종류에 따라 전기적 성질을 이용해 몸무게를 화면에 숫자로 표시하는 전자저울도 있습니다.

• 저울의 정확한 이름을 알지 못하더라도 저울이 필요한 이유를 알고 저울이 없을 때 불편한 점이 무엇인지 생각하도록 합니다.

중요한 점

우리 생활에서 사용되는 곳에 따라 다양한 원리나 성질을 이용한 저울을 사용하고 있음을 이해하도록 합니다.

탐구 문제

정답과 해설 21쪽

1 요리에 쓰이는 재료의 무게를 측정할 때 사용하는 저울에 ○표 하시오.

(1)   ( )

(2)   ( )

2 저울을 사용하지 않으면 불편한 곳은 어디입니까? (   )

① 공원
② 교실
③ 정육점
④ 수영장
⑤ 놀이동산

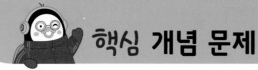

핵심 개념 문제

개념 1 우리 생활에서 저울이 사용되는 곳을 묻는 문제

(1) 체육관에서 체중계를 사용해 몸무게를 측정함.
(2) 주방에서 가정용 저울을 사용해 요리에 쓰이는 재료의 무게를 측정함.
(3) 금은방에서 전자저울을 사용해 귀금속의 무게를 측정함.
(4) 정육점에서 전자저울을 사용해 고기의 무게를 측정함.

01 체육관에서 몸무게를 측정할 때 사용하는 저울은 어느 것입니까? (   )

①

②

③

④

⑤

02 저울이 사용되는 장소는 어디입니까? (   )

① 교회   ② 지하철
③ 놀이터   ④ 주차장
⑤ 우체국

개념 2 우리 생활에서 저울을 사용하지 않을 때의 불편함을 묻는 문제

(1) 물건의 값을 정할 때 정확한 물체의 무게를 알 수 없어 불편함.
(2) 요리할 때 정확한 재료의 무게를 알 수 없어 불편함.
(3) 실험을 할 때 실험 약품의 정확한 무게를 알 수 없어 불편함.

03 다음과 같은 장소에서 저울을 사용하지 않으면 어떤 불편이 생기게 됩니까? (   )

① 한 가지 종류의 빵만 만들 수 있다.
② 빵을 굽는 시간을 측정하지 못한다.
③ 빵을 사러 오는 손님 수를 확인하지 못한다.
④ 하루 동안 팔린 빵의 양을 확인하지 못한다.
⑤ 빵을 만드는 재료의 무게를 정확하게 측정하지 못한다.

04 다음과 같은 젤리 가게에서는 젤리의 무게에 따라 젤리의 가격을 정합니다. 젤리 가게에서 사용하는 저울은 어느 것입니까? (   )

① 체중계   ② 양팔저울
③ 전자저울   ④ 용수철저울
⑤ 가정용 저울

개념 3 바지걸이를 이용한 저울에 대해 묻는 문제

(1) 바지걸이의 양 끝에 지퍼 백을 매달고 바지걸이를 걸고리에 걸어 수평이 되게 함.
(2) 수평 잡기의 원리를 이용한 저울임.

중요

05 다음 바지걸이를 이용한 저울에서 지퍼 백의 역할로 옳은 것에 ○표 하시오.

지퍼 백

(1) 물체를 넣는다. ( )
(2) 수평을 잡는다. ( )
(3) 받침대 역할을 한다. ( )
(4) 무게에 따라 늘어난다. ( )

06 다음은 바지걸이를 이용하여 만든 저울입니다. 이 저울은 어떤 원리를 이용하여 만든 것인지 쓰시오.

( )의 원리

개념 4 용수철과 일회용 접시를 이용한 저울에 대해 묻는 문제

(1) 플라스틱 투명 관에 용수철을 넣은 다음, 용수철의 끝에 접시를 걸고 종이 자를 붙여서 만듦.
(2) 무게에 따라 용수철이 일정하게 늘어나는 성질을 이용한 저울임.

07 용수철과 일회용 접시를 이용한 저울을 만드는 데 필요한 재료 중 일회용 접시 대신에 사용할 수 있는 것은 어느 것입니까? ( )

① 가위
② 휴지
③ 고무줄
④ 우유갑
⑤ 나무젓가락

08 용수철과 일회용 접시를 이용한 저울에서 무게에 따라 일정하게 늘어나는 성질을 가진 재료는 어느 것입니까? ( )

① 실
② 클립
③ 용수철
④ 종이 자
⑤ 플라스틱 투명 관

01 저울을 사용하는 장소가 아닌 곳은 어디입니까?
( )

①
▲ 정육점

②
▲ 실험실

③
▲ 우체국

④
▲ 교회

⑤
▲ 금은방

02 우리 생활에서 전자저울을 사용하는 경우는 언제입니까? ( )

① 화단에 물을 줄 때
② 달리기 경기를 할 때
③ 귀금속의 무게를 잴 때
④ 연필로 그림을 그릴 때
⑤ 친구와 놀이터에서 놀 때

03 다음 두 저울의 공통점으로 옳은 것은 어느 것입니까? ( )

① 정육점에서 주로 사용한다.
② 무게가 화면에 숫자로 표시된다.
③ 용수철의 성질을 이용한 저울이다.
④ 수평 잡기의 원리를 이용한 저울이다.
⑤ 두 물체의 무게를 동시에 비교할 때 사용한다.

[04~06] 다음 저울을 보고, 물음에 답하시오.

04 위 저울에 대한 설명입니다. ( ) 안에 들어갈 알맞은 말을 쓰시오.

> 우체국에서 택배 상자의 무게를 측정할 때 사용하는 저울은 ( ) 성질을 이용해 화면에 숫자로 물체의 무게를 표시한다.

( )

05 위와 같은 저울을 무엇이라고 하는지 쓰시오.

( )

06 위 저울과 같은 원리를 이용한 저울이 아닌 것은 어느 것입니까? ( )

①
②
③
④
⑤

[07~09] 다음은 소민이네 모둠 친구들이 만든 저울입니다. 물음에 답하시오.

(가) 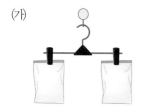　(나)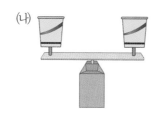

 07 위 저울을 만들 때 공통으로 이용된 성질이나 원리를 쓰시오.

(　　　　　　　)

08 위 저울 (가)를 만들 때 바지걸이 대신 이용할 수 있는 물건은 어느 것입니까? (　　)

① 클립　　　　② 줄넘기
③ 옷걸이　　　④ 용수철
⑤ 장구 핀

09 위 (나)와 같은 저울을 만들 때 필요한 재료끼리 바르게 짝 지은 것은 어느 것입니까? (　　)

① 받침대와 용수철
② 용수철과 물체를 걸 수 있는 고리
③ 받침대와 물체를 걸 수 있는 고리
④ 받침대와 나무판자 역할을 할 수 있는 물건
⑤ 용수철과 나무판자 역할을 할 수 있는 물건

10 다음 저울 중 이용된 성질이나 원리가 나머지와 다른 것의 기호를 쓰시오.

ㄱ 　ㄴ 　ㄷ

(　　　　　　　)

[11~12] 다음은 상훈이네 모둠 친구들이 만든 저울입니다. 물음에 답하시오.

11 위 저울을 만들 때 이용된 성질이나 원리를 설명한 것입니다. (　) 안에 들어갈 알맞은 말을 쓰시오.

무게에 따라 일정하게 늘어나고 줄어드는 (　　　)의 성질을 이용한 저울로, 세로로 된 모양으로 만들었다.

(　　　　　　　)

12 위 저울을 만들 때 필요한 재료가 아닌 것은 어느 것입니까? (　　)

① 실　　　　② 마개
③ 긴 나무판자　④ 일회용 접시
⑤ 플라스틱 투명 관

학교에서 출제되는 서술형·논술형 평가를 미리 준비하세요.

연습 문제

1 다음 두 저울을 보고, 물음에 답하시오.

▲ 가정용 저울

▲ 양팔저울

(1) 위 두 저울의 공통된 특징을 쓰시오.

> 물체의 (　　　　)을/를 정확하게 측정할 수 있도록 만든 도구이다.

(2) 위 두 저울의 차이점을 쓰시오.

> 가정용 저울은 (　　　　)의 성질을 이용하여 만든 저울이고, 양팔저울은 (　　　　)의 원리를 이용하여 만든 저울이다.

2 다음은 바지걸이를 이용해 간단한 저울을 만드는 과정입니다. 물음에 답하시오.

(가)

바지걸이를 준비해 바지걸이의 양 끝에 지퍼 백을 매답니다.

(나)

지퍼 백을 매단 바지걸이를 걸고리에 걸어 (　　　　)이/가 되게 합니다.

(다)
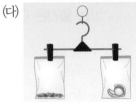
무게가 같은 클립을 이용해 물체의 무게를 비교합니다.

(1) 위 과정 (나)의 (　　) 안에 들어갈 알맞은 말을 쓰시오.

(　　　　　　　　　　　　　　　)

(2) 위 저울과 무게가 같은 클립을 이용하여 여러 가지 물체의 무게를 비교하는 방법을 쓰시오.

> 저울의 한쪽 지퍼 백에 측정하려는 물체를 넣고 다른 한쪽 지퍼 백에 클립을 넣어 저울이 (　　　　)을/를 잡으면 클립의 총개수가 물체의 (　　　　)이/가 된다. 다른 물체도 같은 방법으로 측정하여 클립의 총개수를 (　　　　).

실전 문제

1 다음 그림에서 공통으로 사용되는 저울의 원리는 무엇인지 쓰시오.

_____

_____

_____

2 다음 두 저울을 보고, 물음에 답하시오.

(가)   (나)

(1) 위 두 저울에 이용된 성질이나 원리를 바르게 선으로 연결하시오.

(가) •

     • 수평 잡기의 원리

(나) •

     • 용수철의 성질

(2) 우리 생활에서 저울 (가)에 이용된 성질이나 원리로 만들어진 저울이 사용되는 장소와 사용하는 모습을 한 가지만 쓰시오.

_____

_____

3 다음 두 저울을 보고, 물음에 답하시오.

(가)   (나)

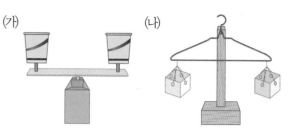

(1) 위 두 저울을 만드는 데 이용된 원리는 무엇인지 쓰시오.

(   )

(2) 위 두 저울 중 한 가지를 선택하여 만드는 방법을 쓰시오.

_____

_____

4 바지걸이를 이용한 저울을 만들어 무게를 측정할 때 다음의 기준 물체를 이용해 물체의 무게를 비교할 수 있습니다. 기준 물체가 될 수 있는 조건을 쓰시오.

▲ 클립   ▲ 바둑돌   ▲ 장구핀

_____

_____

_____

1 물체의 무게와 용수철저울

- 물체의 무게를 정확하게 측정하기 위해 저울을 사용함.
- 물체의 무게: 지구가 물체를 끌어당기는 힘의 크기이고, 단위는 g중(그램중), kg중(킬로그램중), N(뉴턴) 등을 사용함.
- 용수철의 성질: 용수철에 걸어 놓은 추의 무게가 일정하게 늘어나면 용수철의 길이도 일정하게 늘어남.

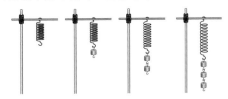

- 용수철저울: 물체의 무게에 따라 용수철이 일정하게 늘어나거나 줄어드는 성질을 이용해 만든 저울
- 용수철저울의 고리에 물체를 걸어 놓은 다음, 표시 자와 눈높이를 맞추고 표시 자가 가리키는 눈금의 숫자를 단위와 같이 읽음.

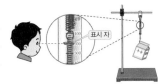

2 수평 잡기의 원리

- 수평 잡기의 원리

무게가 같은 물체로 수평 잡기	무게가 다른 물체로 수평 잡기
각각의 물체를 받침점으로부터 같은 거리의 나무판자 위에 놓아 수평을 잡음.	무거운 물체를 가벼운 물체보다 받침점에 더 가까이 놓아 수평을 잡음.

- 양팔저울: 두 물체를 양쪽 저울접시에 각각 올려 놓고 저울대가 어느 쪽으로 기울어졌는지 관찰하거나 무게가 일정한 물체를 사용해 비교함.

3 여러 가지 저울과 간단한 저울 만들기

- 용수철의 성질을 이용한 저울: 용수철저울, 체중계, 가정용 저울
- 수평 잡기의 원리를 이용한 저울: 양팔저울
- 전기적 성질을 이용한 저울: 전자저울
- 간단한 저울 만들기

수평 잡기의 원리를 이용한 저울		용수철의 성질을 이용한 저울	
▲ 바지걸이를 이용한 저울	▲ 옷걸이를 이용한 저울	▲ 용수철과 일회용 접시를 이용한 저울	▲ 용수철과 지퍼 백을 이용한 저울

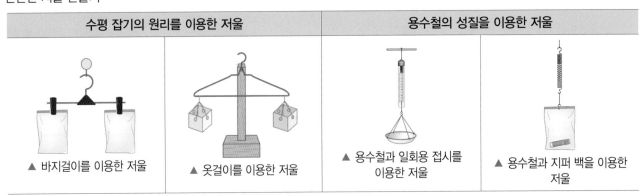

대단원 마무리

4. 물체의 무게

[01~02] 다음은 진주네 모둠 친구들이 여러 가지 물체를 손으로 어림해 보고 무거운 것부터 순서대로 쓴 것입니다. 물음에 답하시오.

- 수민: 색연필, 공책, 지우개, 가위
- 진주: 색연필, 가위, 공책, 지우개
- 정민: 가위, 공책, 색연필, 지우개
- 현수: 공책, 색연필, 지우개, 가위

01 진주네 모둠 친구들이 어림한 물체의 무거운 순서가 서로 다른 까닭은 무엇입니까? ( )

① 물체의 길이가 다르기 때문이다.
② 물체마다 모양이 다르기 때문이다.
③ 물체를 만든 재료가 다르기 때문이다.
④ 사람마다 손의 크기가 다르기 때문이다.
⑤ 사람마다 느끼는 물체의 무게가 다르기 때문이다.

02 위 01번의 답과 같은 문제를 해결하기 위해 사용하는 것은 어느 것입니까? ( )

① 자   ② 시계   ③ 저울
④ 비커   ⑤ 온도계

03 저울이 필요한 경우는 언제입니까? ( )

① 시장에서 새 옷을 살 때
② 학교에서 급식을 먹을 때
③ 친구들과 공기놀이를 할 때
④ 시내버스나 지하철을 탈 때
⑤ 우체국에서 등기 우편을 보낼 때

[04~05] 다음과 같이 용수철에 추를 걸어 놓았습니다. 물음에 답하시오.

04 위와 같이 용수철에 추를 걸어 놓았을 때 나타나는 현상으로 옳은 것은 어느 것입니까? ( )

① 용수철의 굵기가 굵어진다.
② 용수철의 길이가 줄어든다.
③ 용수철의 길이가 늘어난다.
④ 용수철에는 아무 변화가 없다.
⑤ 용수철이 계속 빙글빙글 돌아간다.

05 위 04번의 답과 같은 현상이 나타나는 까닭을 설명한 것입니다. ( ) 안에 들어갈 알맞은 말을 쓰시오.

( )이/가 추를 끌어당기기 때문이다.

( )

⌐중요⌐
06 무게에 대한 설명으로 옳지 <u>않은</u> 것은 어느 것입니까? ( )

① 물체의 무게는 지구가 물체를 끌어당기는 힘의 크기이다.
② 가벼운 물체를 들 때보다 무거운 물체를 들 때 힘이 더 든다.
③ 지구는 무거운 물체보다 가벼운 물체를 더 큰 힘으로 끌어당긴다.
④ 물체의 무게가 무거울수록 지구가 물체를 끌어당기는 힘의 크기가 크다.
⑤ 지구가 물체를 끌어당기는 힘의 크기가 클수록 용수철의 길이는 많이 늘어난다.

대단원 마무리

[07~09] 오른쪽과 같이 늘어난 용수철의 길이를 측정할 수 있는 장치에 30 g중인 추의 개수를 한 개씩 늘려 가면서 추의 무게에 따라 늘어난 용수철의 길이를 측정하였습니다. 물음에 답하시오.

07 위 장치에 걸어 놓는 추의 개수가 늘어날 때마다 늘어난 용수철의 길이는 무엇을 나타내는지 보기 에서 골라 기호를 쓰시오.

> **보기**
> ㉠ 용수철의 무게
> ㉡ 추와 용수철의 무게
> ㉢ 용수철에 걸어 놓은 추의 무게

(   )

08 위 실험의 결과를 정리한 것입니다. ㈎에 들어갈 알맞은 수를 쓰시오.

추의 무게(g중)	0	30	60	90
늘어난 용수철의 길이(cm)	0	5	10	㈎

(   ) cm

09 위 실험을 보고 알 수 있는 용수철의 성질로 옳은 것을 골라 기호를 쓰시오.

> ㉠ 용수철은 일정한 무게보다 무거워야 길이가 늘어난다.
> ㉡ 용수철에 걸어 놓은 추의 무게가 늘어나지 않아도 용수철의 길이는 계속 늘어난다.
> ㉢ 용수철에 걸어 놓은 추의 무게가 일정하게 늘어나면 용수철의 길이도 일정하게 늘어난다.

(   )

[10~11] 다음 용수철저울을 보고, 물음에 답하시오.

10 위 용수철저울에서 스탠드에 거는 부분과 물체를 거는 부분은 각각 어디인지 기호를 쓰시오.

(1) 스탠드에 거는 부분: (   )
(2) 물체를 거는 부분: (   )

┌중요┐
11 위 용수철저울에서 다음과 같은 일을 하는 부분의 기호를 쓰시오.

> 물체를 걸어 놓기 전에 표시 자를 눈금의 '0'에 맞춘다.

(   )

12 오른쪽과 같이 용수철저울에 걸린 우유의 무게를 측정할 때 용수철저울의 눈금을 읽는 방법으로 옳은 것을 두 가지 고르시오. (,   )

① 표시 자와 눈높이를 맞춘다.
② 표시 자보다 위쪽에서 눈금을 읽는다.
③ 표시 자보다 아래쪽에서 눈금을 읽는다.
④ 표시 자가 가리키는 눈금의 숫자만 읽는다.
⑤ 표시 자가 가리키는 눈금의 숫자를 단위와 같이 읽는다.

[13~14] 다음과 같이 수평대 위에 나무토막이 놓여 있습니다. 물음에 답하시오.

13 위 수평대에 같은 무게의 나무토막 두 개를 올려 놓아 수평을 잡으려면 받침대의 오른쪽 나무판자의 어디에 올려놓아야 합니까? (   )

① 1번   ② 2번   ③ 3번
④ 4번   ⑤ 5번

14 위 13번의 답으로 알 수 있는 수평 잡기의 원리를 설명한 것입니다. (   ) 안에 들어갈 알맞은 말을 쓰시오.

> 무게가 다른 두 물체로 수평을 잡으려면 무거운 물체를 가벼운 물체보다 (   )에 더 가까이 놓아야 한다.

(   )

15 다음과 같이 지수와 민정이가 시소에 앉아 수평을 잡았습니다. 민정이가 ㈎ 위치로 자리를 이동했을 때 나타나는 현상으로 옳은 것에 ○표 하시오.

(1) 시소는 수평을 잡는다.   (   )
(2) 지수 쪽으로 시소가 기울어진다.   (   )
(3) 민정이 쪽으로 시소가 기울어진다.   (   )

[16~18] 다음 양팔저울을 보고, 물음에 답하시오.

16 위 양팔저울을 수평이 되게 하는 방법으로 옳은 것은 어느 것입니까? (   )

① 왼쪽 저울접시에 클립을 올려놓는다.
② 오른쪽 저울접시를 무거운 것으로 바꾼다.
③ 왼쪽 수평 조절 장치를 왼쪽으로 이동한다.
④ 오른쪽 수평 조절 장치를 오른쪽으로 이동한다.
⑤ 양쪽 수평 조절 장치를 각각 양쪽 끝으로 이동한다.

17 위 양팔저울에서 받침대와 저울대가 만나는 부분을 무엇이라고 하는지 쓰시오.

(   )

⊏중요⊐
18 위 양팔저울을 이용하여 물체의 무게를 측정하는 방법입니다. (   ) 안에 들어갈 알맞은 말은 어느 것입니까? (   )

> 한쪽 저울접시에 무게를 측정하려는 물체를 올려놓은 다음, 저울대가 수평을 잡을 때까지 다른 한쪽 저울접시에 (   )을/를 올려놓고 저울대가 수평을 잡았을 때 (   )의 총개수를 세어 비교한다.

① 색깔이 같은 물체
② 모양이 같은 물체
③ 무게가 일정한 물체
④ 가격이 비슷한 물체
⑤ 크기가 비슷한 물체

대단원 마무리

[19~21] 다음은 우리 생활에서 저울을 사용하고 있는 모습입니다. 물음에 답하시오.

(가) ▲ 체육관   (나) ▲ 주방   (다) ▲ 금은방

19 위에서 사용하고 있는 저울에 이용된 성질이나 원리를 바르게 선으로 연결하시오.

(1) (가) •   • ㉠ 전기적 성질

(2) (나) •   • ㉡ 용수철의 성질

(3) (다) •   • ㉢ 수평 잡기의 원리

20 위 (나)에서 저울을 사용하는 까닭을 설명한 것입니다. (   ) 안에 들어갈 알맞은 말을 쓰시오.

> 요리에 쓰이는 재료의 (   )을/를 정확하게 측정하면 만들 때마다 맛이 달라지지 않는다.

(   )

21 위 (다)에서 사용하는 저울의 특징으로 옳은 것을 보기 에서 골라 기호를 쓰시오.

> **보기**
> ㉠ 물건 값을 더 비싸게 받을 수 있다.
> ㉡ 화면에 숫자로 무게를 표시해 준다.
> ㉢ 두 물체의 무게를 동시에 비교할 수 있다.
> ㉣ 편평하지 않은 장소에서도 사용할 수 있다.

(   )

[22~24] 다음은 승준이네 모둠에서 바지걸이를 이용한 저울을 만들고 클립을 이용해 물체의 무게를 측정한 결과입니다. 물음에 답하시오.

물체	지우개	가위	풀	자
클립의 수(개)	27	41	46	27

22 위 저울과 같은 원리를 이용한 저울에 ○표 하시오.

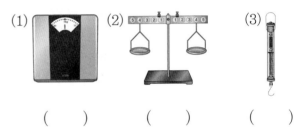

(1) (   )   (2) (   )   (3) (   )

⌐**중요**⌐
23 위 저울의 지퍼 백에 무게를 비교하려는 두 가지 물체를 각각 넣었을 때 수평을 이루는 물체끼리 바르게 짝 지은 것은 어느 것입니까? (   )

① 풀과 가위   ② 가위와 자
③ 풀과 지우개   ④ 지우개와 자
⑤ 가위와 지우개

24 위 저울이 잘 만들어졌는지 평가하는 기준으로 적당한 것은 어느 것입니까? (   )

① 예쁘게 꾸며졌는가?
② 비싼 재료로 만들어졌는가?
③ 무게를 정확히 측정할 수 있는가?
④ 다른 모둠의 것과 비슷하게 만들었는가?
⑤ 여러 가지 원리를 이용해 복잡하게 만들었는가?

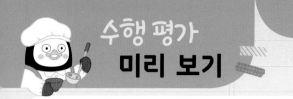

1 다음은 물체의 무게를 비교하는 모습입니다. 물음에 답하시오.

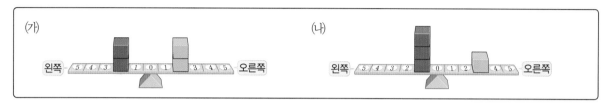

(1) 위 장치는 어떤 원리를 이용한 것인지 쓰시오.

(   )의 원리

(2) 위 (가)를 보고, 무게가 같은 두 물체로 수평을 잡는 방법을 쓰시오.

_____

_____

(3) 위 (나)를 보고, 무게가 다른 두 물체로 수평을 잡는 방법을 쓰시오.

_____

_____

2 다음은 두 친구가 시소를 타는 모습입니다. 물음에 답하시오.

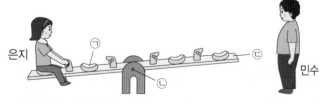

(1) 위 시소에서 받침점과 같은 역할을 하는 부분의 기호를 쓰시오.

(   )

(2) 위 시소에 은지보다 몸무게가 무거운 민수가 앉았을 때 수평을 잡는 방법을 쓰시오.

_____

_____

5 단원

혼합물의 분리

우리 주변에서 볼 수 있는 여러 가지 물체들은 한 가지 물질로만 이루어져 있지 않고 여러 가지 물질들이 섞여 있습니다. 김밥과 팥빙수도 여러 가지 재료가 섞여 있는 음식 이고, 바닷물에도 짠맛이 나는 소금과 여러 물질들이 섞여 있습니다.

이 단원에서는 혼합물의 의미와 혼합물을 분리하는 다양한 방법을 알아봅니다.

단원 학습 목표

(1) 혼합물
  • 일상생활에서 혼합물의 예를 찾고 혼합물 분리의 필요성을 알아봅니다.
(2) 혼합물의 분리①
  • 알갱이의 크기 차이를 이용해 고체 혼합물을 분리하는 방법을 알아봅니다.
  • 자석의 성질을 이용해 고체 혼합물을 분리하는 방법을 알아봅니다.
(3) 혼합물의 분리②
  • 거름과 증발을 이용해 혼합물을 분리하는 방법을 알아봅니다.
  • 혼합물의 분리를 이용하여 재생 종이 만드는 방법을 알아봅니다.

단원 진도 체크

회차	학습 내용		진도 체크
1차	(1) 혼합물	교과서 내용 학습 + 핵심 개념 문제	✓
2차		실전 문제 + 서술형·논술형 평가	✓
3차	(2) 혼합물의 분리①	교과서 내용 학습 + 핵심 개념 문제	✓
4차		실전 문제 + 서술형·논술형 평가	✓
5차	(3) 혼합물의 분리②	교과서 내용 학습 + 핵심 개념 문제	✓
6차		실전 문제 + 서술형·논술형 평가	✓
7차	대단원 정리 학습 + 대단원 마무리 + 수행 평가 미리 보기		✓

해당 부분을 공부한 후 ✓표를 하세요.

(1) 혼합물

▶ 음식 만들기
생활 속에서 자주 볼 수 있는 음식들은 여러 가지 재료로 만들어졌습니다.

1 **여러 가지 재료가 섞여 있는 음식**

멸치볶음

멸치, 고추, 깨 등이 섞여 있습니다.

나박김치

배추, 무, 고추, 물 등이 섞여 있습니다.

샌드위치

식빵, 달걀, 채소 등이 섞여 있습니다.

비빔밥

밥, 여러 가지 나물, 고기, 양념 등이 섞여 있습니다.

볶음밥

밥, 당근, 새우, 감자 등을 섞어서 기름에 볶아 만듭니다.

▶ 말린 과일
과일을 햇볕이나 열에 말리면 과일 속의 수분이 줄어들어 말랑말랑해지거나 단단해집니다. 말린 과일에는 건포도, 말린 바나나, 말린 딸기, 곶감 등이 있습니다.

2 **여러 가지 재료 섞기**

(1) 여러 가지 재료로 간식 만들기

① 시리얼, 초콜릿, 말린 과일 등의 모양과 색깔을 관찰하고 맛을 봅니다.

구분	시리얼	초콜릿	건포도	말린 바나나
모양	원 모양이고 주름이 많다.	둥글다.	둥글고 주름이 많다.	납작한 원 모양이다.
색	황토색	빨간색, 파란색, 노란색 등	검은색 또는 진한 보라색	옅은 노란색
맛	고소하다.	달다.	달다.	달다.

② 준비한 재료 중 두세 가지를 선택한 뒤 섞어서 간식을 만듭니다.

③ 눈가리개로 눈을 가리고 간식을 한 숟가락 먹어 보면 간식의 재료를 쉽게 알아맞힐 수 있습니다.

㉠ 둥글면서 주름이 있고 먹었을 때 그 맛이 단 것으로 보아 건포도인 것 같습니다.

④ 눈가리개로 눈을 가리고 간식을 먹어 본 뒤에 간식의 재료를 알아맞힐 수 있었던 까닭: 여러 가지 재료를 섞어 간식을 만들어도 각 재료의 맛은 변하지 않기 때문입니다.

 낱말 사전

성질 사물이 가지고 있는 고유의 특성

3 혼합물

(1) 김밥과 팥빙수에 섞여 있는 재료

김밥	팥빙수
• 김, 밥, 단무지, 달걀, 당근, 시금치 등 다양한 재료를 섞어서 만들었다. • 여섯 가지 이상의 물질이 섞여 있다.	• 과일, 팥, 얼음 등 여러 가지 재료를 섞어서 만들었다. • 세 가지 이상의 물질이 섞여 있다.

(2) 혼합물: 두 가지 이상의 물질이 성질이 변하지 않은 채 서로 섞여 있는 것입니다.

(3) 생활 속 혼합물

미숫가루 물	동전	금반지
여러 가지 곡물 가루로 만든 미숫가루와 물 등이 성질이 변하지 않은 채 서로 섞여 있다.	10원짜리 동전은 구리와 알루미늄을 섞어서 만든다.	순금은 매우 무르기 때문에 은, 구리, 아연 등을 섞어 단단한 혼합물로 만들어 사용한다.
재활용품이 섞여 있는 쓰레기	**바닷물**	**암석**
쓰레기통에 철 캔, 알루미늄 캔, 페트병 등 다양한 재활용품이 섞여서 배출된다.	바닷물에는 소금 이외에 여러 가지 물질들이 녹아 있다.	대부분의 암석은 석영, 장석, 운모 등 여러 종류의 광물이 섞여 있는 혼합물이다.

▶ **공기**

생물이 살아가는 데 꼭 필요한 공기는 질소, 산소, 이산화 탄소, 아르곤 등 여러 가지 기체로 이루어져 있는 혼합물입니다.

질소 78 %
산소 21 %
아르곤 0.9 %
기타 0.1 %

▶ **금속의 혼합물인 동전**

• 100원짜리 동전과 500원짜리 동전은 구리와 니켈을 혼합하여 만든 것입니다.
• 50원짜리 동전은 구리, 아연, 니켈을 혼합하여 만들었습니다.

🐹 **개념 확인 문제**

1 여러 가지 재료를 섞어 간식을 만들어도 각 재료의 맛, 색깔 등은 (   ).

2 두 가지 이상의 물질이 (   )이/가 변하지 않은 채 서로 섞여 있는 물질을 혼합물이라고 합니다.

3 대부분의 암석은 석영, 장석, 운모 등 여러 종류의 광물이 섞여 있는 (   )입니다.

정답 1 변하지 않습니다 2 성질 3 혼합물

개념 1 여러 가지 재료가 섞여 있는 음식에 대해 묻는 문제

(1) 멸치볶음: 멸치, 고추. 깨 등이 섞여 있음.

(2) 나박김치: 무, 고추, 물 등이 섞여 있음.

(3) 샌드위치: 식빵, 달걀, 채소 등이 섞여 있음.

ㄷ중요ㄱ

01 다음 재료들을 이용해 만들 수 있는 음식은 어느 것입니까? ( )

| 멸치 | 고추 | 깨 |

① 팥빙수
② 비빔밥
③ 멸치볶음
④ 샌드위치
⑤ 나박김치

02 다음 음식을 만드는 데 사용된 재료를 두 가지만 쓰시오.

▲ 나박김치

(,)

개념 2 여러 가지 재료를 섞기 전과 섞은 후의 변화를 묻는 문제

(1) 시리얼, 초콜릿, 말린 과일의 특징

구분	시리얼	초콜릿	건포도	말린 바나나
모양	원 모양이고 주름이 많음.	둥글.	둥글고 주름이 많음.	납작한 원 모양
색	황토색	빨간색, 파란색, 노란색 등	검은색 또는 진한 보라색	옅은 노란색
맛	고소한 맛	단맛	단맛	단맛

(2) 여러 가지 재료를 섞기 전과 섞은 후 각 재료의 맛의 변화: 여러 가지 재료를 섞어도 각 재료의 맛은 변하지 않았음.

03 간식을 만들 때 넣는 여러 가지 재료와 그 특징을 바르게 설명한 것은 어느 것입니까? ( )

① 건포도는 고소하다.
② 시리얼은 새콤하다.
③ 초콜릿은 둥글고 고소하다.
④ 말린 바나나는 주름이 많고 고소하다.
⑤ 말린 바나나는 납작한 원 모양이고 달다.

04 시리얼, 초콜릿, 말린 바나나 등을 섞어 만든 간식을 먹어 본 뒤 맛에 대해 바르게 설명한 것은 어느 것입니까? ( )

① 초콜릿에서 신맛이 난다.
② 각 재료의 맛을 느낄 수 없다.
③ 시리얼에서 초콜릿 맛이 난다.
④ 말린 바나나에서 고소한 맛이 난다.
⑤ 섞기 전과 재료의 맛에는 차이가 없다.

개념 3 혼합물의 뜻을 묻는 문제

(1) 김밥과 팥빙수에 섞여 있는 재료

김밥	김, 밥, 단무지, 달걀, 당근, 시금치 등 여섯 가지 이상의 재료를 섞어서 만듦.
팥빙수	과일, 팥, 얼음 등 세 가지 이상의 재료를 섞어서 만듦.

(2) 혼합물: 두 가지 이상의 물질이 성질이 변하지 않은 채 서로 섞여 있는 물질

05 다음과 같은 물질을 섞은 혼합물을 한 가지만 쓰시오.

> 김, 밥, 단무지, 달걀, 당근, 시금치

( )

06 혼합물은 몇 가지 이상의 물질이 성질이 변하지 않은 채 서로 섞여 있는지 쓰시오.

( ) 가지

개념 4 생활 속 혼합물을 묻는 문제

미숫가루 물	여러 가지 곡물 가루로 만든 미숫가루와 물 등이 성질이 변하지 않은 채 서로 섞여 있음.
동전	10원짜리 동전은 구리와 알루미늄을 혼합하여 만듦.
재활용품이 섞여 있는 쓰레기통	쓰레기통에 철 캔, 알루미늄 캔, 페트병 등 다양한 재활용품이 섞여서 배출됨.

07 미숫가루 물에 섞여 있는 물질끼리 바르게 짝 지은 것은 어느 것입니까? ( )

① 물, 설탕, 사이다
② 미숫가루, 물, 설탕
③ 코코아가루, 물, 소금
④ 코코아가루, 설탕, 물
⑤ 미숫가루, 사이다, 소금

〔중요〕
08 혼합물이 <u>아닌</u> 것은 어느 것입니까? ( )

① 소금
② 동전
③ 바닷물
④ 미숫가루 물
⑤ 재활용품이 섞여 있는 쓰레기

01 다음은 지연이가 아침에 먹은 음식입니다. 두 음식의 공통점은 무엇입니까? (　　)

▲ 멸치볶음

▲ 나박김치

① 국물이 있다.
② 달걀이 섞여 있다.
③ 여러 가지 재료로 만들었다.
④ 만드는 데 사용한 재료가 같다.
⑤ 모두 멸치를 이용하여 만들었다.

02 다음 샌드위치를 만들 때 사용된 재료를 두 가지 고르시오. (　　,　　)

① 식빵　　② 멸치　　③ 달걀
④ 시리얼　　⑤ 건포도

03 다음 비빔밥에 대한 설명으로 옳지 않은 것을 보기 에서 골라 기호를 쓰시오.

보기
ㄱ 혼합물이다.
ㄴ 세 가지 재료로 만든 것이다.
ㄷ 섞여 있는 재료들의 맛은 변하지 않는다.

(　　　　　)

[04~05] 다음 여러 가지 재료를 큰 그릇에 넣고 섞어서 간식을 만들었습니다. 물음에 답하시오.

▲ 시리얼

▲ 초콜릿

▲ 말린 바나나

04 위 재료로 만든 간식을 먹었을 때 맛을 잘 표현한 친구는 누구입니까? (　　)

① 준우: 시리얼은 맛이 새콤해.
② 성환: 단맛이 나는 것은 초콜릿이야.
③ 지영: 짠맛이 나는 것은 말린 바나나같아.
④ 현진: 초콜릿은 아무 맛도 느껴지지 않아.
⑤ 진주: 쓴맛이 나는 것은 시리얼인 것 같아.

05 ㄷ중요ㄱ
위 **04**번의 답과 같이 여러 가지 재료를 섞어도 재료의 맛을 알 수 있는 까닭은 무엇입니까?

(　　)

① 초콜릿이 너무 달기 때문이다.
② 각 재료의 양이 서로 다르기 때문이다.
③ 여러 가지 재료가 섞이면 성질이 변하기 때문이다.
④ 여러 가지 재료가 섞이면 재료가 녹아버리기 때문이다.
⑤ 여러 가지 재료가 섞여도 각 재료의 성질이 변하지 않았기 때문이다.

06 다음은 김밥을 먹었을 때의 맛을 표현한 것입니다. 어떤 재료의 맛을 표현한 것입니까? (　　)

새콤달콤하면서 아삭아삭하다.

① 김　　② 밥　　③ 달걀
④ 단무지　　⑤ 시금치

[07~08] 다음 설명을 보고, 물음에 답하시오.

두 가지 이상의 물질이 섞여 있으며, 섞여 있는 물질은 성질이 변하지 않는다.

ㄷ**중요**ㄱ
07 위의 설명과 같은 성질을 가진 물질을 무엇이라고 하는지 쓰시오.

(   )

08 위에서 설명한 물질이 <u>아닌</u> 것은 어느 것입니까?
(   )

①
▲ 김밥

②
▲ 얼음

③
▲ 나박김치

④
▲ 샌드위치

⑤
▲ 멸치볶음

09 오른쪽 팥빙수에 섞여 있는 재료끼리 바르게 짝 지은 것은 어느 것입니까? (   )

① 물, 김, 과일
② 과일, 고추, 콩
③ 얼음, 팥, 과일
④ 팥, 달걀, 식빵
⑤ 얼음, 팥, 시금치

ㄷ**중요**ㄱ
10 다음 (   ) 안에 들어갈 알맞은 말을 쓰시오.

미숫가루 물은 여러 가지 곡물 가루로 만든 미숫가루와 물 등이 성질이 변하지 않은 채 서로 섞여 있는 (   )이다.

(   )

11 현재 사용하고 있는 10원짜리 동전에 대한 설명으로 옳지 <u>않은</u> 것은 어느 것입니까? (   )

① 혼합물이다.
② 금을 녹여 만들었다.
③ 구리와 알루미늄으로 만들었다.
④ 두 가지 이상의 물질이 섞여 있다.
⑤ 섞여 있는 재료의 성질이 변하지 않았다.

12 다음은 어떤 혼합물에 대한 설명입니까? (   )

여러 가지 잡곡이 섞여 있지만 각 곡식마다 성질은 그대로 가지고 있다.

① 볶음밥   ② 잡곡밥
③ 보리차   ④ 시리얼
⑤ 샌드위치

서술형·논술형 평가 돋보기

학교에서 출제되는 서술형·논술형 평가를 미리 준비하세요.

연습 문제

🔍 **문제 해결 전략**
팥빙수는 얼음, 과일, 설탕에 조린 팥 등의 재료를 섞어서 주로 여름철에 먹는 음식입니다.

🔍 **핵심 키워드**
팥빙수, 혼합물의 성질

1 다음 음식을 보고, 물음에 답하시오.

▲ 팥빙수

(1) 위 음식을 먹었을 때 느낄 수 있는 맛을 쓰시오.

> 얼음의 시원한 맛, 팥의 (   )맛, 과일의 (   ) 맛을 느낄 수 있다.

(2) 위와 같이 여러 가지 재료가 섞여 있는 음식을 먹었을 때 각 재료의 맛을 느낄 수 있는 까닭을 쓰시오.

> 여러 가지 재료를 섞어도 각 재료의 맛이나 성질이 (   ) 때문이다.

🔍 **문제 해결 전략**
여러 가지 재료들을 섞어 만든 혼합물은 우리 생활의 여러 부분에서 사용됩니다.

🔍 **핵심 키워드**
콘크리트, 혼합물, 성질

2 다음은 콘크리트를 만드는 재료입니다. 물음에 답하시오.

▲ 물

▲ 모래

▲ 자갈

▲ 시멘트

(1) 위의 재료들을 섞어서 우리 생활에 어떻게 사용하는지 쓰시오.

> 콘크리트는 물, 모래, 자갈, 시멘트 등을 섞어서 만든 (   )로, 건축물의 재료로 사용한다.

(2) 위의 재료들을 섞어서 콘크리트를 만들었을 때, 각각의 재료는 콘크리트를 만들기 전과 어떤 차이가 있는지 쓰시오.

> 콘크리트를 만들 때 사용한 여러 가지 재료는 (   )이/가 변하지 않은 채 서로 섞여 있기 때문에 만들기 전과 (   )의 차이가 없다.

실전 문제

1 다음 간식을 먹고 간식에 섞여 있는 각 재료의 맛을 표현할 수 있는 까닭은 무엇인지 쓰시오.

> 원 모양이고 주름이 많으며 고소한 맛이 나는 것은 시리얼이고, 납작한 모양으로 단맛이 나는 것은 말린 바나나이다.

_____

_____

2 다음과 같은 동전이 혼합물인 까닭을 쓰시오.

_____

_____

3 다음 여러 가지 음식을 보고, 물음에 답하시오.

▲ 김밥   ▲ 멸치볶음

▲ 물   ▲ 비빔밥

(1) 위 음식 중에서 혼합물이 <u>아닌</u> 것을 골라 쓰시오.

(   )

(2) 위 (1)번의 답으로 고른 음식이 혼합물이 <u>아닌</u> 까닭을 쓰시오.

_____

_____

4 다음 볶음밥에 대한 설명을 보고, 볶음밥이 혼합물인 까닭을 쓰시오.

> • 재료: 밥, 당근, 쇠고기, 감자 등
> • 만드는 방법: 재료를 잘게 썰어 넣고 밥과 함께 기름에 볶는다.
> • 맛: 볶음밥에 섞여 있는 각 재료의 맛을 그대로 느낄 수 있다.

_____

_____

(2) 혼합물의 분리 ①

▶ 우유에서 분리한 다양한 물질
• 우유에서 지방을 제거하는 정도에 따라 무지방 우유, 저지방 우유가 됩니다.
• 우유에서 지방을 분리하여 만들면 생크림, 버터가 됩니다.
• 우유에서 단백질만 분리하여 만들면 치즈가 됩니다.

1 혼합물 분리의 필요성

(1) 구슬로 나만의 팔찌 만들기
① 큰 그릇에 담겨 있는 다양한 종류의 구슬을 관찰하고, 각 구슬의 특징을 생각해 봅니다.
② 다양한 종류의 구슬 중에서 원하는 구슬을 생각하며 만들고 싶은 팔찌를 디자인해 봅니다.
③ 팔찌를 만드는 데 필요한 구슬을 골라 종류별로 페트리 접시 등에 담습니다.
④ 디자인한 대로 구슬을 실에 꿰어 팔찌를 만듭니다.

(2) 사탕수수에서 분리한 설탕
① 사탕수수는 물과 설탕 등의 물질을 포함하고 있는 혼합물입니다.
② 사탕수수 즙에서 물을 제거하여 설탕을 얻을 수 있습니다.
③ 설탕을 다른 물질과 섞으면 사탕을 만들 수 있습니다.

▶ 생활 속에서 혼합물을 분리하는 예
• 구리 광석에서 순수한 구리를, 철 광석에서 순수한 철을 분리할 수 있습니다.
• 순수한 물질들은 그 자체로 사용되기도 하고, 다른 금속과 섞어 필요한 물질로 만들어 사용합니다.

▲ 사탕수수　　　▲ 설탕　　　▲ 사탕

(3) 큰 그릇에 담겨 있는 다양한 종류의 구슬 혼합물을 사탕수수라고 했을 때, 구멍 뚫린 플라스틱 구슬은 설탕, 팔찌는 설탕과 다른 물질을 섞어 만든 사탕을 나타냅니다.

2 혼합물을 분리하면 좋은 점

(1) 원하는 물질을 얻을 수 있습니다.
(2) 분리한 물질을 다른 물질과 섞어서 생활의 필요한 곳에 이용할 수 있습니다.

낱말 사전

사탕수수 즙 사탕수수에서 짜낸 액체
제거(除去) 없애 버림.
광석(鑛石) 경제적 가치가 있고 캐낼 수 있는 광물

개념 확인 문제

1 사탕수수 즙에서 물을 제거하면 (　　　)을/를 얻을 수 있습니다.
2 (　　　)을/를 분리하여 얻은 물질을 우리 생활의 필요한 곳에 이용합니다.

3 철광석에서는 순수한 철을, 구리 광석에서는 순수한 구리를 (　　　)해 낼 수 있습니다.

정답 **1** 설탕 **2** 혼합물 **3** 분리

이제 실험 관찰로 알아볼까?

콩, 팥, 좁쌀의 혼합물 분리하기

[준비물] 콩, 팥, 좁쌀의 혼합물, 눈의 크기가 다른 체 두 개, 접시, 그릇 세 개

[실험 방법]
① 콩, 팥, 좁쌀의 모양, 색깔, 크기를 관찰한 뒤 비교해 봅니다.
② 콩, 팥, 좁쌀의 혼합물을 손으로 골라내어 서로 다른 그릇에 담아 분리해 봅니다.
③ 눈의 크기가 다른 체 두 개를 사용해 혼합물을 분리해 봅니다.
④ 손으로 분리하는 방법과 체로 분리하는 방법을 비교해 봅니다.

▲ 콩, 팥, 좁쌀의 혼합물

주의할 점
눈의 크기가 다른 체 두 개를 준비할 때 한 개는 눈의 크기가 콩보다 작고 팥보다 큰 체를 준비하고, 다른 한 개는 눈의 크기가 팥보다 작고 좁쌀보다 큰 체를 준비합니다.

[실험 결과]
① 콩, 팥, 좁쌀의 모양, 색깔, 크기 비교하기

구분	모양	색깔	크기
콩	둥글다.	노란색	가장 크다.
팥	둥글다.	붉은색, 자주색	중간 크기이다.
좁쌀	둥글다.	노란색	가장 작다.

② 콩, 팥, 좁쌀의 혼합물을 체를 사용해 분리하기

중요한 점
알갱이의 크기가 다른 고체 혼합물을 분리할 때 체를 사용하면 쉽게 분리할 수 있습니다.

③ 손으로 분리하는 방법과 체로 분리하는 방법 비교하기

손으로 분리하는 방법	체로 분리하는 방법
• 시간이 오래 걸린다. • 크기가 작은 좁쌀은 손으로 집기 어렵다.	• 빠른 시간 내에 분리할 수 있다. • 원하는 물질을 효과적으로 분리할 수 있다.

▲ 체로 분리하는 방법

탐구 문제

정답과 해설 26쪽

1 콩, 팥, 좁쌀의 혼합물을 분리할 때 이용하는 성질은 어느 것입니까? (   )

① 알갱이의 맛
② 알갱이의 색깔
③ 알갱이의 모양
④ 알갱이의 크기
⑤ 알갱이의 무게

2 콩, 팥, 좁쌀의 혼합물을 눈의 크기가 다른 체 두 개를 이용해 분리하려고 합니다. 콩을 가장 먼저 분리할 때 이용하는 체에 ○표 하시오.

(1) 눈의 크기가 콩보다 작고 팥보다 큰 체
(   )

(2) 눈의 크기가 팥보다 작고 좁쌀보다 큰 체
(   )

▶ 크기가 다른 고체 알갱이가 섞인 혼합물의 분리

체를 사용하면 여러 개의 알갱이를 쉽게 분리할 수 있습니다. 체를 사용할 때에는 알갱이의 크기와 체의 눈 크기를 잘 살펴보고 사용합니다.

3 알갱이의 크기를 이용하여 혼합물을 분리하는 예

해변 쓰레기 수거 장비에 부착된 체를 사용해 모래와 쓰레기를 분리합니다.

어민들이 강 하구에서 모래와 진흙 속에 사는 재첩을 체를 사용하여 잡습니다.

건물을 짓는 공사장에서 체를 사용하여 모래와 자갈을 분리합니다.

4 자석을 이용하여 혼합물을 분리하는 예

(1) 자석을 사용한 자동 분리기로 철 캔과 알루미늄 캔을 분리할 수 있습니다.

▶ 철과 알루미늄
• 철은 철광석에서 분리된 금속으로, 알루미늄보다 무게가 무거우며 녹이 슬고 자석에 붙는 성질을 가지고 있습니다.
• 알루미늄은 보크사이트에서 분리된 금속으로, 철보다 무게가 가벼우며 녹이 슬지 않고 자석에 붙지 않는 성질이 있습니다.

자석이 들어 있는 이동판

▶ 자동 분리기로 철 캔과 알루미늄 캔을 분리하는 방법

철 캔과 알루미늄 캔을 자동 분리기에 넣으면 이동판에 실려 옮겨질 때, 자석이 들어 있는 위쪽 이동판에 철 캔만 달라붙어 분리됩니다.

(2) 폐건전지를 가루로 만든 뒤 자석을 사용하여 철을 분리할 수 있습니다.

(3) 말린 고추를 기계를 사용하여 고춧가루로 만들 때 기계가 마모되어 떨어져 나온 작은 철 가루를 자석 봉을 사용하여 분리할 수 있습니다.

(4) 쌀을 얻기 위해 도정을 할 때 기계가 마모되어 생긴 철 가루가 쌀과 섞이게 되는데, 자석 봉을 통과시키면 철 가루를 분리할 수 있습니다.

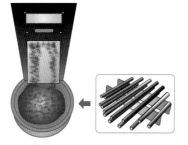

▲ 고춧가루에서 철 가루를 분리하는 자석 봉

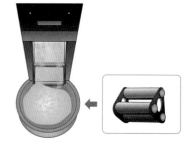

▲ 도정 과정에서 철 가루를 분리하는 자석 봉

🐸 개념 확인 문제

1 크기가 다른 고체 알갱이가 섞인 혼합물을 분리할 때 사용하는 도구는 (　　　)입니다.

2 철 캔과 알루미늄 캔을 분리할 때는 (　　　)을/를 사용합니다.

3 쌀을 얻기 위해 도정을 할 때 기계가 마모되어 생긴 철 가루를 (자석 봉 , 유리 막대)(으)로 분리해 냅니다.

정답 1 체 2 자석 3 자석 봉

이제 실험 관찰로 알아볼까?

플라스틱 구슬과 철 구슬의 혼합물 분리하기

[준비물] 플라스틱 구슬과 철 구슬의 혼합물, 자석, 접시

[실험 방법]

① 플라스틱 구슬과 철 구슬의 특징을 관찰한 뒤 비교해 봅니다.

② 물질의 어떤 성질을 이용하여 플라스틱 구슬과 철 구슬의 혼합물을 분리할지 생각해 봅니다.

③ 자신이 생각한 방법으로 혼합물을 분리해 봅니다.

▲ 플라스틱 구슬과 철 구슬의 혼합물

주의할 점
• 자석은 손에 쥐고 실험하기 적당한 크기를 사용합니다.
• 플라스틱 구슬과 철 구슬은 크기가 비슷한 것으로 준비하여 실험합니다.

[실험 결과]

① 플라스틱 구슬과 철 구슬의 특징

구분	모양	색깔	크기	자석에 붙는 성질
플라스틱 구슬	둥글다.	노란색	철 구슬과 비슷하다.	없다.
철 구슬	둥글다.	회색	플라스틱 구슬과 비슷하다.	있다.

② 플라스틱 구슬과 철 구슬의 혼합물을 분리하는 여러 가지 방법의 장단점

손으로 분리하는 방법	체로 분리하는 방법	자석으로 분리하는 방법
시간이 오래 걸리고 불편하다.	알갱이의 크기가 같아 체로 분리할 수 없다.	철 구슬만 자석에 붙는 성질을 이용할 수 있다.

중요한 점
플라스틱 구슬과 철 구슬의 모양, 색깔, 크기를 관찰하고 자석에 붙는 성질 등을 비교하여 각 물체의 차이점을 이용해 분리 방법을 찾아내도록 합니다.

③ 철 구슬이 자석에 붙는 성질이 있으므로 플라스틱 구슬과 철 구슬을 자석을 사용하여 분리할 수 있습니다.

자석
플라스틱 구슬
철 구슬

탐구 문제

정답과 해설 26쪽

1 플라스틱 구슬과 철 구슬의 혼합물을 손으로 분리하기 어려운 까닭은 무엇입니까? (　　　)

① 시간이 오래 걸리기 때문이다.
② 구슬의 크기가 다르기 때문이다.
③ 구슬의 색깔이 다르기 때문이다.
④ 구슬이 손에 잘 달라붙기 때문이다.
⑤ 구슬의 성질이 비슷하기 때문이다.

2 플라스틱 구슬과 철 구슬의 혼합물을 쉽게 분리하기 위해 필요한 도구는 어느 것입니까? (　　　)

① 체
② 클립
③ 핀셋
④ 자석
⑤ 전자저울

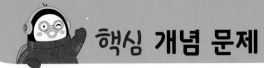

개념 1 · 혼합물 분리의 필요성에 대해 묻는 문제

(1) 구슬로 나만의 팔찌 만들기: 큰 그릇에 담겨 있는 다양한 종류의 구슬 혼합물에서 구슬의 모양과 색깔 등의 성질을 이용하여 분리한 뒤, 분리된 구슬을 실에 꿰어 팔찌를 만듦.

(2) 사탕수수에서 분리한 설탕: 사탕수수는 물과 설탕 등의 물질을 포함하고 있는 혼합물로, 사탕수수 즙에서 물을 제거하여 얻은 설탕에 다른 물질을 섞어 사탕을 만들 수 있음.

(3) 생활 속에서 혼합물을 분리하는 예: 구리 광석에서 분리한 순수한 구리와 철광석에서 분리한 순수한 철은 그 자체로 사용되기도 하고, 다른 금속과 섞어 필요한 물질로 만들어 사용함.

01 다음은 구슬 혼합물로 팔찌를 만드는 과정을 설명한 것입니다. ( ) 안에 들어갈 알맞은 말을 쓰시오.

> 구슬 혼합물을 (㉠)하여 새로운 혼합물인 (㉡)을/를 만들었다.

㉠ ( ), ㉡ ( )

02 설탕은 어떤 혼합물을 분리하여 얻을 수 있는 물질입니까? ( )

① 바닷물
② 옥수수
③ 닥나무
④ 사탕수수
⑤ 구리 광석

개념 2 · 혼합물을 분리하면 좋은 점에 대해 묻는 문제

(1) 원하는 물질을 얻을 수 있음.

(2) 분리한 물질을 다른 물질과 섞어서 생활의 필요한 곳에 이용할 수 있음.

⊏중요⊐

03 다음은 혼합물을 분리하면 좋은 점입니다. ( ) 안에 들어갈 알맞은 말을 쓰시오

> 혼합물을 분리하면 원하는 ( )을/를 얻어 우리 생활의 필요한 곳에 이용할 수 있다.

( )

04 다음은 혼합물을 분리하여 우리 생활 속에서 이용하는 모습을 설명한 것입니다. ( ) 안에 들어갈 알맞은 말을 쓰시오.

> 사탕수수에서 얻은 설탕에 색소나 여러 가지 물질을 섞어 사탕을 만들 듯 혼합물에서 (㉠)한 물질을 다른 물질과 (㉡) 생활에 필요한 물질을 만들 수 있다.

㉠ ( ), ㉡ ( )

개념 3 콩, 팥, 좁쌀의 모양, 색깔, 크기를 묻는 문제

구분	모양	색깔	크기
콩	둥긂.	노란색	가장 큼.
팥	둥긂.	붉은색, 자주색	중간 크기임.
좁쌀	둥긂.	노란색	가장 작음.

05 콩, 팥, 좁쌀을 관찰한 내용으로 옳지 <u>않은</u> 것을 보기 에서 골라 기호를 쓰시오.

> 보기
>
> ㉠ 콩은 노란색이고 둥글다.
> ㉡ 팥은 붉은색이고 둥글다.
> ㉢ 좁쌀은 자주색이고 납작하다.

(   )

개념 4 콩, 팥, 좁쌀의 혼합물을 분리하는 방법을 묻는 문제

(1) 눈의 크기가 다른 체 두 개를 사용해 분리함.

(2) 눈의 크기가 콩보다 작고 팥보다 큰 체를 이용해 콩을 먼저 분리함.

(3) 눈의 크기가 팥보다 작고 좁쌀보다 큰 체를 이용해 팥과 좁쌀을 분리함.

(4) 체의 사용 순서에 따라 분리되는 물질의 순서가 달라짐.

07 콩, 팥, 좁쌀의 혼합물을 분리하려면 체가 몇 개 필요한지 쓰시오.

(   ) 개

08 콩, 팥, 좁쌀의 혼합물에서 콩을 가장 먼저 분리할 때 필요한 체에 대한 설명입니다. (   ) 안에 들어갈 알맞은 말을 쓰시오.

> 눈의 크기가 (㉠)보다 작고 (㉡) 보다 커야 한다.

06 콩, 팥, 좁쌀 중 알갱이의 크기가 큰 것부터 순서대로 쓰시오.

(   )

㉠ (   ), ㉡ (   )

개념 5 • 콩, 팥, 좁쌀의 혼합물을 손으로 분리하는 방법
과 체로 분리하는 방법을 비교하는 문제

손으로 분리 하는 방법	• 시간이 오래 걸림. • 크기가 작은 좁쌀은 손으로 집기 어려움.
체로 분리하 는 방법	• 빠른 시간 내에 분리할 수 있음. • 원하는 물질을 효과적으로 분리할 수 있음.

09 콩, 팥, 좁쌀의 혼합물을 손으로 분리하기 <u>어려운</u>
까닭은 무엇입니까? (   )

① 시간이 오래 걸린다.
② 알갱이가 잘 굴러간다.
③ 알갱이가 손에 잘 붙는다.
④ 모양이 달라 손으로 집기 어렵다.
⑤ 알갱이의 무게를 구분하기 어렵다.

10 콩, 팥, 좁쌀의 혼합물을 분리할 때 손으로 분리
하는 방법과 체로 분리하는 방법 중 빠른 시간 내
에 분리할 수 있는 것은 어느 것인지 쓰시오.

(   )

개념 6 • 알갱이의 크기를 이용하여 혼합물을 분리하는
예를 묻는 문제

(1) 해변에서 해변 쓰레기 수거 장비에 부착된 체로 모
래와 쓰레기를 분리함.

(2) 어민들이 섬진강 하구에서 모래와 진흙 속에 사는
재첩을 체를 사용해 분리함.

(3) 건물을 짓는 공사장에서 체를 사용하여 모래와 자
갈을 분리함.

11 해변 쓰레기 수거 장비에 부착된 체로 분리하는
것은 무엇입니까? (   )

① 콩과 모래
② 모래와 진흙
③ 모래와 쓰레기
④ 철 캔과 알루미늄 캔
⑤ 자갈과 음식물 쓰레기

12 건물을 짓는 공사장에서 모래와 자갈을 분리할
때 사용하는 도구는 어느 것입니까? (   )

① 체
② 자석
③ 양팔저울
④ 증발 접시
⑤ 거름 장치

개념 7 플라스틱 구슬과 철 구슬의 혼합물을 분리하는 방법을 묻는 문제

(1) 플라스틱 구슬과 철 구슬의 특징

구분	모양	색깔	크기	자석에 붙는 성질
플라스틱 구슬	둥근 모양	노란색	철 구슬과 비슷함.	없음.
철 구슬	둥근 모양	회색	플라스틱 구슬과 비슷함.	있음.

(2) 철 구슬이 자석에 붙는 성질이 있으므로 플라스틱 구슬과 철 구슬을 자석을 사용하여 분리할 수 있음.

13 다음은 플라스틱 구슬과 철 구슬의 혼합물입니다. 플라스틱 구슬과 철 구슬의 특징으로 옳은 것은 어느 것입니까? (   )

① 두 구슬의 색깔이 같다.
② 철 구슬만 자석에 붙는다.
③ 두 구슬은 모양이 다르다.
④ 플라스틱 구슬이 철 구슬보다 크다.
⑤ 두 구슬의 크기가 작아 손으로 잡을 수 없다.

14 플라스틱 구슬과 철 구슬의 혼합물을 쉽게 분리하기 위해 필요한 도구를 쓰시오.

(   )

개념 8 자석을 이용하여 혼합물을 분리하는 예를 묻는 문제

(1) 자석을 사용한 자동 분리기로 철 캔과 알루미늄 캔을 분리할 수 있음.
(2) 폐건전지를 가루로 만든 뒤 자석을 사용하여 철을 분리할 수 있음.
(3) 말린 고추를 기계를 사용하여 고춧가루로 만들 때 기계가 마모되어 떨어져 나온 철 가루를 자석 봉으로 분리할 수 있음.
(4) 쌀을 얻기 위해 도정을 할 때 기계가 마모되어 생긴 철 가루를 자석 봉으로 분리할 수 있음.

중요

15 철 캔과 알루미늄 캔을 분리할 때 사용되는 도구는 어느 것입니까? (   )

① 체
② 저울
③ 자석
④ 용수철
⑤ 거름종이

16 다음 (   ) 안에 들어갈 알맞은 말을 쓰시오.

쌀을 얻기 위해 도정을 할 때 기계가 마모되어 생긴 (   )을/를 자석 봉으로 분리한다.

(   )

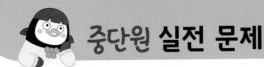
[01~03] 다음은 다양한 모양과 크기의 구슬 혼합물입니다. 물음에 답하시오.

01 위 구슬 혼합물을 관찰한 내용으로 옳지 않은 것은 어느 것입니까? (　　　)

① 별 모양에 구멍이 뚫린 것이 있다.
② 하트 모양은 구멍이 뚫린 것만 있다.
③ 세모 모양에 구멍이 뚫린 것이 있다.
④ 공 모양에 구멍이 뚫리지 않은 것이 있다.
⑤ 상자 모양에 구멍이 뚫리지 않은 것이 있다.

02 위 구슬 혼합물로 팔찌를 만들기 위해 구슬을 종류별로 분리합니다. 그 까닭은 무엇입니까?
(　　　)

① 구슬에 구멍을 뚫기 위해서
② 원하는 색깔을 칠하기 위해서
③ 구슬의 무게를 확인하기 위해서
④ 원하는 모양의 구슬을 쉽게 찾기 위해서
⑤ 구슬의 색깔이 변하지 않게 하기 위해서

03 위 구슬 혼합물을 사용해 팔찌를 만들기 위해 다음과 같이 디자인하였습니다. 사용하지 않는 구슬은 어느 것입니까? (　　　)

① 　② 　③
④ 　⑤

[04~05] 다음은 사탕수수에서 설탕을 분리하여 사탕을 만드는 과정입니다. 물음에 답하시오

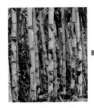　　
▲ 사탕수수　　　▲ 설탕　　　▲ 사탕

04 위 사탕수수에서 설탕을 얻기 위해서 사탕수수 즙에서 제거해야 하는 것은 무엇인지 쓰시오.

(　　　　　　　　　)

05 위 사탕수수에서 분리한 설탕으로 사탕을 만들기 위해서 필요한 과정은 무엇입니까? (　　　)

① 물을 뿌려 둔다.
② 햇빛에 2~3일 말려 둔다.
③ 색소 등 다른 물질과 섞는다.
④ 설탕을 냉장고에 넣어 얼린다.
⑤ 가루가 달라붙지 않게 계속 저어 준다.

ㄷ중요ㄱ
06 다음은 혼합물에서 분리된 물질을 사용하여 새로운 물질을 만드는 예를 설명한 것입니다. (　　　) 안에 들어갈 알맞은 말을 쓰시오.

> 철광석에서 분리한 순수한 (　　　)을/를 다른 금속과 섞어 자동차를 만든다.

(　　　　　　　　　)

07 다음과 같이 구리 광석에서 순수한 구리를 얻을 수 있습니다. 이것을 보고 알 수 있는 사실은 어느 것입니까? (　　　)

▲ 구리 광석　　　　▲ 순수한 구리

① 혼합물은 보관하기 어렵다.
② 순수한 물질은 다른 물질과 섞을 수 없다.
③ 혼합물에 섞여 있는 물질은 성질이 변한다.
④ 혼합물을 분리하면 원하는 물질을 얻을 수 있다.
⑤ 혼합물을 다른 물질과 섞어서 우리 생활의 필요한 곳에 이용한다.

08 혼합물을 분리하여 우리 생활에 이용하고 있는 예로 옳지 <u>않은</u> 것은 어느 것입니까? (　　　)

① 밭에서 배추를 따서 김치를 만든다.
② 우유에서 지방을 분리하여 버터를 만든다.
③ 모래와 자갈을 분리하여 집을 지을 때 사용한다.
④ 강바닥의 흙에서 재첩을 분리하여 음식을 만든다.
⑤ 구리 광석에서 분리한 구리에 알루미늄을 섞어 동전을 만든다.

09 콩, 팥, 좁쌀의 특징으로 옳지 <u>않은</u> 것을 골라 기호를 쓰시오.

> ㉠ 콩은 노란색이고 둥글며, 팥보다 크다.
> ㉡ 팥은 붉은색이고 둥글며, 좁쌀보다 작다.
> ㉢ 좁쌀은 노란색이고 둥글며, 콩보다 작다.

(　　　　　　　　)

[10~12] 다음은 콩, 팥, 좁쌀의 혼합물입니다. 물음에 답하시오.

10 위 혼합물을 분리할 때 이용할 수 있는 성질은 무엇인지 쓰시오.

(　　　　　　　　)

11 위 혼합물을 분리할 때 필요한 체에 대한 설명으로 옳은 것은 어느 것입니까? (　　　)

① 모양이 같은 체 두 개
② 색깔이 다른 체 두 개
③ 눈의 크기가 다른 체 두 개
④ 눈의 크기가 다른 체 세 개
⑤ 모양은 다르고 눈의 크기는 같은 체 두 개

12 위 혼합물을 다음과 같은 체로 분리할 때 가장 먼저 분리되는 것은 무엇인지 쓰시오.

> 눈의 크기가 팥보다 작고 좁쌀보다 큰 체

(　　　　　　　　)

13 체를 사용하여 콩, 팥, 좁쌀의 혼합물을 분리하면 손으로 분리할 때보다 좋은 점은 어느 것입니까?
( )

① 비용이 적게 든다.
② 알갱이의 양이 많아진다.
③ 빠른 시간 내에 분리할 수 있다.
④ 팥을 가장 먼저 분리할 수 있다.
⑤ 알갱이를 색깔별로 분리할 수 있다.

[14~16] 오른쪽은 강에서 모래와 진흙 속에 사는 재첩을 분리해 내는 모습입니다. 물음에 답하시오.

14 위에서 사용하는 도구와 쓰임새가 같은 것은 어느 것입니까? ( )

①
②
③
④
⑤

15 위와 같은 방법으로 재첩을 분리해 낼 수 있는 까닭은 무엇입니까? ( )

① 재첩이 움직이기 때문이다.
② 강물이 계속 흘러가기 때문이다.
③ 모래와 재첩의 색깔이 다르기 때문이다.
④ 모래와 재첩의 알갱이의 무게가 다르기 때문이다.
⑤ 모래와 재첩의 알갱이의 크기가 다르기 때문이다.

16 15번의 답과 같은 물질의 성질을 이용해 혼합물을 분리하는 경우로 옳은 것은 어느 것입니까?
( )

① 바닷물에서 소금을 분리할 때
② 사탕수수에서 설탕을 분리할 때
③ 구리 광석에서 구리를 분리할 때
④ 알루미늄 캔과 철 캔을 분리할 때
⑤ 해변에서 모래와 쓰레기를 분리할 때

⌐중요⌐
17 오른쪽과 같이 공사장에서 모래와 자갈이 섞여 있는 혼합물을 분리할 때 이용하는 성질은 어느 것입니까? ( )

① 알갱이의 크기 차이
② 알갱이의 무게 차이
③ 알갱이의 색깔 차이
④ 알갱이가 물에 녹는 성질 차이
⑤ 알갱이가 자석에 붙는 성질 차이

18 다음은 해변 쓰레기 수거 장비로 해변에서 쓰레기를 수거하는 모습입니다. ( ) 안에 들어갈 알맞은 도구를 쓰시오.

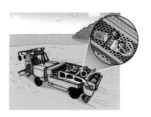

해변 쓰레기 수거 장비는 ( )을/를 사용해서 작은 모래와 철 조각, 플라스틱 조각, 동전, 조개껍데기 등을 분리한다.

( )

[19~21] 다음은 플라스틱 구슬과 철 구슬의 혼합물입니다. 물음에 답하시오.

19 위 플라스틱 구슬과 철 구슬의 특징에 대한 설명으로 옳은 것을 보기 에서 두 가지 골라 기호를 쓰시오.

보기

ㄱ 두 구슬의 색깔이 같다.
ㄴ 두 구슬은 크기가 비슷하다.
ㄷ 두 구슬은 모두 둥근 모양이다.
ㄹ 두 구슬은 모두 자석에 붙는다.

(,)

20 위 혼합물을 분리할 때 필요한 도구는 어느 것입니까? ( )

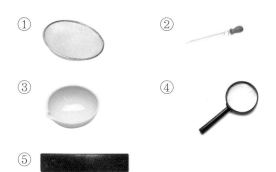

① ② ③ ④ ⑤

ⓒ중요ⓒ
21 위 혼합물을 분리할 때 이용하는 방법으로 분리해야 하는 혼합물은 어느 것입니까? ( )

① 콩과 좁쌀의 혼합물
② 소금과 모래의 혼합물
③ 모래와 자갈의 혼합물
④ 모래와 철 가루의 혼합물
⑤ 여러 모양의 플라스틱 구슬 혼합물

[22~23] 다음은 철 캔과 알루미늄 캔이 섞여 있는 모습입니다. 물음에 답하시오.

22 위의 캔을 분리할 때 이용하는 성질은 어느 것입니까? ( )

① 길이가 긴 캔과 짧은 캔
② 크기가 큰 캔과 작은 캔
③ 무게가 무거운 캔과 가벼운 캔
④ 자석에 붙는 캔과 붙지 않는 캔
⑤ 음식이 담겨 있던 캔과 그렇지 않은 캔

23 다음은 위의 캔을 분리할 때 사용하는 자동 분리기입니다. ( ) 안에 들어갈 알맞은 도구는 무엇인지 쓰시오.

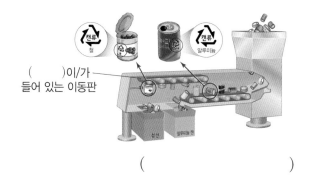

( )이/가
들어 있는 이동판

( )

24 다음은 우리 생활에서 혼합물을 분리하는 경우입니다. ( ) 안에 들어갈 알맞은 말을 쓰시오.

말린 고추를 기계를 사용하여 고춧가루로 만들 때 기계가 마모되어 떨어져 나온 작은 철 가루를 ( ) 봉으로 분리한다.

( )

학교에서 출제되는 서술형·논술형 평가를 미리 준비하세요.

연습 문제

🔍 **문제 해결 전략**
여러 물질이 성질이 변하지 않고 섞여 있는 혼합물은 분리할 수 있고 분리된 물질들은 우리 생활에 이용할 수 있습니다.

🔍 **핵심 키워드**
혼합물의 분리, 물질

1 다음은 사탕수수의 모습입니다. 물음에 답하시오.

(1) 위 사탕수수에서 분리해 낼 수 있는 것은 무엇인지 쓰시오.

> 사탕수수에서 (   )을/를 분리해서 다른 물질과 섞어 사탕을 만들 수 있다.

(2) 위 (1)번을 보고, 혼합물을 분리하면 좋은 점을 쓰시오.

> 혼합물을 분리하면 원하는 (   )을/를 얻을 수 있고, 분리한 물질을 다른 물질과 (   ) 우리 생활의 필요한 곳에 이용할 수 있다.

🔍 **문제 해결 전략**
해변에 있는 모래와 쓰레기, 강에 있는 모래와 재첩, 공사장에 있는 모래와 자갈은 알갱이의 크기가 다릅니다.

🔍 **핵심 키워드**
알갱이, 크기

2 다음과 같이 혼합물을 분리하는 모습을 보고, 물음에 답하시오.

(가)

▲ 해변 쓰레기 수거 장비로 모래와 쓰레기 분리

(나)

▲ 모래와 진흙 속에 사는 재첩 분리

(1) 위에서 혼합물을 분리할 때 공통으로 이용하는 도구는 무엇인지 쓰시오.

(   )

(2) 위에서 혼합물을 분리할 때 공통으로 이용한 물질의 성질을 쓰시오.

> 여러 가지 고체 알갱이가 섞인 혼합물은 알갱이의 (   ) 차이를 이용하면 쉽게 분리할 수 있다.

실전 문제

1 다음은 구리 광석에서 순수한 구리를 분리한 후 다른 금속과 섞어 우리 생활에 필요한 그릇을 만든 모습입니다. 이와 비슷한 예를 한 가지만 쓰시오.

▲ 구리 광석 　▲ 순수한 구리 　▲ 다른 금속을
　　　　　　　　　　　　　　　　　섞어 만든 그릇

_____

_____

2 다음은 건물을 짓는 공사장에서 체를 사용하여 모래와 자갈을 분리하는 모습입니다. 물음에 답하시오.

(1) 위에서 체를 통과하는 물질과 체를 통과하지 못하는 물질은 무엇인지 쓰시오.

체를 통과하는 물질	체를 통과하지 못하는 물질

(2) 위 (1)번의 답과 같이 모래와 자갈이 분리되는 까닭을 쓰시오.

_____

_____

3 다음은 콩, 팥, 좁쌀의 혼합물을 체를 이용하여 분리하는 모습입니다. 물음에 답하시오.

콩　　　　　　　　　　팥

(가)　　　　　　　(나)

좁쌀

(1) 위 혼합물을 분리할 때 이용된 물질의 성질을 쓰시오.

(　　　　　　　　　)

(2) 위 혼합물을 분리할 때 사용한 체 (가)와 체 (나)의 눈의 크기를 비교하여 쓰시오.

_____

_____

4 다음과 같이 쌀을 도정하는 마지막 단계에서 자석 봉을 통과시킵니다. 그 까닭은 무엇인지 쓰시오.

자석 봉

_____

_____

(3) 혼합물의 분리 ②

▶ 거름종이 접는 방법

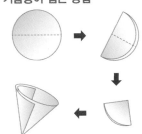

▶ 거름 장치 사용하기

• 거름종이는 물에 녹는 물질과 물에 녹지 않는 물질을 걸러 주는 중요한 역할을 합니다.

• 거름종이에 물을 묻히면 깔때기에 잘 붙습니다.

• 유리 막대를 사용하면 깔때기에 액체가 넘치지 않도록 양을 조절하여 부을 수 있고, 액체가 튀지 않게 할 수 있습니다.

▶ 조상이 소금을 얻는 것과 소금과 모래의 분리 실험 비교하기

자염	천일염	실험
가마솥	염전	증발 접시
장작불	햇빛, 바람	알코올 램프

🐥 낱말 사전

메주 콩을 삶아서 찧은 다음, 덩이를 지어서 띄워 말린 것

증발(蒸發) 액체 상태에서 기체 상태로 변하는 현상

1 우리 조상의 혼합물 분리

(1) 우리 조상이 소금을 얻는 전통 방식

① 갯벌 흙으로 원 모양의 둔덕을 만듭니다.

② 둔덕 사이에 나무를 걸치고 수숫대, 옥수숫대, 소나무 가지, 솔잎 등을 걸쳐 놓습니다.

③ 그 위에 바닷물을 부어 모래나 흙이 걸러진 진한 소금물을 얻습니다.

④ 걸러진 진한 소금물을 모아 운반한 뒤, 가마솥에 넣고 오랜 시간 끓여 소금을 얻게 되는데 이 소금을 자염이라고 합니다.

(2) **전통 장 만들기**: 천을 사용하여 혼합물을 분리합니다.

① 메주를 소금물에 넣어 둡니다.

② 여러 날이 지나면 메주가 소금물에 섞여 혼합물이 만들어집니다.

③ 이 혼합물을 천으로 거르면 물에 녹은 물질은 천을 빠져나가고 물에 녹지 않은 물질은 천에 남게 됩니다.(거름)

④ 천에 남아 있는 건더기는 된장을 만들고, 천을 빠져나간 액체는 끓여서 간장을 만듭니다.(증발)

된장 재료
(천에 남아 있는 건더기)

천

간장 재료
(천을 빠져나간 액체)

2 거름 장치를 꾸며 혼합물 분리하기

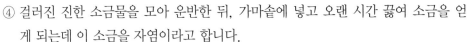

고깔 모양으로 접은 거름종이를 깔때기 안에 넣고 물을 묻힙니다.

깔때기 끝의 긴 부분을 비커 옆면에 닿게 설치합니다.

거르고자 하는 액체 혼합물이 유리 막대를 타고 천천히 흐르도록 붓습니다.

🐻 개념 확인 문제

1 우리 조상은 갯벌에서 얻은 매우 짠 바닷물로 (   )을/를 얻었습니다.

2 메주를 넣어 두었던 소금물을 천으로 거르고, 천에 남아 있는 건더기는 (된장 , 간장)을 만듭니다.

3 거름종이를 이용해 물에 녹는 물질과 물에 녹지 않는 물질을 거르는 장치를 (   )(이)라고 합니다.

정답 1 소금 2 된장 3 거름 장치

이제 실험 관찰로 알아볼까? 소금과 모래 분리하기

[준비물] 소금과 모래의 혼합물, 돋보기, 물, 비커 두 개, 약숟가락, 깔때기대, 깔때기, 거름종이, 스포이트, 유리 막대, 보안경, 실험용 장갑, 삼발이, 알코올램프, 점화기, 증발 접시, 도가니 집게, 면장갑

[실험 방법]

① 소금과 모래의 특징을 살펴보고, 분리할 수 있는 방법을 생각해 봅니다.
② 소금과 모래의 혼합물을 물에 넣어 녹인 뒤 거름 장치를 사용하여 걸러 봅니다.
③ 거름종이에 남아 있는 물질과 거름종이를 빠져나간 물질을 관찰합니다.
④ 거름종이를 빠져나간 물질을 증발 접시에 붓고 알코올램프로 가열합니다.
⑤ 증발 접시에 나타나는 현상을 관찰합니다.

주의할 점
- 증발 접시를 가열하면 소금이 생겨 튀게 되므로 보안경을 착용합니다.
- 알코올램프를 사용할 때 화상에 주의하면서 알코올램프 불꽃은 뚜껑을 덮어서 끕니다.

[실험 결과]

① 소금과 모래의 특징

구분	모양	크기	물에 녹는 성질
소금	작은 상자 모양	모래와 크기가 비슷하다.	물에 잘 녹는다.
모래	다양한 작은 상자 모양	소금과 크기가 비슷하다.	물에 잘 녹지 않는다.

② 거름종이에 남아 있는 물질과 거름종이를 빠져나간 물질

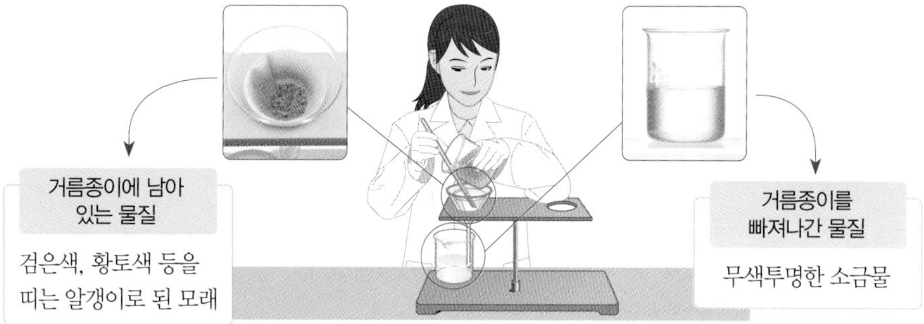

③ 증발 접시에서 나타나는 현상
- 물의 양이 줄어들고, 물이 끓습니다.
- 하얀색 고체 또는 하얀색 가루 물질인 소금이 생깁니다.

중요한 점
소금과 모래의 혼합물처럼 물에 녹는 물질과 녹지 않는 물질의 혼합물을 분리하기 위해서는 먼저 물에 녹여 소금물을 만들어 물에 녹지 않는 물질을 분리합니다. 그리고 다시 가열하는 과정이 필요하다는 것을 이해하는 것이 중요합니다.

탐구 문제

정답과 해설 28쪽

1 오른쪽 장치는 물에 녹인 소금과 모래의 혼합물에서 소금과 모래를 분리할 때 사용하는 것입니다. 이 장치를 무엇이라고 하는지 쓰시오.

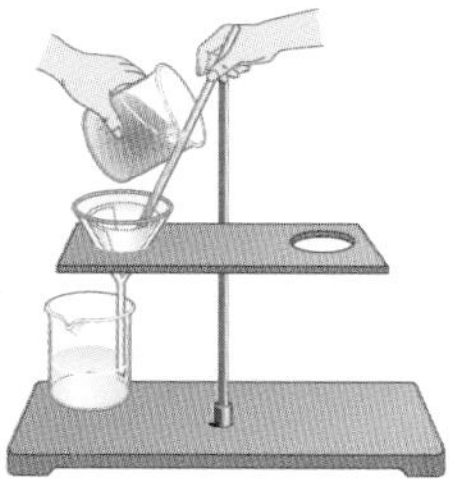

(　　　　　　　　　　)

2 소금물을 증발 접시에 붓고 알코올램프로 가열했을 때 증발 접시에 나타나는 현상으로 옳은 것에 모두 ○표 하시오.

(1) 물이 점차 줄어든다. (　　)
(2) 하얀색 알갱이가 생긴다. (　　)
(3) 물의 색깔이 하얗게 변한다. (　　)

▶ 녹즙기

분쇄 망   압착 망

찌꺼기 배출구

- 거름을 이용하여 혼합물을 분리하는 예입니다.
- 과일 및 채소 등을 넣으면 분쇄 망에서 내용물이 분쇄되고 즙이 흘러나오게 됩니다. 분쇄된 뒤 압착 망으로 이동한 내용물은 압착 작용으로 여분의 즙이 배출되며 찌꺼기는 배출구로 배출됩니다.

▶ 두부

콩 속에 있는 단백질을 간수를 사용하여 분리한 뒤 만든 음식으로, 영양분이 매우 풍부합니다.

3 생활 속에서 거름과 증발을 이용하여 혼합물을 분리하는 예

녹차 여과기	천일염
 물에 녹지 않는 성분 거름망 물에 녹는 성분	
찻잎을 따뜻한 물에 넣으면 물에 녹는 물질은 우러나고, 물에 녹지 않는 찻잎은 망에 남는다.	바닷물을 염전에 모아 놓고 햇빛과 바람으로 물을 증발시켜 소금을 얻는다.

4 두부 만들기

①

냄비에 갈아 놓은 콩 물을 붓고 가열합니다.

②

체와 헝겊을 사용하여 끓인 콩 물과 콩 찌꺼기를 거릅니다.

③

거른 콩 물에 간수를 넣고 약한 불로 가열하면서 천천히 젓습니다.

④

두부 틀에 헝겊을 깔고 그 위에 덩어리가 생긴 콩 물을 국자로 떠서 조금씩 붓습니다.

⑤

두부 틀에 헝겊을 덮고 무거운 물체를 올려놓습니다.

⑥

물이 빠지면 헝겊을 걷고 두부를 꺼냅니다.

5 전통 한지 만들기

①

닥나무를 채취한 뒤 끓는 물에 삶습니다.

②

닥 섬유를 닥 풀과 함께 물에 넣고 풀어 줍니다.

③

체로 한지를 뜹니다.

④

물기를 뺀 한지를 흙벽에 붙여 말립니다.

▶ 낱말 사전

여과(濾過) 액체 속에 들어 있는 침전물이나 알갱이를 걸러 내는 일

천일염(天日鹽) 바닷물을 햇볕과 바람에 증발시켜 만든 소금

🐸 개념 확인 문제

1 찻잎을 따뜻한 물에 넣어 우려낸 뒤 (   )(으)로 거르면 찻잎의 물에 녹는 성분을 차로 마실 수 있습니다.

2 염전에 모아 놓은 바닷물에서 물을 (   )시켜 소금을 얻습니다.

3 콩 속의 단백질을 간수를 이용해 분리해 내면 (   )을/를 만들 수 있습니다.

4 전통 한지는 닥나무 속에 있는 닥 섬유를 (   )해서 만듭니다.

정답 1 망 2 증발 3 두부 4 분리

이제 실험 관찰로 알아볼까?

혼합물의 분리를 이용하여 재생 종이 만들기

[준비물] 종이 죽, 물, 수조, 식용 색소, 나무 막대, 종이 만들기 틀, 신문지, 천

[실험 방법]

① 폐지로 만든 종이 죽과 물을 수조에 넣고 식용 색소를 넣은 뒤 잘 섞습니다.

② 종이 만들기 틀을 수조에 넣고 원하는 두께가 되도록 종이뜨기를 합니다.

③ 물기가 빠진 종이를 틀에서 분리하여 천 위에 놓습니다.

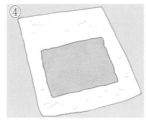
④ 종이를 말립니다.

주의할 점
• 종이 죽은 일반적으로 폐지를 잘게 찢어 물에 넣고 네다섯 시간 정도 불린 뒤 믹서기로 갈아서 만듭니다.
• 우유갑으로 종이 죽을 만들 경우 코팅지를 벗겨낸 뒤 잘게 찢어서 물에 하루 정도 불려야 쉽게 종이 죽을 만들 수 있습니다.

중요한 점
재생 종이를 어떤 목적으로 만들어서 어떻게 활용할지 생각해 보고 거름과 증발의 원리를 이용해 재생 종이가 만들어짐을 이해하도록 합니다.

[실험 결과]
① 종이가 마르면 재생 종이가 됩니다.
② 종이 죽과 물을 분리할 때 필요한 도구: 다양한 크기의 체, 거름망, 종이 만들기 틀 등입니다.
③ 재생 종이를 만들 때 적용된 혼합물의 분리 방법: 체를 활용하였고, 물을 증발시켜 혼합물을 분리하였습니다.
④ 재생 종이의 활용 방법과 두께: 편지지로 활용하려면 얇게, 포장지로 활용하려면 두툼하게 만듭니다.

탐구 문제

정답과 해설 28쪽

1 재생 종이를 만들기 위해 종이 죽을 만들 때 이용하는 재료는 어느 것입니까? (   )

① 비커
② 폐지
③ 냄비
④ 바닷물
⑤ 페트리 접시

2 다음과 같이 종이 만들기 틀로 종이뜨기를 하는 과정에서 이용된 혼합물의 분리 방법을 쓰시오.

(   )

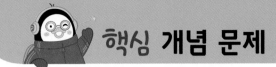

핵심 개념 문제

개념 1 우리 조상이 소금을 얻는 전통 방식을 묻는 문제

(1) 갯벌 흙으로 원 모양의 둔덕을 만듦.
(2) 둔덕 사이에 나무를 걸치고 수숫대, 옥수숫대, 소나무 가지, 솔잎 등을 걸쳐 놓음.
(3) 갯벌에서 얻은 매우 짠 바닷물을 부어 모래나 흙이 걸러진 진한 소금물을 얻음.
(4) 걸러진 진한 소금물을 모아 운반한 뒤, 가마솥에 넣고 끓여서 소금을 얻음.

01 우리 조상이 소금을 얻기 위해 이용한 것은 어느 것입니까? (   )

① 강물
② 시냇물
③ 바닷물
④ 지하수
⑤ 수돗물

02 다음은 우리 조상이 소금을 얻는 과정입니다. (   ) 안에 들어갈 알맞은 말을 쓰시오.

> (가) 갯벌 흙으로 만든 둔덕 사이에 나무를 걸치고 수숫대, 옥수숫대, 소나무 가지, 솔잎 등을 걸쳐 놓는다.
> (나) 갯벌에서 얻은 매우 짠 바닷물을 부어 모래나 흙이 걸러진 진한 소금물을 얻는다.
> (다) 걸러진 진한 소금물을 모아 운반한 뒤, 가마솥에 넣고 (   ) 소금을 얻는다.

(   )

개념 2 전통 장을 만드는 방법을 묻는 문제

(1) 메주를 소금물에 넣어 두면 메주가 소금물에 섞여 혼합물이 만들어짐.
(2) 이 혼합물을 천으로 거르면 물에 녹은 물질은 천을 빠져나가고 물에 녹지 않은 물질은 천에 남게 됨.
(3) 천에 남아 있는 건더기는 된장을 만들고, 천을 빠져나간 액체는 끓여서 간장을 만듦.

03 전통 장을 만들 때 물에 녹는 물질과 물에 녹지 않는 물질을 분리해 주는 역할을 하는 것은 무엇인지 쓰시오.

(   )

04 다음은 전통 장을 만드는 방법입니다. (   ) 안에 들어갈 알맞은 말을 쓰시오.

> 메주를 소금물에 넣어 두었을 때 생기는 혼합물을 천으로 걸렀을 때 천에 남아 있는 것은 (   )을/를 만들고 천을 빠져나간 액체는 끓여서 간장을 만든다.

(   )

개념 3 거름 장치를 꾸미는 방법을 묻는 문제

(1) 고깔 모양으로 접은 거름종이를 깔때기 안에 넣고 물을 묻힘. → 거름종이가 깔때기에 잘 붙음.
(2) 깔때기 끝의 긴 부분을 비커 옆면에 닿게 설치함.
(3) 거르고자 하는 액체 혼합물이 유리 막대를 타고 천천히 흐르도록 부음. → 깔때기에 액체가 넘치지 않도록 양을 조절할 수 있고, 액체가 튀지 않게 할 수 있음.

05 다음은 거름종이를 접는 방법을 순서 없이 나타낸 것입니다. 순서대로 기호를 쓰시오.

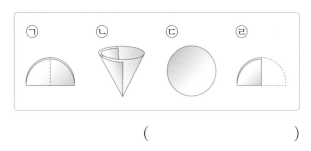

( )

개념 4 소금과 모래의 혼합물을 분리하는 방법을 묻는 문제

(1) 소금과 모래의 혼합물을 물에 넣어 소금을 녹임.
(2) 거름 장치를 꾸미고 물에 녹인 소금과 모래의 혼합물이 유리 막대를 타고 천천히 흐르도록 부음.
(3) 거름종이에 남아 있는 물질과 거름종이를 빠져나간 물질을 관찰함.
(4) 거름종이를 빠져나간 물질을 증발 접시에 붓고 알코올램프로 가열함.
(5) 증발 접시에 나타나는 현상을 관찰함.

07 소금과 모래의 혼합물을 분리하기 위해 가장 먼저 해야 할 일을 보기 에서 골라 기호를 쓰시오.

보기

㉠ 소금과 모래의 혼합물을 물에 녹인다.
㉡ 소금과 모래의 혼합물을 거름 장치로 거른다.
㉢ 소금과 모래의 혼합물을 증발 접시에 붓고 끓인다.

( )

중요
06 거름 장치에 액체 혼합물을 부을 때 천천히 흐르도록 하기 위해 필요한 실험 기구는 어느 것입니까? ( )

① 비커
② 스포이트
③ 유리 막대
④ 증발 접시
⑤ 알코올램프

08 소금과 모래의 혼합물을 물에 녹여 거름 장치로 걸렀을 때 거름종이에 남는 것은 무엇인지 쓰시오.

( )

핵심 개념 문제

개념5 우리 조상이 소금을 얻는 방법과 소금과 모래의 혼합물 분리 방법을 비교하는 문제

(1) 소금과 모래의 혼합물 분리 실험에서 사용한 증발 접시는 자염을 만들 때 이용한 가마솥과 천일염을 만들 때 이용한 염전과 같은 역할을 함.
(2) 소금과 모래의 혼합물 분리 실험에서 사용한 알코올램프는 자염을 만들 때 이용한 장작불과 천일염을 만들 때 이용한 햇빛, 바람과 같은 역할을 함.

09 다음은 우리 조상이 바닷물을 끓여서 소금을 얻는 모습입니다. 이때 이용한 가마솥은 소금과 모래의 혼합물을 분리할 때 사용한 증발 장치의 무엇과 같은 역할을 하는지 쓰시오

(   )

10 다음은 바닷물에서 소금을 얻는 방법입니다. 소금과 모래의 혼합물을 분리할 때 사용한 증발 장치에서 밑줄 친 것과 같은 역할을 하는 것에 ○표 하시오.

> 염전에 바닷물을 모아 놓고 <u>햇빛과 바람</u>으로 물을 증발시켜 소금을 얻는다.

(1) 삼발이   (   )
(2) 증발 접시   (   )
(3) 알코올램프   (   )

개념6 생활 속의 혼합물 분리 방법을 묻는 문제

(1) 녹차 여과기: 찻잎을 따뜻한 물에 넣어 우려낸 뒤 찻잎을 망으로 거름.
(2) 녹즙기: 과일 및 채소 등을 넣어 분쇄시킨 후 압착 망을 이용해 즙과 찌꺼기를 분리함.
(3) 천일염: 햇빛과 바람으로 바닷물에서 물을 증발시켜 소금(천일염)을 얻음.

11 다음은 녹차 여과기에 대한 설명입니다. ( ) 안에 들어갈 알맞은 말을 쓰시오.

> 찻잎을 따뜻한 물에 넣었을 때 우러나는 물질과 물에 녹지 않는 찻잎을 ( )(으)로 분리한다.

(   )

12 바닷물을 염전에 모아 놓고 햇빛과 바람으로 물을 증발시켜 얻는 소금을 무엇이라고 하는지 쓰시오.

(   )

개념 **7** 두부와 전통 한지 만드는 방법을 묻는 문제

(1) 두부 만들기
 ① 냄비에 갈아 놓은 콩 물을 붓고 가열하여 끓임.
 ② 끓인 콩 물을 체와 헝겊을 사용하여 거름.
 ③ 거른 콩 물에 간수를 넣고 가열하면서 천천히 저어 콩 단백질이 엉기게 함.
 ④ 두부 틀에 헝겊을 깔고 덩어리가 생긴 콩 물을 부음.
 ⑤ 두부 틀에 헝겊을 덮고 무거운 물체를 올려놓은 뒤 물이 빠지면 헝겊을 걷고 두부를 꺼냄.

(2) 전통 한지 만들기
 ① 닥나무를 채취한 뒤 끓는 물에 삶음.
 ② 닥 섬유를 닥 풀과 함께 물에 넣고 풀어 줌.
 ③ 한지를 체로 뜸.
 ④ 물기를 뺀 한지를 흙벽에 붙여 말림.

ᄃ중요ᄀ
13 두부를 만들 때 끓인 콩 물과 콩 찌꺼기를 분리하는 과정에서 필요한 것은 어느 것입니까? ( )

 ① 풀
 ② 헝겊
 ③ 간수
 ④ 두부 틀
 ⑤ 비닐봉지

14 전통 한지의 원료가 되는 나무는 무엇인지 쓰시오.

( )

개념 **8** 재생 종이 만드는 방법을 묻는 문제

(1) 폐지로 만든 종이 죽과 물을 수조에 넣고 식용 색소를 넣은 뒤 잘 섞음.
(2) 종이 만들기 틀을 수조에 넣고 원하는 두께가 되도록 종이뜨기를 함.
(3) 물기가 빠진 종이를 틀에서 분리하여 천 위에 놓음.
(4) 종이를 말림.

15 재생 종이를 만들 때 색깔을 내기 위해 사용하는 것은 어느 것입니까? ( )

 ① 물
 ② 천
 ③ 폐지
 ④ 종이 죽
 ⑤ 식용 색소

16 다음은 재생 종이를 만드는 과정입니다. ( ) 안에 들어갈 알맞은 말을 쓰시오.

> 폐지로 만든 종이 죽과 물을 수조에 넣고 식용 색소를 넣은 뒤 잘 섞은 후, 종이 만들기 틀을 수조에 넣고 원하는 두께가 되도록 ( ) 을/를 한다.

( )

01 다음은 우리 조상이 바닷물에서 소금을 얻는 과정입니다. 모래와 흙이 섞인 바닷물에서 깨끗한 바닷물을 분리해 내는 과정을 골라 기호를 쓰시오.

> (가) 갯벌 흙으로 원 모양의 둔덕을 만든다.
> (나) 둔덕 사이에 나무를 걸치고 수숫대, 옥수숫대, 소나무 가지, 솔잎 등을 걸쳐 놓고 바닷물을 붓는다.
> (다) 진한 소금물을 모아 운반한다.
> (라) 소금물을 가마솥에 넣고 오랜 시간 끓여 소금을 얻는다.

( )

[02~03] 다음은 바닷물에서 소금을 분리하는 모습입니다. 물음에 답하시오.

(가)  (나)

ㄷ중요ㄱ
02 위 (가)와 (나)에서 바닷물에서 소금을 분리하는 방법을 바르게 설명한 것은 어느 것입니까? ( )

① (가)는 바람을, (나)는 햇빛을 이용하였다.
② (가)와 (나) 모두 불을 피워서 가열하였다.
③ (가)와 (나) 모두 햇빛과 바람을 이용하였다.
④ (가)는 햇빛을, (나)는 거름 장치를 이용하였다.
⑤ (가)는 불을 피워 가열하였고, (나)는 햇빛과 바람을 이용하였다.

03 위 (가)와 같은 방법으로 얻어지는 소금과 (나)와 같은 방법으로 얻어지는 소금을 각각 무엇이라고 하는지 쓰시오.

(가) ( ), (나) ( )

[04~06] 다음은 전통 장을 만드는 방법입니다. 물음에 답하시오.

> (가) 메주를 소금물에 넣어 둔다.
> (나) 여러 날이 지나면 메주가 소금물에 섞여 ( ) 이/가 만들어진다.
> (다) 이 ( )을/를 천으로 거른다.

04 위 ( ) 안에 공통으로 들어갈 알맞은 말을 쓰시오.

( )

05 위 과정 (다)에서 사용한 천과 같은 역할을 하는 것은 어느 것입니까? ( )

① 비커   ② 깔대기
③ 거름종이   ④ 유리 막대
⑤ 알코올 램프

06 위 과정 (다)에서 천에 남아 있는 것과 천을 빠져나간 것으로 만들어지는 것을 바르게 나타낸 것은 어느 것입니까? ( )

	천에 남아 있는 것	천을 빠져나간 것
①	간장	된장
②	된장	간장
③	간장	소금물
④	된장	소금물
⑤	소금물	된장

[07~09] 다음은 거름 장치로 액체 혼합물을 분리하는 모습입니다. 물음에 답하시오.

07 위 거름 장치에 사용하는 거름종이는 어떤 모양으로 접어야 하는지 쓰시오.

( )

08 위 거름 장치의 ㉠ 부분을 바르게 설치한 것은 어느 것입니까? ( )

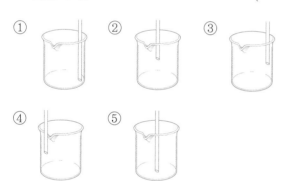

① ② ③
④ ⑤

09 위 거름 장치에서 유리 막대를 ㉡처럼 대고 액체 혼합물을 붓는 까닭은 무엇입니까? ( )

① 깔때기가 깨지지 않도록 하기 위해서이다.
② 액체 혼합물이 흐르지 않도록 하기 위해서이다.
③ 액체 혼합물이 빨리 흘러내려가게 하기 위해서이다.
④ 액체 혼합물의 성질이 변하지 않도록 하기 위해서이다.
⑤ 깔때기에 액체 혼합물이 넘치지 않도록 하기 위해서이다.

[10~12] 다음은 물에 녹인 소금과 모래의 혼합물입니다. 물음에 답하시오.

10 위에서 물에 녹은 물질은 무엇인지 쓰시오.

( )

11 위의 물에 녹인 소금과 모래의 혼합물을 거름 장치로 걸렀을 때 비커에 모아지는 것을 보기 에서 골라 기호를 쓰시오.

보기
㉠ 모래   ㉡ 소금물   ㉢ 소금과 모래

( )

 ㄷ중요ㄱ
12 위 **11**번의 답을 증발 접시에 넣고 알코올램프로 가열했을 때 증발 접시에 나타나는 현상으로 옳은 것은 어느 것입니까? ( )

① 모래가 생긴다.
② 하얀색 알갱이가 생긴다.
③ 검게 타면서 부글부글 끓는다.
④ 소금과 모래의 혼합물이 생긴다.
⑤ 모두 증발하고 아무것도 남지 않는다.

[13~14] 다음은 녹차 여과기의 모습입니다. 물음에 답하시오.

13 위의 녹차 여과기에서 따뜻한 물에 넣어 우러나온 차와 찻잎을 걸러 주는 역할을 하는 부분의 기호를 쓰시오.

( )

14 위의 녹차 여과기에서 이용한 혼합물의 분리 방법으로 생활 속에서 혼합물을 분리하는 예를 모두 찾아 ○표 하시오.

(1) 녹즙기로 녹즙과 찌꺼기를 분리한다.
( )

(2) 전통 장을 만들 때 천으로 건더기와 액체를 분리한다. ( )

(3) 염전에서 햇빛과 바람 등으로 바닷물에서 소금을 얻는다. ( )

15 염전에서 천일염을 만드는 과정과 소금물을 증발 접시에 넣고 알코올램프로 가열하여 소금을 얻는 과정에서 같은 역할을 하는 것끼리 바르게 선으로 연결하시오.

(1) 염전 • • ㉠ 소금

(2) 천일염 • • ㉡ 증발 접시

(3) 햇빛, 바람 • • ㉢ 알코올램프

[16~18] 다음은 두부를 만드는 과정 중 일부입니다. 물음에 답하시오.

> (가) 냄비에 갈아 놓은 콩 물을 붓고 가열한다.
> (나) 체에 헝겊을 깔고 끓인 콩 물을 붓는다.
> (다) 거른 콩 물에 간수를 넣고 약한 불로 가열하면서 천천히 저으면 덩어리가 생긴다.

⸢중요⸥
16 위 과정 중 거름 장치로 분리하는 과정과 같은 과정의 기호를 쓰시오.

( )

17 위 과정 (다)에서 생긴 덩어리는 콩 속의 어떤 물질입니까? ( )

① 지방
② 단백질
③ 무기질
④ 비타민
⑤ 탄수화물

18 위 과정 (다)에서 생긴 덩어리를 모아 두부를 만드는 방법입니다. ( ) 안에 공통으로 들어갈 알맞은 말을 쓰시오.

> 두부 틀에 ( )을/를 깔고 덩어리가 생긴 콩 물을 부은 후, 두부 틀에 ( )을/를 덮고 무거운 물체를 올려 놓는다.

( )

[19~20] 다음은 전통 한지를 만드는 과정입니다. 물음에 답하시오.

(가)
닥나무를 채취한 뒤
끓는 물에 삶는다.

(나)
닥 섬유를 닥 풀과 함께
물에 넣고 풀어 준다.

(다)
체로 한지를 뜬다.

(라)
물기를 뺀 한지를 말린다.

19 위에서 거름종이와 같은 역할을 하는 것을 찾아 쓰시오.

( )

20 위 과정 (다)에서 이용된 혼합물의 분리 방법은 무엇인지 쓰시오.

( )

21 ⌐중요⌐
두부 만들기와 전통 한지 만들기의 공통점은 무엇입니까? ( )

① 헝겊이나 체로 걸러서 혼합물을 분리한다.
② 바람과 햇빛을 이용하여 혼합물을 분리한다.
③ 손으로 하나하나 골라내어 혼합물을 분리한다.
④ 자석에 붙는 성질을 이용하여 혼합물을 분리한다.
⑤ 물이 증발하는 현상을 이용해 혼합물을 분리한다.

22 재생 종이를 만들 때 사용하는 종이 죽의 재료로 적당하지 <u>않은</u> 것을 보기 에서 골라 기호를 쓰시오.

보기
⊙ 우유갑   ⓒ 신문지
ⓒ 이면지   ⓔ 비닐봉지

( )

[23~24] 다음은 종이 죽을 사용해 재생 종이를 만드는 과정입니다. 물음에 답하시오.

(가) 종이 죽과 물을 수조에 넣고 식용 색소를 넣은 뒤 잘 섞는다.
(나) 종이 만들기 틀을 수조에 넣고 원하는 두께가 되도록 종이뜨기를 한다.
(다) 물기가 빠진 종이를 틀에서 분리하여 천 위에 놓고 말린다.

23 위 과정 (나)에서 사용하는 종이 만들기 틀로 알맞은 것은 어느 것입니까? ( )

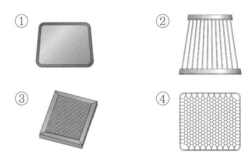

24 위 과정 (나)와 (다)에서 이용한 혼합물의 분리 방법을 각각 쓰시오.

(나) ( ), (다) ( )

서술형·논술형 평가 돋보기

학교에서 출제되는 서술형·논술형 평가를 미리 준비하세요.

연습 문제

문제 해결 전략
메주를 소금물에 넣어 두면 메주가 소금물에 섞이지만 건더기가 남습니다. 이것을 천으로 걸러 된장과 간장으로 만듭니다.

핵심 키워드
혼합물, 천, 간장, 된장

1 다음은 전통 장을 만드는 과정입니다. 물음에 답하시오.

> (가) 메주를 소금물에 넣어 둔다.
> (나) 여러 날이 지나면 메주가 소금물에 섞여 혼합물이 만들어진다.
> (다) 이 혼합물을 천으로 거른다.

(1) 위 과정 (다)에서 나타나는 결과를 쓰시오.

> 물에 (   ) 물질은 천을 빠져나가고 물에 (   ) 물질은 천에 남는다.

(2) 위 과정 (다)에서 천을 빠져나간 물질과 천에 남아 있는 물질이 어떻게 이용되는지 쓰시오.

> • 천을 빠져나간 (   )은/는 끓여서 (   )을/를 만든다.
> • 천에 남아 있는 (   )은/는 (   )을/를 만든다.

문제 해결 전략
소금과 모래의 혼합물을 분리하기 위해서는 물에 녹인 후 가열하는 과정을 거칩니다.

핵심 키워드
거름 장치, 소금물, 증발 접시

2 다음은 소금과 모래의 혼합물을 분리하는 실험입니다. 물음에 답하시오.

(가)
소금과 모래의 혼합물을 물에 넣어 녹인다.

(나)
물에 녹인 소금과 모래의 혼합물을 거름 장치로 거른다.

(다)
거름종이를 빠져나간 물질을 증발 접시에 붓고 알코올램프로 가열한다.

(1) 위 과정 (나)에서 나타나는 결과를 쓰시오.

> 물에 녹인 소금과 모래의 혼합물을 거름 장치로 거르면 물에 녹은 (   )은/는 거름종이를 빠져나가고 거름종이에는 (   )만 남는다.

(2) 위 과정 (다)와 같이 가열하는 까닭을 쓰시오.

> 증발 접시에 담긴 액체는 (   )이므로 알코올램프로 가열하면 물은 증발하고 (   )만 남게 된다.

실전 문제

1 다음과 같은 찻잎을 따뜻한 물에 우려낸 후 우리가 마실 수 있는 방법을 한 가지 쓰시오.

_____

_____

_____

2 다음은 바다에서 소금을 얻는 방법입니다. (가)와 (나)에서 소금을 얻는 방법을 비교하여 쓰시오.

(가)

(나)

_____

_____

_____

3 다음은 두부 만들기 과정 중 일부입니다. 물음에 답하시오.

(가)

체와 헝겊을 사용하여 끓인 콩 물을 거른다.

(나)

두부 틀에 헝겊을 깔고 그 위에 덩어리가 생긴 콩 물을 붓는다.

(1) 위 (가)와 (나)에서 공통으로 이용된 혼합물의 분리 방법을 쓰시오.

(   )

(2) 위 (가)와 (나)에서 각각 분리해 낸 것은 무엇인지 쓰시오.

_____

_____

4 다음은 두 친구가 재생 종이를 만든 경험을 이야기하는 모습입니다. 두 친구처럼 두께가 다른 재생 종이를 만들려면 어떻게 해야 하는지 쓰시오.

> • 승환: 나는 편지지로 사용하려고 재생 종이를 얇게 만들었어.
> • 지선: 나는 재생 종이를 포장지로 사용하려고 두껍게 만들었어.

_____

_____

_____

대단원 정리 학습

이 단원의 핵심 개념을 정리해 보세요.

1 혼합물

• 혼합물: 두 가지 이상의 물질이 성질이 변하지 않은 채 서로 섞여 있는 것
• 우리 주변의 여러 가지 혼합물

김밥은 김, 밥, 단무지, 달 걀, 당근, 시금치 등을 섞어 서 만듦.

팥빙수는 과일, 팥, 얼음 등 여러 가지 재료를 섞어서 만듦.

비빔밥은 밥, 나물, 고기, 양념 등을 섞어서 만듦.

10원짜리 동전은 구리와 알루미늄을 섞어서 만듦.

2 혼합물의 분리 ①

• 혼합물을 분리하면 좋은 점: 원하는 물질을 얻을 수 있고, 분리한 물질을 다른 물질과 섞어서 생활의 필요한 곳에 이용할 수 있음.

• 알갱이의 크기 차이를 이용한 혼합물의 분리

• 자석에 붙는 성질을 이용한 혼합물의 분리

콩, 팥, 좁쌀 알갱이의 크 기 차이를 이용하여 눈 의 크기가 다른 체 두 개 로 분리함.

해변 쓰레기 수거 장비 에 부착된 체를 사용해 모래와 쓰레기를 분리 함.

철 구슬이 자석에 붙는 성질이 있으므로 자석을 사용하여 철 구슬을 분 리함.

자석을 사용한 자동 분 리기로 철 캔과 알루미 늄 캔을 분리함.

3 혼합물의 분리 ②

• 소금과 모래의 혼합물 분리하기

물에 녹인 소금과 모래의 혼합물을 거르면 모래는 거름종이에 남고, 소금은 거름종이를 빠져나감.

 →

거름종이를 빠져나간 소금물을 증발 장치로 가열하면 증발 접 시에 소금이 생김.

• 생활 속에서 거름과 증발을 이용하여 혼합물을 분리하는 예: 전통 장 만들기, 녹차 여과기, 녹즙기, 천일염 만들기, 전통 한지 만 들기, 재생 종이 만들기 등

대단원 마무리

5. 혼합물의 분리

[01~02] 다음은 진수가 여러 가지 재료로 만든 간식입니다. 물음에 답하시오.

01 위의 진수가 만든 간식을 지영이가 눈가리개로 눈을 가리고 먹어 본 뒤 표현한 것입니다. 지영이가 먹은 간식의 재료는 어느 것입니까? (　　)

> 원 모양이고 주름이 많으며 고소했어.

① 잣　　　　　　　② 건포도
③ 시리얼　　　　　④ 초콜릿
⑤ 말린 바나나

〔중요〕

02 위 01번과 같이 눈가리개로 눈을 가리고 여러 가지 재료가 섞여 있는 간식을 먹어 본 뒤에 재료를 알아맞힐 수 있었던 까닭을 정리한 것입니다. (　　) 안에 들어갈 알맞은 말을 쓰시오.

> 여러 가지 재료를 섞어 간식을 만들면 각 재료의 맛은 (　　　　).

(　　　　　　　　　　)

03 혼합물이 아닌 것은 어느 것입니까? (　　)

① 김밥
② 설탕
③ 비빔밥
④ 잡곡밥
⑤ 나박김치

04 두 물질의 공통점은 무엇입니까? (　　)

① 색깔이 같다.
② 먹을 수 있다.
③ 딱딱하고 반짝거린다.
④ 물 위에 떠 있을 수 있다.
⑤ 두 가지 이상의 물질이 섞여 있다.

[05~06] 다음과 같이 콩, 팥, 쌀을 섞었습니다. 물음에 답하시오.

05 위에서 섞은 곡물 중 한 가지를 설명한 것입니다. 어떤 곡물에 대한 설명인지 쓰시오.

> 검은색 곡물보다는 크기가 작지만 다른 곡물보다는 크고, 자주색이며 둥근 모양이다.

(　　　　　　　　　　)

06 위 05번의 답으로 보아 콩, 팥, 쌀을 섞기 전과 섞은 후의 변화에 대해 바르게 설명한 것은 어느 것입니까? (　　)

① 크기가 변했다.
② 색깔이 변했다.
③ 모양과 색깔이 변했다.
④ 크기나 모양, 색깔이 변하지 않았다.
⑤ 크기는 변했지만 모양은 변하지 않았다.

[07~09] 다음은 다양한 종류의 구슬이 섞여 있는 그릇에서 원하는 구슬을 찾아 나만의 팔찌를 만드는 과정을 순서 없이 나타낸 것입니다. 물음에 답하시오.

> (가) 실에 꿰어 팔찌를 완성한다.
> (나) 구슬을 관찰하고, 특징을 생각한다.
> (다) 필요한 구슬을 골라 종류별로 담는다.
> (라) 어떤 모양의 구슬로 팔찌를 만들지 디자인한다.

07 위 과정을 순서에 맞게 나타낸 것은 어느 것입니까? (   )

① (가) — (나) — (라) — (다)
② (나) — (가) — (라) — (다)
③ (나) — (라) — (다) — (가)
④ (다) — (나) — (가) — (라)
⑤ (라) — (나) — (다) — (가)

08 위 과정 중 혼합물을 분리하는 과정에 해당하는 것의 기호를 쓰시오.

(   )

⌐중요⌐
09 다음은 사탕수수에서 설탕을 분리하여 사탕을 만드는 과정을 나타낸 것입니다. 위의 나만의 팔찌를 만드는 과정에서 다양한 구슬을 꿰어 만든 팔찌는 사탕수수, 설탕, 사탕 중 무엇에 비유되는지 쓰시오.

▲ 사탕수수   ▲ 설탕   ▲ 사탕

(   )

10 다음은 구리 광석에서 분리한 순수한 구리로 그릇을 만드는 과정입니다. 이 과정을 보고 알 수 있는 사실로 옳지 <u>않은</u> 것을 **보기**에서 골라 기호를 쓰시오.

▲ 구리 광석   ▲ 순수한 구리   ▲ 다른 금속을 섞어
만든 그릇

> **보기**
> ㉠ 구리 광석은 순수한 물질이다.
> ㉡ 순수한 구리는 혼합물이 아니다.
> ㉢ 다른 금속을 섞어 만든 그릇은 혼합물이다.
> ㉣ 혼합물을 분리하여 필요한 물질을 만들 수 있다.

(   )

11 혼합물을 분리하면 좋은 점을 바르게 설명한 것은 어느 것입니까? (   )

① 환경을 보호할 수 있다.
② 동물들이 잘 살 수 있다.
③ 안전하게 생활할 수 있다.
④ 사람들의 수명이 길어진다.
⑤ 원하는 물질을 얻을 수 있다.

⌐중요⌐
12 콩, 팥, 좁쌀의 혼합물을 분리하려고 합니다. 다음 설명과 같은 체를 사용할 때 가장 먼저 분리할 수 있는 것은 무엇인지 쓰시오.

> 체의 눈의 크기가 콩보다 작고 팥보다 크다.

(   )

[13~15] 다음은 생활 속에서 고체 혼합물을 분리하는 모습입니다. 물음에 답하시오.

13 위에서 혼합물을 분리할 때 공통으로 사용하는 도구는 어느 것입니까? (   )

① 체
② 자
③ 깔때기
④ 거름종이
⑤ 증발 접시

14 위에서 혼합물을 분리할 때 이용한 성질은 무엇입니까? (   )

① 물에 녹는 성질
② 자석에 붙는 성질
③ 알갱이의 크기 차이
④ 가열하면 녹는 성질
⑤ 가열하면 증발하는 성질

15 위와 같은 방법으로 분리할 수 있는 혼합물은 어느 것입니까? (   )

① 팥과 좁쌀의 혼합물
② 소금과 설탕의 혼합물
③ 모래와 좁쌀의 혼합물
④ 철 가루와 모래의 혼합물
⑤ 철 캔과 알루미늄 캔의 혼합물

[16~17] 다음은 자동 분리기로 철 캔과 알루미늄 캔을 분리하는 모습입니다. 물음에 답하시오.

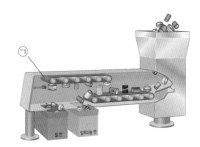

16 위 자동 분리기의 ㉠ 부분에 철 캔이 달라붙는 까닭은 무엇입니까? (   )

① 체가 달려 있기 때문이다.
② 풀이 묻어 있기 때문이다.
③ 자석이 들어 있기 때문이다.
④ 물을 계속 흘려 보내기 때문이다.
⑤ 강한 바람으로 빨아들이기 때문이다.

17 위 자동 분리기는 물질의 어떤 성질을 이용한 것입니까? (   )

① 물에 녹는 성질
② 자석에 붙는 성질
③ 알갱이의 크기 차이
④ 알갱이의 무게 차이
⑤ 알갱이의 부피 차이

18 다음과 같이 말린 고추를 기계로 갈아서 고춧가루를 만들 때 자석 봉을 사용하여 기계가 마모되어 떨어져 나온 물질을 분리해 냅니다. 자석 봉을 사용하여 분리해 내는 물질은 무엇인지 쓰시오.

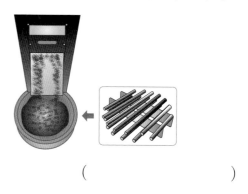

(   )

⌐중요⌐

19 다음은 전통 장을 만드는 방법입니다. 혼합물의 분리 방법 중 거름과 관련 있는 과정을 골라 기호를 쓰시오.

> (가) 메주를 소금물에 여러 날 동안 넣어 둔다.
> (나) 메주가 소금물에 섞여 만들어진 혼합물을 천으로 거른다.
> (다) 천에 남아 있는 건더기는 된장을 만들고 천을 빠져나간 액체는 끓여서 간장을 만든다.

(   )

20 다음과 같이 물에 녹인 소금과 모래의 혼합물을 거름 장치를 사용하여 걸렀을 때에 대한 설명으로 옳은 것을 두 가지 고르시오. (,   )

① 거름종이에 남아 있는 물질은 소금이다.
② 거름종이를 빠져나간 물질은 소금물이다.
③ 거름종이에 남아 있는 물질은 물에 잘 녹는다.
④ 거름종이를 빠져나간 물질은 모래보다 크기가 크다.
⑤ 거름종이에 검은색, 황토색을 띠는 알갱이가 남아 있다.

21 다음은 소금을 얻는 방법입니다. ㉠과 ㉡에 들어갈 알맞은 말을 쓰시오.

> (가) 염전에 바닷물을 모아 놓고 (㉠   )와/과 바람으로 물을 증발시켜 소금을 얻는다.
> (나) 증발 접시에 소금물을 넣고 (㉡   )(으)로 가열하였더니 소금이 생겼다.

㉠ (   ), ㉡ (   )

[22~24] 다음은 재생 종이를 만드는 과정입니다. 물음에 답하시오.

> (가) 종이 죽과 물을 수조에 넣고 식용 색소를 넣은 뒤 잘 섞는다.
> (나) 종이 만들기 틀을 수조에 넣고 종이뜨기를 한다.
> (다) 물기가 빠진 종이를 틀에서 분리하여 천 위에 놓는다.
> (라) 종이를 말린다.

22 위 과정 (가)에서 사용하는 종이 죽을 만들 때 이용하면 좋은 것은 어느 것입니까? (   )

① 믹서기
② 녹즙기
③ 여과기
④ 거름망
⑤ 알코올램프

23 위 과정에서 이용되는 혼합물의 분리 방법을 바르게 짝 지은 것은 어느 것입니까? (   )

① 거름, 녹임
② 녹임, 증발
③ 거름, 증발
④ 거름, 자석에 붙는 성질
⑤ 증발, 자석에 붙는 성질

24 전통 한지를 만들 때 위 과정 (나)에서 이용한 혼합물의 분리 방법과 같은 방법을 이용한 과정은 어느 것입니까? (   )

① 닥나무 삶기
② 한지 말리기
③ 닥 섬유 풀기
④ 체로 한지 뜨기
⑤ 닥나무 두들기기

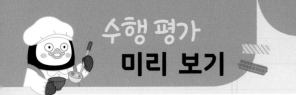

[1~2] 다음은 쌀, 클립, 플라스틱 구슬이 섞인 혼합물을 분리하는 과정입니다. 물음에 답하시오.

1 위에서 ㈎를 사용하여 혼합물을 분리하는 방법에 대해 쓰시오.

(1) ㈎는 무엇인지 쓰고, ㈎로 혼합물을 분리할 때 이용한 성질을 쓰시오.

사용 도구 ㈎	
사용한 성질	

(2) 생활 속에서 이와 같은 방법으로 혼합물을 분리하는 예를 한 가지 쓰시오.

_____

_____

2 위에서 ㈏를 사용하여 혼합물을 분리하는 방법에 대해 쓰시오.

(1) ㈏는 무엇인지 쓰고, ㈏로 혼합물을 분리할 때 이용한 성질을 쓰시오.

사용 도구 ㈏	
사용한 성질	

(2) 생활 속에서 이와 같은 방법으로 혼합물을 분리하는 예를 한 가지 쓰시오.

_____

_____

3 혼합물을 분리하면 좋은 점을 쓰시오.

_____

_____

BOOK 1

개념책

BOOK 1 개념책으로 **학습 개념을**
확실하게 공부했나요?

실전책

BOOK 2 **실전책**에는 **요점 정리**가
있어서 **공부한 내용을 복습**할 수 있어요!
단원평가가 들어 있어
내 실력을 확인해 볼 수 있답니다.

EBS

EBS 초등
인터넷·모바일·TV
무료 강의 제공

초 | 등 | 부 | 터 EBS

예습, 복습, 숙제까지 해결되는

교과서 완전 학습서

만점왕

BOOK 2
실전책

과학 4-1

EBS

연산 드릴
일일 학습서
만점왕 연산

슈웅~

단/계/별/구/성

하루 2쪽	주제별 원리와 연산 드릴 문제	군더더기 없는 구성
▼	▼	▼
가벼운 학습	반복 훈련	연산 최적화

만점왕 연산

BOOK 2
실전책

만점왕 과학
4-1

BOOK
2
실전책

시험 2주 전 공부

핵심을 복습하기

시험이 2주 남았네요. 이럴 땐 먼저 핵심을 복습해 보면 좋아요.

만점왕 북2 실전책을 펴 보면

각 단원별로 핵심 정리와 쪽지 시험이 있습니다.

정리된 핵심을 읽고 확인 문제를 풀어 보세요.

확인 문제가 어렵게 느껴지거나 자신 없는 부분이 있다면

북1 개념책을 찾아서 다시 읽어 보는 것도 도움이 돼요.

시험 1주 전 공부

시간을 정해 두고 연습하기

앗, 이제 시험이 일주일 밖에 남지 않았네요.

시험 직전에는 실제 시험처럼 시간을 정해 두고 문제를 푸는 연습을 하는 게 좋아요.

그러면 시험을 볼 때에 떨리는 마음이 줄어드니까요.

이때에는 만점왕 북2의 학교 시험 만점왕과 수행 평가를 풀어 보면 돼요.

시험 시간에 맞게 풀어 본 후 맞힌 개수를 세어 보면

자신의 실력을 알아볼 수 있답니다.

이 책의 차례

CONTENTS

BOOK

2

실전책

❶ 지층
• 지층: 자갈, 모래, 진흙 등으로 이루어진 암석들이 층을 이루고 있는 것
• 여러 가지 모양의 지층의 공통점과 차이점

공통점	• 줄무늬가 보임. • 여러 개의 층으로 이루어져 있음.
차이점	• 층의 두께와 색깔이 다름. • 수평인 지층, 끊어진 지층, 휘어진 지층 등 지층의 모양이 서로 다름.

❷ 지층에 줄무늬가 생기는 까닭
지층을 이루고 있는 자갈, 모래, 진흙의 알갱이의 크기와 색깔이 서로 달라 지층에 평행한 줄무늬가 나타남.

❸ 지층이 만들어져 발견되는 과정

물이 운반한 자갈, 모래, 진흙 등이 쌓임.

지갈, 모래, 진흙 등이 계속 쌓이면 먼저 쌓인 것들이 눌림.

오랜 시간이 지나면 단단한 지층이 만들어짐.

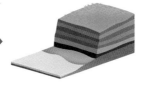
지층은 땅 위로 솟아오른 뒤 깎여서 보임.

❹ 지층이 쌓이는 순서
아래에 있는 층이 쌓인 다음, 그 위에 자갈, 모래, 진흙 등이 쌓여서 새로운 층이 만들어지므로 아래에 있는 층이 먼저 만들어진 것임.

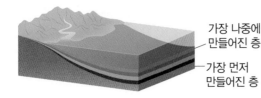
가장 나중에 만들어진 층
가장 먼저 만들어진 층

❺ 지층 모형과 실제 지층의 공통점과 차이점

공통점	• 둘 다 줄무늬가 보임. • 아래에 있는 것이 먼저 쌓인 것임.
차이점	• 실제 지층이 만들어지는 데는 오랜 시간이 걸림. • 실제 지층은 단단하지만 지층 모형은 단단하지 않음.

❻ 퇴적암
• 퇴적암: 물이 운반한 자갈, 모래, 진흙 등의 퇴적물이 굳어져 만들어진 암석
• 여러 가지 퇴적암의 이름과 특징

이름	이암	사암	역암
알갱이의 크기	매우 작음.	중간임.	가장 큼.
알갱이의 종류	진흙과 같은 작은 알갱이로 되어 있음.	주로 모래로 되어 있음.	주로 자갈, 모래 등으로 되어 있음.
색깔	연한 갈색, 노란색 등	연한 회색, 연한 갈색 등	회색, 짙은 갈색 등

❼ 퇴적암이 만들어지는 과정
① 물에 의하여 운반된 자갈, 모래, 진흙 등이 강이나 바다에 쌓임.
② 쌓인 퇴적물은 그 위에 쌓이는 퇴적물이 누르는 힘 때문에 알갱이 사이의 공간이 좁아지고, 녹아 있는 여러 가지 물질이 알갱이들을 서로 단단하게 붙임.
③ 이러한 과정이 오랫동안 지속되어 단단한 퇴적암이 됨.

❽ 퇴적암 모형과 실제 퇴적암의 공통점과 차이점

공통점	모두 모래로 만들어졌음.
차이점	퇴적암 모형은 만드는 데 걸리는 시간이 짧지만, 실제 퇴적암은 만들어지는 데 오랜 시간이 걸림.

정답과 해설 33쪽

01 지층을 이루고 있는 알갱이를 세 가지 쓰시오.

( )

02 수평인 지층은 얇은 층이 ( )(으)로 쌓여 있습니다.

03 여러 가지 지층의 공통점을 두 가지 쓰시오.

( )

04 지층은 각 층의 ( )와/과 ( )이/가 다릅니다.

05 지층을 이루고 있는 자갈, 모래, 진흙의 알갱이의 크기와 색깔이 서로 다르기 때문에 지층에 생기는 것은 무엇입니까?

( )

06 지층이 만들어질 때 아래에 있는 층이 쌓인 다음, 그 위에 자갈, 모래, 진흙 등이 쌓여서 새로운 층이 만들어지므로 아래에 있는 층이 ( ) 만들어진 것입니다.

07 물이 운반한 자갈, 모래, 진흙 등이 계속 쌓이면서 만들어지는 지층은 ( ) 시간이 지나면 단단해집니다.

08 물이 운반한 자갈, 모래, 진흙 등의 퇴적물이 굳어져 만들어진 암석을 무엇이라고 합니까?

( )

09 진흙과 같이 작은 알갱이로 되어 있는 퇴적암은 무엇입니까?

( )

10 퇴적암이 만들어지는 과정에서 강이나 바다에 쌓인 퇴적물은 시간이 지날수록 알갱이 사이의 공간이 어떻게 변합니까?

( )

11 퇴적암 모형을 만들 때 모래 알갱이 사이의 빈 곳을 채우고 모래 알갱이를 서로 붙여 주기 위해 모래에 넣는 것은 무엇입니까?

( )

12 퇴적암 모형과 사암 중 만들어지는 데 오랜 시간이 걸리는 것은 어느 것입니까?

( )

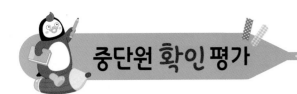
01 다음 ( ) 안에 들어갈 알맞은 말을 쓰시오.

> 지층은 자갈, 모래, 진흙 등으로 이루어진 암석들이 ( )을/를 이루고 있는 것이다.

( )

02 지층과 비슷한 모습을 가진 물체의 기호를 모두 쓰시오.

㉠ ▲ 샌드위치 　 ㉡ ▲ 시루떡 　 ㉢ ▲ 지우개

( )

03 여러 가지 모양의 지층 중 층이 휘어져 있는 것은 어느 것입니까? ( )

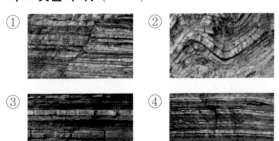

①　②
③　④
⑤

04 다음 두 지층의 공통점으로 옳은 것은 어느 것입니까? ( )

① 줄무늬가 보인다.
② 층이 구부러져 있다.
③ 층이 끊어져 어긋나 있다.
④ 층의 두께와 색깔이 같다.
⑤ 얇은 층이 수평으로 쌓여 있다.

05 다음 지층에서 가장 나중에 쌓인 층의 기호를 쓰시오.

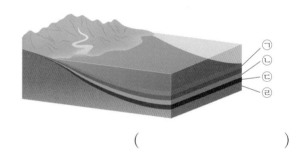

㉠
㉡
㉢
㉣

( )

06 다음 지층 모형과 실제 지층에 대한 설명으로 옳은 것에 ○표 하시오.

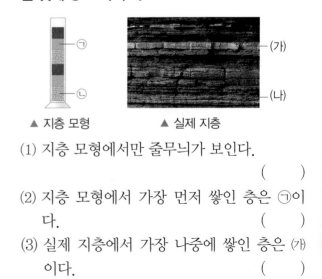

▲ 지층 모형 　 ▲ 실제 지층

(1) 지층 모형에서만 줄무늬가 보인다.

( )

(2) 지층 모형에서 가장 먼저 쌓인 층은 ㉠이다.

( )

(3) 실제 지층에서 가장 나중에 쌓인 층은 (가)이다.

( )

07 퇴적암과 퇴적암을 주로 이루는 퇴적물을 바르게 나타낸 것은 어느 것입니까? (   )

	이암	사암	역암
①	진흙	모래	자갈, 모래
②	진흙	자갈, 모래	모래
③	모래	진흙	자갈, 모래
④	모래	자갈, 모래	진흙
⑤	자갈, 모래	모래	진흙

08 다음과 같은 특징을 가진 퇴적암은 무엇인지 쓰시오.

> • 알갱이의 크기가 가장 크다.
> • 주로 자갈, 모래 등으로 되어 있다.
> • 손으로 만져 보면 부드럽기도 하고 거칠기도 하는 등 다양하다.

(   )

09 진흙을 이용하여 만든 퇴적암 모형과 가장 비슷한 퇴적암을 보기 에서 골라 기호를 쓰시오.

보기
ㄱ ▲ 이암   ㄴ ▲ 사암   ㄷ ▲ 역암

(   )

[10~11] 다음은 퇴적암 모형을 만드는 실험입니다. 물음에 답하시오.

> (가) 종이컵에 모래를 종이컵의 $\frac{1}{3}$ 정도 넣은 다음, 종이컵에 넣은 모래 양의 반 정도의 물 풀을 넣는다.
> (나) 나무 막대기로 섞어 모래 반죽을 만든다.
> (다) 다른 종이컵으로 모래 반죽을 (㉠)
> (라) 하루 동안 그대로 놓아둔 다음, 종이컵을 찢어 모래 반죽을 꺼낸다.

10 위 과정 (가)와 같이 하는 까닭을 보기 에서 골라 기호를 쓰시오.

보기
> ㉠ 모래 알갱이를 더 잘게 부수기 위해서
> ㉡ 모래 알갱이 사이의 공간을 넓어지게 하기 위해서
> ㉢ 모래 사이의 빈 곳을 채우고 모래 알갱이를 서로 붙여 주기 위해서

(   )

11 위 과정 (다)의 ㉠에 들어갈 알맞은 말을 쓰시오.

(   )

12 다음 퇴적암 모형과 실제 퇴적암 중 만들어지는 데 더 짧은 시간이 걸리는 것의 기호를 쓰시오.

ㄱ ▲ 퇴적암 모형   ㄴ ▲ 실제 퇴적암

(   )

❶ 화석

- 화석: 퇴적암 속에 옛날에 살았던 생물의 몸체와 생물이 생활한 흔적이 남아 있는 것
- 동물의 뼈나 식물의 잎과 같은 생물의 몸체뿐만 아니라 동물의 발자국이나 기어간 흔적도 화석이 될 수 있음.
- 거대한 공룡의 뼈부터 현미경으로 관찰할 수 있는 작은 생물까지 그 크기가 다양함.

❷ 여러 가지 화석 관찰하기

이름		특징
삼엽충 화석	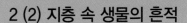	머리, 가슴, 꼬리의 세 부분으로 나눌 수 있고, 모양이 잎을 닮았음.
고사리 화석		식물의 줄기와 잎이 잘 보임.
나뭇잎 화석		잎의 가장자리가 갈라져 손 모양을 하고 있으며, 잎맥이 잘 보임.
물고기 화석		지금 물고기의 모습과 비슷함.
새 발자국 화석		지금 살고 있는 새의 발자국 모습과 비슷함.
공룡알 화석		오늘날 여러 알의 모양과 비슷하게 생겼음.

❸ 동물 화석과 식물 화석으로 분류하기

동물 화석	삼엽충 화석, 물고기 화석, 새 발자국 화석, 공룡알 화석
식물 화석	고사리 화석, 나뭇잎 화석

❹ 화석이 만들어져 발견되는 과정

① 죽은 생물이나 나뭇잎 등이 호수나 바다의 바닥으로 운반됨.
② 그 위에 퇴적물이 두껍게 쌓임.
③ 퇴적물이 계속 쌓여 지층이 만들어지고 그 속에 묻힌 생물이 화석이 됨.
④ 지층이 높게 솟아오른 뒤 깎임.
⑤ 지층이 더 많이 깎여 화석이 드러남.

❺ 조개 화석 모형과 실제 조개 화석의 공통점과 차이점

공통점	모양과 무늬가 같음.
차이점	• 실제 화석은 화석 모형보다 단단하고, 색깔과 무늬가 선명함. • 화석 모형은 만드는 데 걸리는 시간이 짧지만, 실제 화석은 만들어지는 데 오랜 시간이 걸림.

❻ 화석이 잘 만들어지는 조건

- 생물의 몸체 위에 퇴적물이 빠르게 쌓여야 함.
- 생물의 몸체에서 단단한 부분이 있으면 화석으로 만들어지기 쉬움.

❼ 화석의 이용

삼엽충 화석	• 옛날에 살았던 삼엽충의 생김새를 알 수 있음. • 삼엽충 화석이 발견된 곳이 당시에 물속이었다는 것을 알 수 있음.
산호 화석	• 지금 산호의 생김새와 비슷하다는 것을 알 수 있음. • 산호 화석이 발견된 곳은 깊이가 얕고 따뜻한 바다였음을 알 수 있음.
공룡 발자국 화석	• 옛날에 살았던 공룡에 대한 것을 알 수 있음. • 공룡이 살던 시기에 쌓인 지층이라는 것을 알 수 있음.
석탄과 석유	• 화석은 연료로도 이용된다는 것을 알 수 있음.

❽ 고사리와 고사리 화석 비교하기

- 고사리와 고사리 화석의 공통점과 차이점

구분	고사리	고사리 화석
공통점	잎과 줄기의 생김새가 비슷함.	
차이점	색깔이 다름.	

- 화석 속 고사리가 살았던 지역의 환경: 고사리가 살던 곳은 기온이 따뜻하고 습기가 많은 곳이었을 것임.

01 퇴적암 속에 옛날에 살았던 생물의 몸체와 생물이 생활한 흔적이 남아 있는 것을 무엇이라고 합니까?

( )

02 동물의 뼈나 식물의 잎과 같은 생물의 몸체뿐만 아니라 동물의 발자국이나 기어간 흔적도 화석이 될 수 ( ).

03 화석은 거대한 공룡의 뼈부터 현미경으로 관찰할 수 있는 작은 생물까지 그 크기가 ( ).

04 삼엽충 화석과 고사리 화석 중 동물 화석은 어느 것입니까?

( )

05 화석이 만들어지려면 호수나 바다의 바닥으로 운반된 죽은 생물이나 나뭇잎 위에 무엇이 쌓여야 합니까?

( )

06 조개 화석 모형과 실제 조개 화석은 모양과 무늬가 어떠합니까?

( )

07 화석 모형과 실제 화석 중 더 단단한 것은 어느 것입니까?

( )

08 화석이 잘 만들어지려면 생물의 몸체 위에 퇴적물이 ( ) 쌓여야 합니다.

09 지층이 쌓인 시기를 알 수 있고, 옛날에 살았던 생물의 생김새와 생활 모습, 그 지역의 환경을 짐작할 수 있게 해 주는 것은 무엇입니까?

( )

10 화석이 발견된 곳이 옛날에 깊이가 얕고 따뜻한 바다였음을 알 수 있게 해 주는 화석은 무엇입니까?

( )

11 삼엽충 화석을 보고 알 수 있는 것을 한 가지 쓰시오.

( )

12 화석 연료를 두 가지 쓰시오.

( )

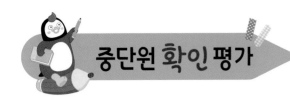

01 오늘날 살고 있지 않은 생물의 화석은 어느 것입니까? (　　)

①
▲ 물고기 화석

②
▲ 고사리 화석

③
▲ 공룡알 화석

④
▲ 새 발자국 화석

⑤
▲ 나뭇잎 화석

02 화석을 관찰한 내용으로 옳지 <u>않은</u> 것은 어느 것입니까? (　　)

① 화석은 종류가 다양하다.
② 화석은 다양한 특징이 있다.
③ 동물의 발자국이나 기어간 흔적도 화석이 될 수 있다.
④ 오늘날 살고 있는 생물과 비교하여도 동물 화석과 식물 화석으로 구분할 수 없다.
⑤ 거대한 공룡의 뼈부터 현미경으로 관찰할 수 있는 작은 생물까지 그 크기가 다양하다.

03 다음은 화석을 동물 화석과 식물 화석으로 분류한 것입니다. <u>잘못</u> 분류한 것의 기호를 쓰시오.

동물 화석	식물 화석
㉠ 물고기 화석	㉣ 삼엽충 화석
㉡ 새 발자국 화석	㉤ 고사리 화석
㉢ 공룡알 화석	㉥ 나뭇잎 화석

(　　　　　)

04 다음 보기 에서 화석이 잘 만들어지는 조건으로 옳은 것의 기호를 쓰시오.

보기
㉠ 생물의 종류가 다양해야 한다.
㉡ 생물의 몸체에서 단단한 부분이 있어야 한다.
㉢ 생물의 몸체 위에 퇴적물이 느리게 쌓여야 한다.

(　　　　　)

05 오른쪽 삼엽충 화석에 대한 설명으로 옳은 것은 어느 것입니까? (　　)

① 잎맥이 잘 보인다.
② 모양이 잎을 닮았다.
③ 지금 물고기의 모습과 비슷하다.
④ 머리, 꼬리의 두 부분으로 나눌 수 있다.
⑤ 오늘날 여러 알의 모양과 비슷하게 생겼다.

06 다음 보기 를 보고, 화석인 것과 화석이 <u>아닌</u> 것으로 분류하여 각각 기호를 쓰시오.

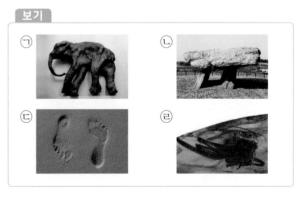

(1) 화석인 것: (　　　　　)
(2) 화석이 아닌 것: (　　　　　)

다음은 화석 모형을 만드는 실험입니다. 물음에 답하시오.

> ㈎ 찰흙 반대기에 조개껍데기를 올려놓고 손으로 눌렀다가 떼어 낸다.
> ㈏ 찰흙 반대기에 생긴 조개껍데기 자국이 모두 덮이도록 알지네이트 반죽을 붓는다.
> ㈐ 알지네이트가 다 굳으면 알지네이트를 찰흙 반대기에서 떼어 낸다.

07 위 실험에서 찰흙 반대기에 찍힌 겉모양과 알지네이트로 만든 조개의 형태는 실제 화석이 만들어지는 과정에서 무엇에 해당되는지 쓰시오.

(   )

08 위 실험에서 만든 조개 화석 모형과 실제 조개 화석의 차이점을 두 가지 고르시오. (,   )

① 모양
② 무늬
③ 단단한 정도
④ 생물의 종류
⑤ 만들어지는 데 걸린 시간

09 연료로 이용되는 화석은 어느 것입니까? (   )

① 삼엽충 화석
② 물고기 화석
③ 고사리 화석
④ 공룡알 화석
⑤ 석탄과 석유

서술형 10 어느 지역의 산에서 조개 화석이 발견되었습니다. 화석 속 조개가 살던 당시 이 지역의 환경은 어떠했을지 쓰시오.

_____

_____

11 화석 속 생물이 살았던 지역이 따뜻하고 습기가 많은 곳이었음을 알 수 있게 해 주는 화석은 어느 것입니까? (   )

① 나뭇잎 화석
② 공룡알 화석
③ 고사리 화석
④ 매머드 화석
⑤ 새 발자국 화석

중요 12 화석을 통해 알 수 있는 것으로 옳지 <u>않은</u> 것은 어느 것입니까? (   )

① 지층이 쌓인 시기를 알 수 있다.
② 지금도 공룡이 살고 있다는 것을 알 수 있다.
③ 옛날에 살았던 생물의 생김새를 알 수 있다.
④ 옛날에 살았던 생물의 생활 모습을 알 수 있다.
⑤ 화석이 발견된 그 지역의 당시 환경을 짐작할 수 있다.

01 지층에 대한 설명으로 옳지 <u>않은</u> 것을 [보기]에서 골라 기호를 쓰시오.

보기

㉠ 줄무늬가 보인다.
㉡ 각 층의 색깔이 다르다.
㉢ 각 층의 두께가 모두 같다.
㉣ 자갈, 모래, 진흙 등으로 이루어진 암석들이 층을 이루고 있다.

(   )

[02~03] 다음 여러 가지 모양의 지층을 보고, 물음에 답하시오.

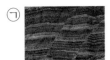㉠ 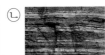㉡ ㉢

02 위 여러 가지 모양의 지층 중 다음과 같은 특징을 가진 것의 기호를 쓰시오.

• 줄무늬가 보인다.
• 얇은 층이 수평으로 쌓여 있다.
• 층마다 두께와 색깔이 조금씩 다르다.

(   )

03 위 여러 가지 지층의 이름을 쓰시오.

㉠ (   )
㉡ (   )
㉢ (   )

04 지층에 줄무늬가 생기는 까닭을 두 가지 고르시오. (,   )

① 지층을 이루고 있는 알갱이의 무게가 서로 같기 때문이다.
② 지층을 이루고 있는 알갱이의 촉감이 서로 다르기 때문이다.
③ 지층을 이루고 있는 알갱이의 크기가 서로 다르기 때문이다.
④ 지층을 이루고 있는 알갱이의 종류가 서로 같기 때문이다.
⑤ 지층을 이루고 있는 알갱이의 색깔이 서로 다르기 때문이다.

05 다음 지층에서 가장 먼저 쌓인 층과 가장 나중에 쌓인 층을 바르게 나타낸 것은 어느 것입니까?

(   )

	가장 먼저 쌓인 층	가장 나중에 쌓인 층
①	㉠	㉣
②	㉡	㉢
③	㉢	㉢
④	㉣	㉡
⑤	㉣	㉠

06 다음은 지층이 만들어져 발견되는 과정입니다. (   ) 안의 알맞은 말에 ○표 하시오.

지층은 (물 , 바위)이/가 운반한 자갈, 모래, 진흙 등이 쌓인 뒤에 (짧은 , 오랜) 시간을 거쳐 단단하게 굳어져 만들어진 것이다.

07 다음은 자갈, 모래, 진흙을 이용하여 만든 지층 모형입니다. 가장 먼저 넣은 것은 무엇인지 쓰시오.

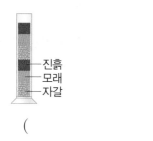

- 진흙
- 모래
- 자갈

(   )

08 다음은 민서와 윤지의 대화입니다. (   ) 안에 공통으로 들어갈 알맞은 말을 쓰시오.

물이 운반한 자갈, 모래, 진흙 등의 퇴적물이 굳어져 만들어진 암석을 (   )(이)라고 해.

(   )에는 이암, 사암, 역암 등이 있어.

민서   윤지

(   )

09 다음 설명에 해당하는 암석으로 옳은 것은 어느 것입니까? (   )

- 알갱이의 크기가 작고, 노란색이다.
- 진흙과 같은 작은 알갱이로 되어 있다.
- 손으로 만졌을 때 부드럽고 매끄럽다.

① 역암   ② 사암
③ 이암   ④ 현무암
⑤ 화강암

10 사암과 사암을 이루고 있는 알갱이를 바르게 짝 지은 것은 어느 것입니까? (   )

① ▲ 진흙   ② ▲ 모래   ③ ▲ 모래

④ ▲ 자갈   ⑤ ▲ 진흙

중요 11 다음과 같이 퇴적암 모형을 만들 때 모래에 물 풀을 넣는 까닭으로 옳은 것을 보기 에서 골라 기호를 쓰시오.

㉠

보기

㉠ 모래 알갱이를 서로 붙여 주기 위해서
㉡ 모래 알갱이의 크기를 더 작게 하기 위해서
㉢ 모래 알갱이 사이의 공간을 넓어지게 하기 위해서

(   )

12 모래로 만든 퇴적암 모형과 실제 퇴적암인 사암 중 더 단단한 것은 무엇인지 쓰시오.

(   )

13 화석에 대한 설명으로 맞으면 ○표, 틀리면 ×표 하시오.

(1) 현미경으로 관찰할 수 있는 작은 생물은 화석이 될 수 없다. ( )

(2) 오늘날에 살고 있는 생물과 비교하여 화석 속 생물이 동물인 것만 구분할 수 있다. ( )

(3) 동물의 뼈나 식물의 잎과 같은 생물의 몸체뿐만 아니라 동물의 발자국이나 기어간 흔적도 화석이 될 수 있다. ( )

중요
14 다음은 화석이 만들어져 발견되는 과정을 나타낸 것입니다. ( ) 안에 공통으로 들어갈 알맞은 말을 쓰시오.

> ㈎ 죽은 생물이나 나뭇잎 등이 호수나 바다의 바닥으로 운반된다.
> ㈏ 그 위에 ( )이/가 두껍게 쌓인다.
> ㈐ ( )이/가 계속 쌓여 지층이 만들어지고 그 속에 묻힌 생물이 화석이 된다.
> ㈑ 지층이 높게 솟아오른 뒤 깎인다.
> ㈒ 지층이 더 많이 깎여 화석이 드러난다.

( )

15 다음 보기 에서 화석 속 생물이 살던 환경이 물속이었다는 것을 알려주는 화석의 기호를 모두 골라 쓰시오.

보기

( )

[16~17] 다음 화석을 보고, 물음에 답하시오.

16 위의 화석 속 생물과 비슷한 오늘날에 살고 있는 생물을 보기 에서 골라 기호를 쓰시오.

보기
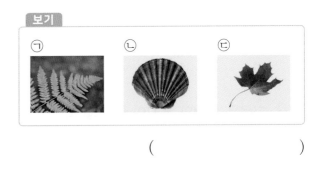

( )

17 위의 화석 속 생물이 살았던 지역의 당시 환경을 짐작한 것입니다. ( ) 안의 알맞은 말에 ○표 하시오.

> 기온이 (따뜻하고 , 춥고) 습기가 (적은 , 많은) 곳이었을 것이다.

18 화석을 이용하여 알 수 있는 것을 보기 에서 모두 골라 기호를 쓰시오.

보기
> ㉠ 옛날에 살았던 생물의 생김새
> ㉡ 옛날에 살았던 생물의 생활 모습
> ㉢ 옛날에 생물이 살았던 지역의 환경
> ㉣ 옛날에 살았던 생물의 정확한 개체 수

( )

01 다음은 여러 가지 지층입니다. 물음에 답하시오.

(1) 다음과 같은 특징이 있는 지층의 기호를 쓰시오.

- 줄무늬가 보인다.
- 층이 구부러져 있다.
- 층마다 색깔이 조금씩 다르다.

(   )

(2) 지층에 줄무늬가 생기는 까닭을 쓰시오.

_____

_____

02 다음은 여러 가지 퇴적암을 분류한 것입니다. 물음에 답하시오.

이름	이암	사암	역암
알갱이의 종류	(㉠)와/과 같은 작은 알갱이로 되어 있음.	주로 (㉡)(으)로 되어 있음.	주로 자갈, 모래 등으로 되어 있음.
손으로 만졌을 때의 느낌	부드럽고 매끄러움.	약간 거칢.	부드럽기도 하고 거칠기도 함.

(1) 위 (   ) 안에 들어갈 알맞은 말을 쓰시오.

㉠ (   ), ㉡ (   )

(2) 위와 같이 퇴적암을 이암, 사암, 역암으로 분류한 기준을 쓰시오.

_____

_____

03 다음 조개 화석 모형과 실제 조개 화석을 보고, 물음에 답하시오.

(가)   (나)

▲ 조개 화석 모형   ▲ 실제 조개 화석

(1) 위 조개 화석 모형과 실제 조개 화석 중 만들어지는 데 더 오랜 시간이 걸리는 것의 기호를 쓰시오.

(   )

(2) 위 조개 화석 모형과 실제 조개 화석의 공통점과 차이점을 한 가지씩 쓰시오.

공통점	
차이점	

04 다음을 보고, 물음에 답하시오.

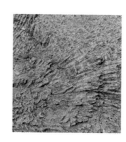 

이 화석이 발견된 곳은 (   ) 환경이었겠구나.

윤지

(1) 위 화석의 이름을 쓰시오.

(   )

(2) 위에서 윤지는 화석이 발견된 곳의 옛날 환경을 짐작하고 있습니다. (   ) 안에 들어갈 알맞은 내용을 쓰시오.

_____

_____

❶ 식물의 씨를 관찰하는 방법
• 눈으로 모양과 색깔을 관찰함. → 작은 씨는 돋보기를 사용하여 관찰함.

▲ 씨의 모양 관찰

▲ 씨의 색깔 관찰

• 손으로 촉감을 느낌.
• 자나 동전을 이용하여 크기를 재어 봄.

▲ 동전을 이용한 크기 비교

▲ 자를 이용한 길이 비교

❷ 여러 가지 씨의 특징

씨 이름	모양	색깔
강낭콩	둥글고 길쭉함.	검붉은색, 알록달록한 색
참외씨	길쭉함.	연한 노란색
사과씨	둥글고 길쭉하며 한 쪽은 모가 나 있음.	갈색
봉숭아씨	둥긂.	어두운 갈색
호두	동그랗고 주름이 있음.	연한 갈색
채송화씨	둥긂.	검은색

❸ 여러 가지 씨의 공통점과 차이점

공통점	• 단단하고 껍질이 있음. • 대부분 주먹보다 크기가 작음.
차이점	• 색깔, 모양, 크기 등의 생김새가 다름.

❹ 식물의 한살이
식물의 씨가 싹 터서 자라며, 꽃이 피고 열매를 맺어 다시 씨가 만들어지는 과정

❺ 식물의 한살이 관찰 계획 세우기
• 한살이를 관찰할 식물을 선택함.
  – 한살이 기간이 짧은 식물
  – 잎, 줄기, 꽃, 열매 등을 관찰하기 쉬운 식물
  – 강낭콩, 봉숭아, 나팔꽃, 토마토 등
• 그 식물을 선택한 까닭을 이야기해 봄.
• 언제, 어디에, 어떻게 심을 것인지 정함.
• 식물을 기르면서 무엇을 어떻게 관찰할지 이야기해 봄.
  – 식물의 길이, 줄기의 굵기, 잎의 개수, 잎의 길이, 꽃의 개수, 열매의 개수 등
• 관찰 계획서를 써 봄.
  – 관찰 계획서에는 관찰자, 관찰할 식물, 식물을 선택한 까닭, 씨를 심을 날짜와 심을 곳, 씨를 심는 방법, 관찰 방법 등을 자세히 쓰도록 함.
• 계획한 대로 씨를 심어 관찰해 봄.

❻ 씨 심는 방법

화분 바닥에 있는 물 빠짐 구멍을 망이나 작은 돌로 막음.

화분에 거름흙을 $\frac{3}{4}$ 정도 넣음.

씨 크기의 두세 배 깊이로 씨를 심고, 흙을 덮음.

팻말을 꽂아 햇빛이 비치는 곳에 놓아둠.

물뿌리개로 물을 충분히 줌.

❼ 화분에 꽂은 팻말에 쓸 내용
식물 이름, 씨를 심은 날짜, 씨를 심은 사람의 이름, 식물의 별명, 다짐의 말 등을 넣음.

정답과 해설 36쪽

01 식물의 씨를 관찰할 때, 어떤 것을 관찰해야 하는 지 두 가지 쓰시오.

(   )

02 씨의 모양과 색깔을 관찰할 때 사용하는 감각 기관을 쓰시오.

(   )

03 강낭콩, 사과씨, 참외씨 중 둥글고 길쭉한 모양이 며, 검붉은색 또는 알록달록한 색깔을 가진 씨는 어느 것입니까?

(   )

04 봉숭아씨, 호두, 채송화씨 중 연한 갈색이며 동그 랗고 주름이 있는 씨는 어느 것입니까?

(   )

05 여러 가지 씨의 공통점을 한 가지 쓰시오.

(   )

06 사과씨와 참외씨의 차이점을 한 가지 쓰시오.

(   )

07 식물의 씨가 싹 터서 자라며, 꽃이 피고 열매를 맺어 다시 씨가 만들어지는 과정을 무엇이라고 합니까?

(   )

08 한살이를 관찰할 식물을 선택할 때에는 한살이 기간이 (   ) 식물을 선택하는 것이 좋습 니다.

09 한살이를 관찰하기에 좋은 식물을 한 가지 쓰 시오.

(   )

10 화분에 씨를 심을 때 거름흙은 얼마 정도 넣어야 합니까?

(   )

11 화분에 씨를 심기에 적당한 깊이는 어느 정도인 지 쓰시오.

(   )

12 씨를 심은 화분의 팻말에 쓸 내용을 두 가지 이상 쓰시오.

(   )

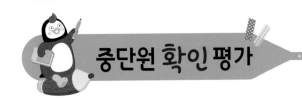
01 다음과 같이 동전과 자를 이용하여 관찰할 수 있는 씨의 특징을 두 가지 고르시오. (,   )

① 모양   ② 색깔   ③ 크기
④ 촉감   ⑤ 길이

[02~03] 다음 여러 가지 씨를 보고, 물음에 답하시오.

▲ 강낭콩   ▲ 참외씨   ▲ 사과씨

▲ 봉숭아씨   ▲ 호두   ▲ 채송화씨

02 위 씨 중 다음과 같은 특징을 가지고 있는 씨의 기호를 쓰시오.

• 둥글고 길쭉하며 한쪽은 모가 나 있다.
• 단단하고 껍질이 있으며, 갈색이다.

(   )

03 위 여러 가지 씨에 대한 설명으로 옳은 것에 ○표 하시오.

(1) 호두와 참외씨는 주름이 있다.   (   )
(2) 봉숭아씨와 채송화씨는 동그랗다.   (   )
(3) 강낭콩과 사과씨는 둥글고 길쭉하며 한쪽은 모가 나 있다.   (   )

04 다음 보기 에서 크기가 가장 작은 씨의 기호를 쓰시오.

보기
㉠ 강낭콩   ㉡ 참외씨   ㉢ 채송화씨

(   )

05 다음은 여러 가지 씨의 특징을 표로 정리한 것입니다. ㉠과 ㉡에 들어갈 씨의 이름을 바르게 나타낸 것은 어느 것입니까? (   )

씨 이름	모양	색깔
㉠	둥글고 길쭉하다.	검붉은색, 알록달록한 색
㉡	동그랗고 주름이 있다.	연한 갈색

	㉠	㉡
①	호두	강낭콩
②	호두	참외씨
③	강낭콩	호두
④	참외씨	호두
⑤	참외씨	강낭콩

중요
06 여러 가지 씨의 공통점에 대해 바르게 말한 사람은 누구입니까? (   )

① 서진: 모두 껍질이 있어.
② 주연: 크기가 모두 같아.
③ 세연: 모양이 모두 길쭉해.
④ 소민: 촉감이 모두 부드러워.
⑤ 준수: 색깔이 모두 연한 노란색이야.

07 다음은 식물의 한살이를 관찰하기에 좋은 식물의 조건입니다. ( ) 안의 알맞은 말에 ○표 하시오.

> 한살이 기간이 (짧고 , 길고) 잎, 줄기, 꽃, 열매 등을 관찰하기 (쉬운 , 어려운) 식물을 선택하는 것이 좋다.

08 다음 여러 가지 식물 중 한살이를 관찰하기 좋은 식물을 골라 기호를 쓰시오.

▲ 토마토

▲ 감나무

▲ 개나리

▲ 밤나무

( )

09 식물의 한살이를 알아보려고 할 때 가장 먼저 해야 할 일은 어느 것입니까? ( )

① 씨를 심어 관찰하기
② 식물의 씨 구입하기
③ 관찰 계획대로 씨 심기
④ 화분에 꽂을 팻말 만들기
⑤ 식물의 한살이 관찰 계획 세우기

[10~11] 다음은 민서가 작성한 식물의 한살이 관찰 계획서입니다. 물음에 답하시오.

관찰자	박민서
관찰할 식물	㉠ 강낭콩
식물을 선택한 까닭	㉡ 한살이 기간이 짧기 때문이다.
씨를 심을 날짜	㉢ 2○○○년 ○○월 ○○일
씨를 심을 곳	㉣ 화분
씨를 심는 방법	㉤ 강낭콩 크기의 네다섯 배 깊이로 씨를 심고 흙을 덮는다.

10 위 관찰 계획서의 내용 중 잘못된 부분의 기호를 쓰시오.

( )

11 위 10번에서 고른 잘못된 부분을 바르게 고쳐 쓰시오.

_____

12 다음은 화분에 씨를 심는 방법을 순서 없이 나열한 것입니다. 순서대로 기호를 쓰시오.

> ㈎ 씨를 심고, 흙을 덮는다.
> ㈏ 물뿌리개로 충분히 물을 준다.
> ㈐ 화분에 거름흙을 $\frac{3}{4}$ 정도 넣는다.
> ㈑ 팻말을 꽂아 햇빛이 잘 드는 곳에 놓아둔다.
> ㈒ 화분 바닥에 있는 물 빠짐 구멍을 망이나 작은 돌 등으로 막는다.

( )

❶ 씨가 싹 트는 데 필요한 조건
- 적당한 양의 물과 적당한 온도가 필요함.
- 씨가 싹 트는 데 물이 미치는 영향 알아보기

다르게 할 조건	물
같게 할 조건	온도, 공기, 탈지면, 페트리 접시 등

- 씨가 싹 트는 데 온도가 미치는 영향 알아보기

다르게 할 조건	온도
같게 할 조건	물, 공기, 탈지면, 페트리 접시 등

❷ 물을 주지 않은 강낭콩과 물을 주어 싹이 튼 강낭콩의 겉모양과 속 모양

구분	겉모양	속 모양
물을 주지 않은 것	둥글고 길쭉함.	뿌리와 잎은 있으나 납작하게 붙어 있음.
물을 주어 싹이 튼 것	뿌리가 자라 밖으로 나와 있음.	잎은 싱싱하고 색깔이 노란색임.

❸ 강낭콩이 싹 터서 자라는 과정
- 강낭콩 속에는 뿌리, 줄기, 잎이 될 부분이 있음.
- 딱딱했던 강낭콩이 점차 부풀어 올라 먼저 뿌리가 나온 뒤, 두 장의 떡잎이 나오고 떡잎 사이에서 본잎이 나옴.

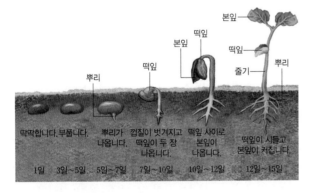

❹ 옥수수가 싹 트는 과정
옥수수는 싹이 틀 때 본잎이 떡잎싸개에 둘러싸여 나옴.

❺ 식물이 자라는 데 필요한 조건
- 적당한 양의 물, 빛과 적당한 온도가 필요함.
- 식물이 자라는 데 물이 미치는 영향 알아보기

다르게 할 조건	물
같게 할 조건	화분의 크기, 식물의 종류, 빛, 양분, 온도 등

- 식물이 자라는 데 온도가 미치는 영향 알아보기

다르게 할 조건	온도
같게 할 조건	화분의 크기, 식물의 종류, 빛, 물, 양분 등

❻ 강낭콩의 잎과 줄기가 자란 정도를 측정하는 방법

잎	• 잎의 개수를 셈. • 잎의 길이를 잼. • 모눈종이에 잎의 본을 뜸.
줄기	• 새로 난 가지의 개수를 셈. • 줄기의 길이를 잼.

❼ 강낭콩이 자라면서 변화한 잎과 줄기의 모습
- 잎이 점점 넓어지고, 개수가 많아짐.
- 줄기가 점점 굵어지고, 길어짐.

❽ 강낭콩의 꽃과 열매가 자라면서 달라지는 것
- 꽃의 색깔이 달라짐.
- 꽃의 모양과 크기가 달라짐.
- 꼬투리의 모양이 달라짐.
- 꼬투리의 개수와 크기가 달라짐.

❾ 식물이 자라면 꽃이 피고 열매를 맺는 까닭
- 씨를 맺어 번식하기 위해서
- 씨를 맺어 자손을 만들기 위해서

❿ 식물의 꽃과 열매가 자라는 과정
- 식물이 자라면 꽃이 피고, 꽃이 지면 열매가 생김.
- 열매 속에 들어 있는 씨를 심으면 다시 싹이 트고 자라 꽃이 피고 열매를 맺음.

정답과 해설 36쪽

01 씨가 싹 트는 데 필요한 조건을 두 가지 쓰시오.

( )

02 씨가 싹 트는 데 물이 미치는 영향을 알아보기 위한 실험에서 다르게 할 조건은 무엇인지 쓰시오.

( )

03 씨가 싹 트는 데 온도가 미치는 영향을 알아보기 위한 실험에서 다르게 할 조건은 무엇인지 쓰시오.

( )

04 물을 주지 않은 강낭콩과 물을 준 강낭콩 중 뿌리가 자라 밖으로 나와 있는 것은 어느 것입니까?

( )

05 물을 주지 않은 강낭콩과 물을 준 강낭콩 중 속 모양을 관찰했을 때 뿌리와 잎은 있지만 납작하게 붙어 있는 것은 어느 것입니까?

( )

06 강낭콩이 싹 터서 자라는 과정에서 가장 먼저 나오는 것은 무엇입니까?

( )

07 옥수수는 싹이 틀 때 본잎이 무엇에 둘러싸여 나오는지 쓰시오.

( )

08 식물이 자라는 데 적당한 양의 ( )와/과 빛과 적당한 온도가 필요합니다.

09 강낭콩의 잎이 자란 정도를 측정할 수 있는 방법을 한 가지 쓰시오.

( )

10 강낭콩의 줄기가 자란 정도를 측정할 수 있는 방법을 한 가지 쓰시오.

( )

11 강낭콩의 꽃이 지고 나면 생기는 열매를 무엇이라고 합니까?

( )

12 식물이 자라면서 꽃이 피고 열매를 맺는 까닭을 쓰시오.

( )

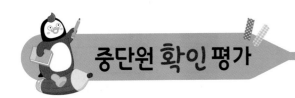
[01~02] 다음은 씨가 싹 트는 데 필요한 조건을 알아보기 위한 실험입니다. 물음에 답하시오.

[실험 방법]
페트리 접시 두 개에 탈지면을 깔고 강낭콩을 올려놓은 다음, 한쪽 페트리 접시에만 물을 주어 탈지면이 흠뻑 젖게 한다.

[실험 결과]
물을 주지 않은 강낭콩은 싹이 트지 않았고, 물을 준 강낭콩만 싹이 텄다.

▲ 물을 준 것   ▲ 물을 주지 않은 것

01 위 실험에서 다르게 한 조건은 무엇인지 쓰시오.

(   )

02 위 실험을 통해 알 수 있는 사실은 어느 것입니까? (   )

① 씨가 싹 트려면 적당한 양의 빛이 필요하다.
② 씨가 싹 트려면 적당한 양의 물이 필요하다.
③ 씨가 싹 트려면 적당한 양의 흙이 필요하다.
④ 씨가 싹 트려면 적당한 양의 양분이 필요하다.
⑤ 씨가 싹 트려면 적당한 양의 온도가 필요하다.

03 강낭콩에서 싹이 틀 때 가장 먼저 볼 수 있는 것은 어느 것입니까? (   )

① 잎   ② 꽃   ③ 뿌리
④ 줄기   ⑤ 열매

04 다음은 씨가 싹 트는 데 필요한 조건 중 무엇을 알아보기 위한 것인지 쓰시오.

▲ 상온에 둔 강낭콩   ▲ 냉장고에 둔 강낭콩

(   )

05 중요 씨가 싹 트는 데 반드시 필요한 것끼리 바르게 짝 지은 것은 어느 것입니까? (   )

① 물, 흙
② 물, 온도
③ 흙, 온도
④ 흙, 바람
⑤ 물, 바람

06 다음은 강낭콩이 싹 터서 자라는 모습입니다. ㉠과 ㉡은 무엇인지 쓰시오.

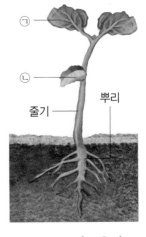

줄기   뿌리

㉠ (   ), ㉡ (   )

07 다음은 옥수수가 싹 트는 과정을 순서 없이 나열한 것입니다. 순서대로 기호를 쓰시오.

> ㉠ 부푼다.
> ㉡ 딱딱하다.
> ㉢ 뿌리가 나온다.
> ㉣ 본잎이 나온다.
> ㉤ 떡잎싸개가 나온다.

(   )

08 다음에서 설명하는 관찰 방법은 식물이 자라면서 변하는 모습 중 무엇을 알아보기 위한 것입니까?

(   )

> 잎에 모눈종이나 모눈 투명 종이(OHP)를 대고 그려서 칸을 세어 보거나, 종이에 잎의 본을 떠서 비교할 수 있다.

① 잎의 개수   ② 잎의 크기
③ 잎의 색깔   ④ 잎의 두께
⑤ 잎의 생김새

중요
09 식물이 자라는 데 필요한 조건에 대한 설명으로 옳은 것을 보기 에서 모두 고르시오.

보기
> ㉠ 빛이 필요하다.
> ㉡ 적당한 양의 물이 필요하다.
> ㉢ 아주 높은 온도가 필요하다.

(   )

[10~11] 다음과 같이 화분에 심은 강낭콩이 많이 자랐습니다. 물음에 답하시오.

10 위 ㉠과 ㉡을 바르게 나타낸 것은 어느 것입니까? (   )

	㉠	㉡
①	잎	뿌리
②	꽃	열매
③	뿌리	잎
④	줄기	꽃
⑤	열매	줄기

11 위 ㉡ 안에 들어 있는 것은 무엇인지 쓰시오.

(   )

서술형
12 다음은 강낭콩이 자라면서 변하는 모습을 관찰하여 그래프로 나타낸 것입니다. 이것을 통해 알 수 있는 사실을 한 가지 쓰시오.

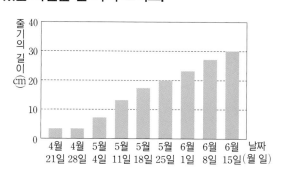

_____

_____

❶ 한해살이 식물
- 한 해 동안 한살이를 거치고 일생을 마침. 예 벼, 강낭콩, 옥수수, 호박
- 벼의 한살이: 볍씨에서 뿌리와 떡잎싸개가 나오고, 떡잎싸개에 싸여 본잎이 나옴. 그런 뒤 잎과 줄기가 자라고, 꽃이 핀 후 꽃이 지고 열매를 맺어 씨를 만듦.

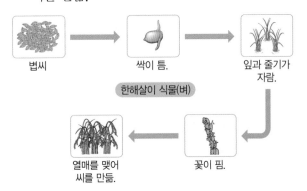

볍씨 → 싹이 틈. → 잎과 줄기가 자람.

한해살이 식물(벼)

열매를 맺어 씨를 만듦. ← 꽃이 핌.

❷ 여러해살이 식물
- 여러 해 동안 죽지 않고 살아가면서 꽃이 피고 열매 맺기를 반복함. 예 감나무, 개나리, 사과나무, 무궁화
- 감나무의 한살이: 싹이 터서 자라고 겨울 동안 죽지 않고 살아남아 이듬해에 새순이 나오고 자라는 과정이 몇 년 정도 반복된 뒤에 적당한 크기의 나무로 자라면 꽃이 피고 열매를 맺는 과정을 반복함.

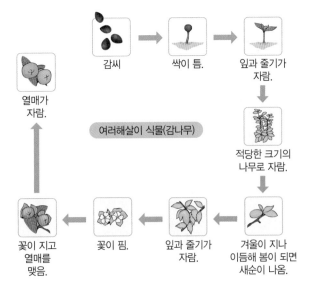

감씨 → 싹이 틈. → 잎과 줄기가 자람.

여러해살이 식물(감나무)

적당한 크기의 나무로 자람.

열매가 자람. ← 꽃이 지고 열매를 맺음. ← 꽃이 핌. ← 잎과 줄기가 자람. ← 겨울이 지나 이듬해 봄이 되면 새순이 나옴.

❸ 한해살이 식물과 여러해살이 식물의 공통점과 차이점

공통점	씨가 싹 터서 자라며 꽃이 피고 열매를 맺어 번식함.
차이점	한해살이 식물은 열매를 맺고 한 해만 살고 죽지만, 여러해살이 식물은 여러 해를 살면서 열매 맺는 것을 반복함.

❹ 한눈에 볼 수 있는 식물의 한살이 자료 만드는 방법
- 모둠에서 식물을 정하고, 그 식물의 한살이를 조사함.
- 모둠 구성원이 할 역할을 정하고, 필요한 재료를 준비함.
- 식물의 한살이가 잘 드러나도록 자료를 만들어 봄.
- 만든 자료에서 고쳐야 할 것은 없는지 확인해 봄.

❺ 한눈에 볼 수 있는 식물의 한살이 자료를 만들 때 주의할 점
- 열매에서 다시 씨로 시작하는 모습이 포함되어야 함.
- 씨에서 싹이 트고 자라 꽃이 피고, 꽃이 진 뒤에 열매를 맺어 다시 씨가 되는 내용을 연결하여 표현할 수 있어야 함.

❻ 식물의 한살이 자료 예

▲ 사과나무의 한살이 책

▲ 분꽃의 한살이 돌림책

▲ 목화의 한살이 돌림책

▲ 해바라기의 한살이 뫼비우스 띠

정답과 해설 37쪽

01 한 해에 한살이를 거치고 일생을 마치는 식물을 무엇이라고 합니까?

(   )

02 한해살이 식물을 한 가지 쓰시오.

(   )

03 벼는 씨에서 싹이 터 잎과 줄기가 자란 후 꽃이 피고, 열매를 맺어 씨를 만든 후 한 해 동안 한살이를 거치고 (   )을/를 마치는 식물입니다.

04 여러 해 동안 죽지 않고 살아가는 식물을 무엇이라고 합니까?

(   )

05 여러해살이 식물을 한 가지 쓰시오.

(   )

06 겨울이 되면 죽지 않고 살아남는 감나무는 이듬해 봄이 되면 나뭇가지에 무엇이 다시 나는지 쓰시오.

(   )

07 감나무는 꽃이 진 후 (   )을/를 맺습니다.

08 사과나무는 여러 해 동안 살면서 꽃이 피고 열매 맺기를 (   )합니다.

09 (   ) 식물은 한 해만 살고 일생을 마치지만, (   ) 식물은 여러 해 동안 죽지 않고 살아갑니다.

10 한해살이 식물과 여러해살이 식물의 공통점을 쓰시오.

(   )

11 한해살이 식물과 여러해살이 식물의 차이점을 쓰시오.

(   )

12 식물의 한살이를 돌림책으로 만들 때에는 씨에서 싹이 트고 자라 꽃이 피고, 꽃이 진 뒤에 열매를 맺어 다시 씨가 되는 내용을 (   )하여 표현할 수 있어야 합니다.

중요
01 한해살이 식물에 대한 설명으로 옳은 것은 어느 것입니까? (   )

① 한해살이 식물은 모두 꽃이다.
② 한해살이 식물은 모두 나무이다.
③ 한 해에 한살이를 거치고 일생을 마친다.
④ 여러 해를 살면서 열매 맺는 것을 반복한다.
⑤ 겨울이 되면 죽지 않고 살아남아 이듬해에 나뭇가지에 새순이 다시 나기를 반복한다.

02 다음은 벼의 한살이를 나타낸 것입니다. (   ) 안에 들어갈 알맞은 내용은 어느 것입니까?
(   )

> 볍씨
> ↓
> 싹이 튼다.
> ↓
> 잎과 줄기가 자란다.
> ↓
> 꽃이 핀다.
> ↓
> (   )

① 뿌리가 나온다.
② 꽃이 지고 죽는다.
③ 열매를 맺어 씨를 만든다.
④ 적당한 크기의 나무로 자란다.
⑤ 겨울 동안 죽지 않고 살아남아 이듬해 봄이 되면 새순이 나온다.

03 호박과 한살이 과정이 비슷한 식물을 두 가지 고르시오. (,   )

① 벼   ② 감나무   ③ 무궁화
④ 강낭콩   ⑤ 사과나무

04 감나무의 한살이에 대한 설명으로 옳지 않은 것은 어느 것입니까? (   )

① 잎과 줄기가 자란다.
② 씨가 싹 터서 자란다.
③ 감나무가 어느 정도 자라면 꽃이 핀다.
④ 한 해 안에 한살이를 거치고 일생을 마친다.
⑤ 겨울이 지나 이듬해 봄이 되면 새순이 나온다.

[05~06] 다음 여러 가지 식물을 보고, 물음에 답하시오.

보기

ㄱ ▲ 나팔꽃   ㄴ ▲ 옥수수
ㄷ ▲ 개나리   ㄹ ▲ 무궁화

05 위 **보기** 에서 한해살이 식물을 모두 골라 기호를 쓰시오.

(   )

서술형

06 위 **05**번의 답을 고른 까닭을 쓰시오.

_____

_____

07 여러해살이 식물에 대한 설명으로 옳은 것은 어느 것입니까? ( )

① 여러해살이 식물은 모두 풀이다.
② 벼, 강낭콩, 옥수수, 호박 등이 있다.
③ 한 해에 한살이를 거치고 일생을 마친다.
④ 여러 해 동안 살면서 열매 맺는 것을 반복한다.
⑤ 겨울 동안에도 죽지 않고 살아남아 이듬해 봄이 되면 다시 뿌리가 나온다.

08 다음과 같은 한살이 과정을 거치는 식물은 어느 것입니까? ( )

> 씨 → 싹이 튼다. → 잎과 줄기가 자란다. → 꽃이 핀다. → 열매가 자란다. → 이듬해 봄에 새순이 나온다.

① 벼   ② 호박
③ 개나리   ④ 강낭콩
⑤ 옥수수

09 한해살이 식물과 여러해살이 식물을 바르게 나타낸 것은 어느 것입니까? ( )

	한해살이 식물	여러해살이 식물
①	벼	호박
②	호박	강낭콩
③	감나무	옥수수
④	무궁화	벼
⑤	강낭콩	사과나무

10 여러 해 동안 살면서 열매 맺는 것을 반복하는 식물이 아닌 것은 어느 것입니까? ( )

①
▲ 감나무

②
▲ 벼

③
▲ 밤나무

④
▲ 무궁화

⑤
▲ 개나리

11 다음 보기 에서 한해살이 식물과 여러해살이 식물의 공통점으로 옳지 않은 것을 골라 기호를 쓰시오.

> **보기**
> ㉠ 씨가 싹 터서 자란다.
> ㉡ 꽃이 피고 열매를 맺어 번식한다.
> ㉢ 여러 해를 살면서 열매 맺는 것을 반복한다.

( )

12 식물의 한살이를 정리할 수 있는 자료를 만들 때, 식물의 한살이를 효과적으로 표현하는 방법을 바르게 말한 친구의 이름을 쓰시오.

> • 준서: 자료는 크게 만들어야 해.
> • 민서: 자료는 화려하게 만들어야 해.
> • 민주: 자료는 튼튼하게 만들어야 해.
> • 세연: 자료는 열매에서 다시 씨로 시작하는 모습이 포함되어야 해.

( )

대단원 종합 평가

01 씨의 모양을 관찰할 때 사용하는 도구와 씨의 색깔을 관찰할 때 이용하는 도구를 바르게 나타낸 것은 어느 것입니까? (   )

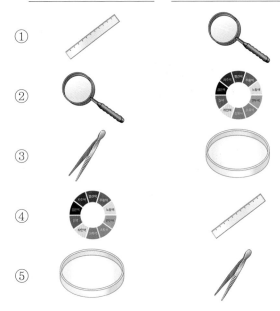

| 씨의 모양을 관찰할 때 | 씨의 색깔을 관찰할 때 |

02 봉숭아씨에 대한 설명으로 옳지 <u>않은</u> 것은 어느 것입니까? (   )

① 둥글다.
② 주름이 있다.
③ 어두운 갈색이다.
④ 호두보다 크기가 작다.
⑤ 채송화씨보다 크기가 크다.

03 다음은 여러 가지 씨를 관찰한 결과입니다. (   ) 안에 들어갈 알맞은 말을 쓰시오.

> 씨는 (㉠   )이/가 있고 단단하며, 색깔, 모양, 크기가 (㉡   ).

㉠ (   ), ㉡ (   )

04 식물의 한살이 과정을 관찰하기 쉬운 식물끼리 바르게 짝 지은 것은 어느 것입니까? (   )

① 강낭콩, 토마토
② 강낭콩, 무궁화
③ 토마토, 개나리
④ 토마토, 감나무
⑤ 개나리, 감나무

[05~06] 다음 화분에 씨를 심으려고 합니다. 물음에 답하시오.

05 위 화분에 씨를 심을 때 가장 먼저 해야 하는 일을 보기 에서 골라 기호를 쓰시오.

> **보기**
>
> ㉠ 씨를 심고 흙을 덮는다.
> ㉡ 화분에 거름흙을 $\frac{3}{4}$ 정도 넣는다.
> ㉢ 팻말을 꽂아 햇빛이 비치는 곳에 놓아둔다.
> ㉣ 화분 바닥에 있는 물 빠짐 구멍을 망이나 작은 돌 등으로 막는다.

(   )

06 위 화분에 씨를 심는 방법을 설명한 것입니다. (   ) 안에 들어갈 알맞은 숫자는 어느 것입니까? (   )

> 씨 크기의 (   ) 배 깊이로 씨를 심고 흙을 덮는다.

① 1~2   ② 2~3   ③ 4~5
④ 6~7   ⑤ 7~8

07 다음은 씨가 싹 트는 데 필요한 조건을 알아보기 위한 실험입니다. 이 실험에서 다르게 한 조건은 무엇인지 쓰시오.

> ㉠ 페트리 접시 두 개에 탈지면을 깔고 강낭콩을 올려놓은 다음, 한쪽 페트리 접시에만 물을 주어 탈지면이 흠뻑 젖게 한다.
> ㉡ 약 일주일 동안 페트리 접시에 있는 강낭콩의 변화를 관찰해 본다.

(   )

08 다음은 싹이 튼 강낭콩과 싹이 트지 않은 강낭콩의 겉모양과 속 모양입니다. 물을 주어 싹이 튼 강낭콩의 겉모양과 속 모양의 기호를 쓰시오.

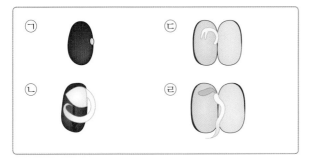

(1) 겉모양: (   )
(2) 속 모양: (   )

09 강낭콩이 싹 터서 자라는 과정에 대한 설명으로 옳지 <u>않은</u> 것은 어느 것입니까? (   )

① 씨가 부푼다.
② 두 장의 떡잎이 나온다.
③ 가장 먼저 뿌리가 나온다.
④ 떡잎이 시들고 본잎이 커진다.
⑤ 껍질이 벗겨지고 본잎이 나온다.

10 강낭콩이 싹 터서 자랄 때 먼저 나오는 것부터 순서대로 나열한 것은 어느 것입니까? (   )

① 떡잎 두 장 → 본잎 → 뿌리
② 본잎 → 떡잎 두 장 → 뿌리
③ 본잎 → 떡잎 한 장 → 뿌리
④ 뿌리 → 떡잎 한 장 → 본잎
⑤ 뿌리 → 떡잎 두 장 → 본잎

11 다음은 옥수수가 싹이 튼 모습입니다. 각 부분의 이름을 바르게 나타낸 것은 어느 것입니까?

(   )

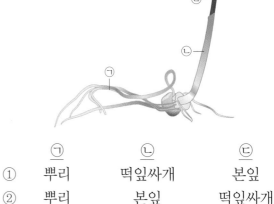

	㉠	㉡	㉢
①	뿌리	떡잎싸개	본잎
②	뿌리	본잎	떡잎싸개
④	떡잎싸개	뿌리	본잎
③	본잎	뿌리	떡잎싸개
⑤	떡잎싸개	본잎	뿌리

12 다음과 같이 비슷한 크기로 자란 강낭콩 화분 중 한 화분에만 물을 적당히 주고, 다른 화분에는 물을 주지 않았습니다. 며칠이 지난 뒤 잘 자란 강낭콩 화분은 어느 것인지 기호를 쓰시오.

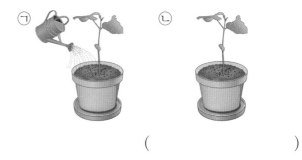

(   )

13 다음은 강낭콩의 잎이 자란 정도를 측정하여 표로 나타낸 것입니다. 이것을 통하여 알 수 있는 사실을 한 가지 쓰시오.

측정한 날짜	잎의 개수	잎의 길이
○월 ○○일	4개	1 cm
○월 ○○일	7개	1.8 cm
○월 ○○일	10개	1.8 cm
○월 ○○일	13개	2.9 cm

_____

_____

14 강낭콩의 줄기가 자라는 모습으로 옳은 것을 보기 에서 모두 골라 기호를 쓰시오.

보기
㉠ 줄기의 굵기가 점점 얇아진다.
㉡ 줄기의 굵기가 점점 굵어진다.
㉢ 줄기의 길이가 점점 짧아진다.
㉣ 줄기의 길이가 점점 길어진다.

(   )

15 강낭콩의 꽃이 자라면서 달라지는 것을 잘못 말한 친구의 이름을 쓰시오.

• 민서: 꽃의 색깔이 달라져.
• 준서: 꽃의 모양이 달라져.
• 세연: 꽃의 크기가 달라져.
• 민주: 꽃의 종류가 달라져.

(   )

16 다음 ( ) 안에 들어갈 알맞은 말을 쓰시오.

식물은 씨를 맺어 (   )하기 위해서 꽃이 피고 열매를 맺는다.

(   )

17 다음 두 식물에 대한 공통점으로 옳은 것을 보기 에서 모두 골라 기호를 쓰시오.

▲ 무궁화   ▲ 개나리

보기
㉠ 한 해에 한살이를 거치고 일생을 마친다.
㉡ 여러 해 동안 살면서 꽃이 피고 열매 맺기를 반복한다.
㉢ 겨울이 되면 죽지 않고 살아남아 이듬해에 새순이 다시 나온다.

(   )

18 민서네 모둠에서 식물의 한살이를 정리할 수 있는 자료를 만들려고 합니다. 가장 먼저 해야 할 일은 무엇입니까? (   )

① 식물의 한살이가 잘 드러나도록 자료를 만든다.
② 만든 자료에서 고쳐야 할 것은 없는지 확인한다.
③ 모둠 구성원의 역할을 정하고 필요한 재료를 고른다.
④ 식물 하나를 선택하고 선택한 식물의 한살이를 조사한다.
⑤ 자료 형태와 표현할 내용 등을 생각하여 그림으로 나타내고, 준비물을 써 본다.

01 다음은 여러 가지 씨입니다. 물음에 답하시오.

ㄱ   ㄴ   ㄷ

(1) 사과씨의 기호를 쓰시오.

(   )

(2) 사과씨의 모양에 대해 쓰시오.

_____

_____

02 다음은 식물이 자라는 데 물이 미치는 영향을 알아보기 위한 실험입니다. 물음에 답하시오.

ㄱ   ㄴ

(1) 위 두 화분 중 ㄱ 화분에는 물을 적당히 주고, ㄴ 화분에는 계속 물을 주지 않았습니다. 열흘 정도 지났을 때 잘 자라지 못하고 시든 식물의 기호를 쓰시오.

(   )

(2) 위 (1)번의 답으로 알 수 있는 사실을 쓰시오.

_____

_____

03 다음은 강낭콩의 꽃과 열매가 자라는 과정입니다. 물음에 답하시오.

> 강낭콩이 자라면 꽃이 피고 꽃이 지면 열매가 생기며, 열매 속에 들어 있는 (ㄱ)을/를 심으면 다시 (ㄴ)이/가 트고 자라 꽃이 피고 열매를 맺는다.

(1) 위 (   ) 안에 들어갈 알맞은 말을 쓰시오.

ㄱ (   ), ㄴ (   )

(2) 위와 같이 식물이 자라면 꽃이 피고 열매를 맺는 까닭을 쓰시오.

_____

_____

04 다음을 보고, 물음에 답하시오.

한해살이 식물	벼, 강낭콩, 옥수수
여러해살이 식물	호박, 감나무, 개나리

(1) 위 표에서 <u>잘못</u> 분류된 식물의 이름을 쓰시오.

(   )

(2) 한해살이 식물과 여러해살이 식물의 차이점을 쓰시오.

_____

_____

❶ 물체의 무게를 손으로 어림하기
- 사람마다 느끼는 물체의 무게가 다를 수 있기 때문에 정확한 무게를 측정할 수 없음.
- 무게 차이가 많은 두 물체의 무게를 비교하기는 쉬움.
- 물체의 무게를 정확하게 측정하지 않으면 물건을 파는 사람이 신뢰를 잃을 수 있거나 같은 상품이라도 품질이나 맛이 다를 수 있음.
- 물체의 무게를 정확하게 측정하기 위해 저울을 사용함.

❷ 저울을 사용하여 물체의 무게를 정확하게 측정하는 경우
- 상품의 무게에 따라 가격을 다르게 정할 때
- 정해진 무게의 재료를 사용해 상품을 만들 때
- 운동 경기에서 선수들의 몸무게에 따라 체급을 나눌 때

❸ 추의 무게 때문에 나타나는 용수철의 길이 변화
- 용수철은 손으로 잡아당기면 길이가 늘어나고 잡았던 손을 놓으면 원래의 길이로 되돌아가는 성질이 있음.
- 용수철에 걸어 놓은 추의 무게가 무거울수록 지구가 추를 끌어당기는 힘이 커지기 때문에 용수철의 길이가 많이 늘어남.
- 늘어난 용수철의 길이만큼 옆에 있는 용수철을 손으로 잡아당길 때 필요한 힘의 크기는 지구가 추를 끌어당기는 힘의 크기와 같음.

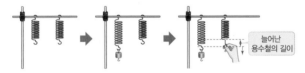

❹ 물체의 무게
- 물체의 무게: 지구가 물체를 끌어당기는 힘의 크기임.
- 무게의 단위: g중(그램중), kg중(킬로그램중), N(뉴턴)

❺ 추의 무게와 늘어난 용수철의 길이 사이의 관계
- 추의 무게에 따라 늘어난 용수철의 길이와 추 한 개당 늘어난 용수철의 길이

추의 무게(g중)	0	20	40	60	80	100
늘어난 용수철의 길이(cm)	0	3	6	9	12	15
추 한 개당 늘어난 용수철의 길이(cm)		3	3	3	3	3

- 용수철에 걸어 놓은 추의 무게가 일정하게 늘어나면 용수철의 길이도 일정하게 늘어남.

❻ 용수철의 성질을 이용한 저울

▲ 용수철저울　　▲ 가정용 저울　　▲ 체중계

❼ 용수철저울

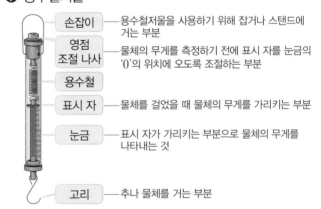

손잡이 ── 용수철저울을 사용하기 위해 잡거나 스탠드에 거는 부분

영점 조절 나사 ── 물체의 무게를 측정하기 전에 표시 자를 눈금의 '0'의 위치에 오도록 조절하는 부분

용수철

표시 자 ── 물체를 걸었을 때 물체의 무게를 가리키는 부분

눈금 ── 표시 자가 가리키는 부분으로 물체의 무게를 나타내는 것

고리 ── 추나 물체를 거는 부분

❽ 용수철저울의 사용 방법
① 용수철저울을 스탠드에 걸어 놓음.
② 영점 조절 나사로 표시 자를 눈금의 '0'에 맞춤.
③ 용수철저울의 고리에 물체를 걸고, 표시 자가 가리키는 눈금의 숫자와 단위를 같이 읽음.

정답과 해설 **40**쪽

01 손으로 물체의 무게를 어림할 때의 문제점은 무엇인지 쓰시오.

(   )

02 태권도나 유도 등과 같은 운동 경기에서 선수들의 몸무게를 측정하여 무엇을 정합니까?

(   )

03 고기나 채소 등의 가격을 정할 때 측정하는 것은 무엇입니까?

(   )

04 용수철에 추를 걸어 놓으면 용수철은 어떻게 됩니까?

(   )

05 용수철에 추를 걸어 놓고 늘어난 용수철의 길이만큼 옆에 있는 용수철을 손으로 잡아당길 때 무게가 가장 (   ) 추를 걸어 놓았을 때 손으로 가장 세게 잡아당겨야 합니다.

06 용수철에 걸어 놓은 추의 무게가 무거울수록 용수철의 길이도 많이 늘어나며, 이것은 (   )이/가 (   )을/를 끌어당기는 힘이 크기 때문입니다.

07 g중, kg중, N 등은 물체의 (   )을/를 나타내는 단위입니다.

08 용수철에 물체를 걸어 놓았을 때 늘어난 용수철의 길이는 무엇을 나타냅니까?

(   )

09 용수철저울을 사용하기 위해 잡거나 스탠드에 거는 부분의 이름은 무엇입니까?

(   )

10 용수철저울로 물체의 무게를 측정하기 전에 표시자를 눈금의 '0'에 맞추어 놓는 것을 무엇이라고 합니까?

(   )

11 용수철저울에 물체를 걸었을 때 무엇이 가리키는 눈금을 읽어야 합니까?

(   )

12 용수철저울로 물체의 무게를 측정할 때 고리에 물체를 걸고, 표시 자가 가리키는 눈금의 숫자를 (   )와/과 같이 읽습니다.

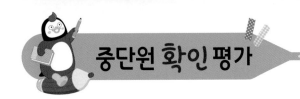
중단원 확인 평가

01 시장에서 과일이나 채소의 무게를 손으로 어림하여 판매하면 일어날 수 있는 문제는 무엇입니까? ( )

① 과일의 맛이 달라질 수 있다.
② 과일의 색깔이 달라질 수 있다.
③ 채소의 모양이 달라질 수 있다.
④ 채소의 신선도가 떨어질 수 있다.
⑤ 물건을 파는 사람이 신뢰를 잃을 수 있다.

02 다음은 위 **01**번의 답과 같은 문제를 해결하기 위한 방법을 설명한 것입니다. ( ) 안에 들어갈 알맞은 말을 쓰시오.

> 물체의 (㉠)을/를 정확하게 측정하기 위해 (㉡)을/를 사용한다.

㉠ ( ), ㉡ ( )

03 다음은 진주가 빵을 만들 재료를 적어놓은 것입니다. 이 재료들을 보고 알 수 있는 것은 무엇입니까? ( )

식빵을 만들 때 필요한 재료
밀가루 300 g,
소금 5 g,
설탕 40 g,
버터 40 g 등

① 진주는 빵을 잘 만든다.
② 빵을 먹으면 튼튼해진다.
③ 빵을 만드는 방법은 복잡하다.
④ 빵은 우유와 함께 먹으면 맛있다.
⑤ 빵을 만들 때 재료의 무게를 측정해야 한다.

[04~05] 다음과 같이 용수철을 스탠드에 걸어 고정하고, 용수철 끝의 고리에 추를 걸었습니다. 물음에 답하시오.

중요
04 위 용수철의 길이가 늘어난 까닭은 무엇입니까? ( )

① 용수철이 가늘기 때문이다.
② 지구가 추를 끌어당기기 때문이다.
③ 추에 자석의 성질이 있기 때문이다.
④ 지구가 용수철만 끌어당기기 때문이다.
⑤ 용수철에 자석의 성질이 있기 때문이다.

05 위 용수철의 늘어난 길이는 무엇과 같습니까? ( )

① 추의 무게
② 용수철의 무게
③ 스탠드의 무게
④ 추와 용수철의 무게의 합
⑤ 추와 스탠드의 무게의 합

중요
06 물체의 무게를 나타내는 단위끼리 바르게 짝 지은 것은 어느 것입니까? ( )

① N, km, g중
② kg중, mL, N
③ N, kg중, g중
④ cm, km, kg중
⑤ g중, kg중, cm

[07~09] 다음은 무게가 같은 추의 개수를 늘려 가면서 추의 무게에 따라 늘어난 용수철의 길이를 측정하는 실험입니다. 물음에 답하시오.

㈎ 용수철을 스탠드에 걸어 고정하고, 용수철 끝의 고리에 20 g중 추 한 개를 걸어 놓는다.
㈏ 종이 자의 눈금 '0'을 용수철 끝에 맞추고, 셀로판 테이프로 스탠드에 고정한다.
㈐ 20 g중 추 한 개를 더 걸고, 늘어난 용수철의 길이를 종이 자로 측정한다.
㈑ 추의 개수를 한 개씩 늘려 가면서 늘어난 용수철의 길이를 종이 자로 측정한다.

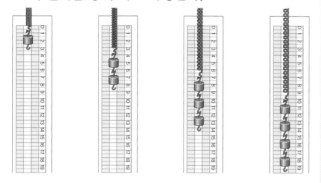

07 위 실험 결과를 보고, ㉠과 ㉡에 들어갈 알맞은 수를 쓰시오.

추의 무게(g중)	0	20	40	60
늘어난 용수철의 길이(cm)	0	3	㉠	㉡

㉠ (   ), ㉡ (   )

08 위 실험을 보고 용수철에 걸어 놓은 추의 무게와 늘어난 용수철의 길이 사이의 관계를 설명한 것입니다. ( ) 안에 공통으로 들어갈 알맞은 말을 쓰시오.

용수철에 걸어 놓은 추의 무게가 (   ) 늘어나면 용수철의 길이도 (   ) 늘어난다.

(   )

09 이 용수철에 추를 더 걸었더니 늘어난 용수철의 길이는 24 cm가 되었습니다. 추의 무게는 얼마입니까? (   )

① 80 g중   ② 120 g중   ③ 160 g중
④ 200 g중   ⑤ 240 g중

중요
10 용수철저울의 영점 조절 나사에 대한 설명으로 옳은 것은 어느 것입니까? (   )

① 추나 물체를 거는 부분
② 물체의 무게를 나타내는 부분
③ 물체의 무게를 가리키는 부분
④ 용수철저울을 사용하기 위해 잡거나 스탠드에 거는 부분
⑤ 물체의 무게를 측정하기 전에 표시 자를 눈금의 '0'의 위치에 오도록 조절하는 부분

11 다음과 같은 물체의 무게를 용수철저울로 측정할 때 필요한 것은 어느 것입니까? (   )

풀, 지우개, 나무토막

① 못   ② 가위
③ 고무줄   ④ 지퍼 백
⑤ 플라스틱 접시

12 다음 용수철저울의 눈금을 바르게 읽은 것은 어느 것입니까? (   )

① 이백   ② 이백 뉴턴
③ 이백 그램중   ④ 이십 킬로그램중
⑤ 이백 킬로그램중

❶ 수평대를 이용해 수평 잡기의 원리 알아보기

- 수평대: 긴 나무판자와 받침대를 이용해 물체의 무게를 비교할 수 있는 장치
- 무게가 같은 나무토막으로 수평 잡기: 각각의 나무토막을 받침점으로부터 같은 거리에 놓음.

- 무게가 다른 나무토막으로 수평 잡기: 무거운 나무토막을 가벼운 나무토막보다 받침점에 더 가까이 놓음.

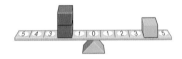

❷ 수평 잡기의 원리로 물체의 무게 비교하기

무게가 같은 물체	무게가 다른 물체
각각의 물체를 받침점으로부터 같은 거리에 놓으면 수평이 됨.	각각의 물체를 받침점으로부터 같은 거리에 놓으면 나무판자는 무거운 물체 쪽으로 기울어짐.

❸ 시소를 이용해 수평 잡기의 원리 알아보기

몸무게가 비슷할 때	몸무게가 다를 때
두 사람이 시소의 받침점으로부터 같은 거리에 앉으면 수평을 잡음.	무거운 사람이 받침점에서 가까운 쪽에 앉거나, 가벼운 사람이 받침점에서 먼 쪽에 앉으면 수평을 잡음.

❹ 양팔저울

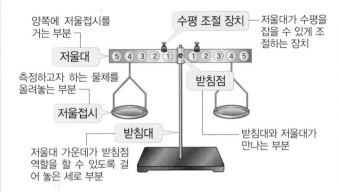

❺ 양팔저울의 사용 방법

① 평평한 곳에 받침대를 세움.
② 저울대의 중심을 받침대와 연결함.
③ 저울대의 중심에서 같은 거리에 각각의 저울접시를 걸어 놓음.
④ 수평 조절 장치를 이용해 저울대의 수평을 맞춤.
⑤ 양팔저울의 한쪽 저울접시에 무게를 측정하려는 물체를 올려놓고 저울대가 수평을 잡을 때까지 다른 한쪽 저울접시에 클립을 올려놓음. ➡ 클립은 무게가 일정한 기준 물체로, 같은 금액의 동전, 장구 핀 등을 사용할 수 있음.
⑥ 저울대가 수평을 잡았을 때 기준 물체의 총 개수를 세어 봄.

❻ 양팔저울로 물체의 무게를 비교하는 방법

- 양팔저울의 받침점으로부터 같은 거리에 있는 한쪽 저울접시에 물체를, 다른 한쪽 저울접시에 무게가 일정한 물체를 올려놓고 그 개수를 세어 비교함.
- 양팔저울의 받침점으로부터 같은 거리에 있는 저울접시에 무게를 비교할 물체를 각각 올려놓고, 저울대가 기울어진 방향을 확인해 무게를 비교함.

01 긴 나무판자와 받침대를 이용하여 물체의 무게를 비교할 수 있는 장치를 무엇이라고 합니까?

(   )

02 (   )이/가 나무판자의 가운데 있는 경우 무게가 같은 물체로 수평을 잡으려면 각각의 물체를 (   )(으)로부터 같은 거리의 나무판자 위에 놓아야 합니다.

03 받침점이 나무판자의 가운데 있는 경우 무게가 다른 물체로 수평을 잡으려면 (   ) 물체를 (   ) 물체보다 받침점에 더 가까이 놓습니다.

04 우리 생활에서 수평대와 비슷한 놀이 기구에는 어떤 것이 있습니까?

(   )

05 무게가 가벼운 사람과 무거운 사람이 시소를 탈 때 받침점에 더 가까이 앉아야 하는 사람은 누구입니까?

(   )

06 어느 한쪽으로 기울지 않은 상태를 무엇이라고 합니까?

(   )

07 양팔저울에서 측정하려고 하는 물체를 올려놓는 부분을 무엇이라고 합니까?

(   )

08 양팔저울의 저울대는 수평대의 무엇과 같은 역할을 합니까?

(   )

09 양팔저울에서 저울대가 수평을 잡을 수 있게 조절하는 장치를 무엇이라고 합니까?

(   )

10 양팔저울로 물체의 무게를 비교할 때 사용하는 기준 물체는 무엇이 일정해야 합니까?

(   )

11 클립과 같은 기준 물체로 적당한 물체를 한 가지만 쓰시오.

(   )

12 양팔저울의 받침점으로부터 같은 거리에 있는 저울접시에 서로 다른 두 물체를 각각 올려놓았을 때 무게가 무거운 물체는 어느 쪽에 있는 것입니까?

(   )

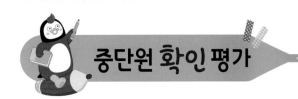

01 다음 ( ) 안에 들어갈 알맞은 말을 쓰시오.

> 긴 나무판자와 받침대를 이용해서 만든 수평대는 물체의 ( )을/를 비교할 수 있는 장치이다.

( )

02 수평대를 바르게 설치한 것은 어느 것입니까?

( )

①

②

③

④

⑤

03 다음과 같이 수평대에 나무토막을 올려놓았더니 수평이 되었습니다. 두 물체의 무게를 비교하여 >, =, <로 나타내시오.

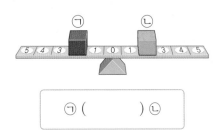

ㄱ ( ) ㄴ

04 다음과 같이 수평대에 물체를 올려놓았더니 수평이 되었습니다. 두 물체의 무게에 대해 바르게 설명한 것은 어느 것입니까? ( )

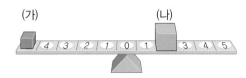

① 두 물체의 무게는 같다.
② (가)보다 (나)가 더 무겁다.
③ (나)보다 (가)가 더 무겁다.
④ 두 물체의 무게를 비교할 수 없다.
⑤ 받침대의 위치에 따라 (가)와 (나)의 무게가 달라진다.

중요
05 다음은 수평대를 이용해 무게가 다른 두 물체로 수평을 잡는 방법을 설명한 것입니다. ( ) 안에 들어갈 알맞은 말을 쓰시오.

> 받침점이 나무판자의 가운데에 있는 수평대를 이용해 무게가 다른 물체로 수평을 잡으려면 (㉠) 물체를 (㉡) 물체보다 받침점에 더 가까이 놓는다.

㉠ ( ), ㉡ ( )

06 다음 시소는 수평대와 비슷한 놀이 기구입니다. 시소에서 수평대의 받침점과 같은 역할을 하는 곳의 기호를 쓰시오.

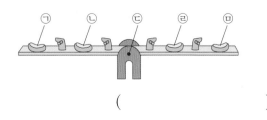

( )

[07~08] 다음은 물체를 올려놓기 전 양팔저울의 모습입니다. 물음에 답하시오.

07 위와 같이 수평을 맞추지 않은 양팔저울과 클립을 이용해 필통의 무게를 측정할 때 나타나는 현상으로 옳은 것을 보기 에서 골라 기호를 쓰시오.

보기

ㄱ 저울대가 위아래로 계속 움직인다.
ㄴ 저울접시에 클립을 올려놓을 수 없다.
ㄷ 필통의 무게를 정확하게 측정할 수 없다.

( )

 중요
08 위 양팔저울의 수평을 맞추는 방법으로 옳은 것은 어느 것입니까? ( )

① 받침대를 오른쪽으로 옮긴다.
② 양팔저울을 책상 위에 올려놓는다.
③ 양쪽에 있는 수평 조절 장치를 모두 빼낸다.
④ 오른쪽에 걸어 놓은 저울접시를 왼쪽으로 옮긴다.
⑤ 수평 조절 장치를 이용해 저울대의 수평을 맞춘다.

09 다음은 양팔저울로 여러 가지 물체의 무게를 비교하는 방법입니다. ( ) 안에 들어갈 알맞은 말을 쓰시오.

양팔저울의 한쪽 저울접시에는 물체를, 다른 한쪽 저울접시에는 클립, 장구핀 등 ( )이/가 일정한 물체를 올려놓고 그 개수를 세어 비교한다.

( )

[10~12] 다음은 양팔저울로 풀의 무게를 측정하는 방법을 순서 없이 나열한 것입니다. 물음에 답하시오.

ㄱ 저울대의 수평을 맞춘다.
ㄴ 클립의 총개수를 세어 본다.
ㄷ 왼쪽 저울접시에 풀을 올려놓는다.
ㄹ 오른쪽 저울접시에 클립을 올려 저울대의 수평을 잡는다.

10 위 양팔저울로 풀의 무게를 측정하는 방법을 순서대로 나열한 것은 어느 것입니까? ( )

① ㄱ—ㄷ—ㄴ—ㄹ
② ㄱ—ㄷ—ㄹ—ㄴ
③ ㄴ—ㄱ—ㄷ—ㄹ
④ ㄴ—ㄷ—ㄱ—ㄹ
⑤ ㄷ—ㄴ—ㄹ—ㄱ

 중요
11 위에서 사용된 클립 대신 오른쪽과 같은 물체를 사용할 수 없는 까닭은 무엇입니까? ( )

① 물체가 깨끗하지 않기 때문이다.
② 물체를 쉽게 구할 수 없기 때문이다.
③ 물체의 무게가 서로 다르기 때문이다.
④ 물체의 색깔이 서로 다르기 때문이다.
⑤ 물체의 모양이 서로 다르기 때문이다.

12 위와 같은 방법으로 여러 가지 물체의 무게를 측정한 결과를 나타낸 표입니다. 지우개와 가위를 양팔저울의 양쪽 저울접시에 각각 올려놓고 무게를 비교하면 어느 쪽으로 기울어지는지 쓰시오.

물체	지우개	가위	풀
클립의 수 (개)	27	41	46

( )

❶ 우리 생활에서 사용되는 여러 가지 저울

• 용수철의 성질을 이용한 저울

▲ 용수철저울 ▲ 가정용 저울 ▲ 체중계

• 수평 잡기의 원리를 이용한 저울: 양팔저울
• 전자저울: 전기적 성질을 이용해 화면에 숫자로 물체의 무게를 표시하는 저울

▲ 요리 재료의 무게 측정 ▲ 택배 상자의 무게 측정 ▲ 무거운 철근의 무게 측정

❷ 우리 생활에서 사용된 저울의 이름과 쓰임새

장소	저울의 이름	쓰임새
체육관	체중계	체급을 정하기 위해 몸무게를 측정함.
주방	가정용 저울	요리에 쓰이는 재료의 무게를 측정함.
금은방	전자저울	팔거나 사려는 귀금속의 무게를 측정함.
정육점	전자저울	고기의 무게를 측정함.
실험실	전자저울	실험 약품의 무게를 측정함.
공항	전자저울	여행 가방의 무게를 측정함.

❸ 우리 생활에서 저울을 사용하지 않았을 때의 불편한 점

• 무게에 따라 가격이 정해지는 물건의 값을 정하기 어려움.
• 체급을 정하는 운동 경기에서 몸무게를 측정할 수 없음.
• 실험을 할 때 실험 약품의 정확한 무게를 알 수 없어 혼란스러움.

❹ 간단한 저울을 만들기 위해 준비하기

성질이나 원리	무게에 따라 용수철이 일정하게 늘어나는 성질	수평 잡기의 원리
모양	세로로 된 모양	가로로 된 모양
재료	용수철 등	받침대와 나무판자 역할을 할 재료 등

❺ 수평 잡기의 원리를 이용한 저울 만들기

이름	바지걸이를 이용한 저울
필요한 재료	바지걸이, 지퍼 백, 걸고리
만드는 과정	① 바지걸이를 준비해 바지걸이의 양 끝에 지퍼 백을 매닮. ② 지퍼 백에 매단 바지걸이를 걸고리에 걸어 수평이 되게 함. ③ 무게가 같은 클립을 이용해 물체의 무게를 비교함.

❻ 용수철의 성질을 이용한 저울 만들기

이름	용수철과 일회용 접시를 이용한 저울
필요한 재료	용수철, 플라스틱 투명 관, 종이 자, 일회용 접시, 마개, 실
만드는 과정	① 송곳으로 마개 가운데에 구멍을 냄. ② 용수철에 두꺼운 실을 연결하여 단단히 묶음. ③ 구멍 뚫린 마개에 두꺼운 실을 끼움. ④ 플라스틱 투명 관에 용수철을 넣고 마개를 잘 맞춰 끼움. ⑤ 얇은 실에 고리를 연결함. ⑥ 일회용 접시의 모서리 네 군데에 구멍을 뚫어 얇은 실로 묶은 후 고리에 연결함. ⑦ 플라스틱 투명 관에 종이 자를 붙임.

정답과 해설 41쪽

01 우리 생활에서 사용하는 저울 중 물체의 무게에 따라 일정하게 늘어나고 줄어드는 용수철의 성질을 이용한 저울을 한 가지 쓰시오.

(   )

02 전자저울은 어떤 성질을 이용해 화면에 숫자로 물체의 무게를 표시합니까?

(   )

03 무거운 철근의 무게를 측정하거나 우체국에서 택배 상자의 무게를 측정할 때 사용하는 저울로, 화면에 숫자로 물체의 무게를 표시하는 저울은 무엇입니까?

(   )

04 체육관에서 태권도 선수의 체급을 정하기 위해 체중계를 사용하여 측정하는 것은 무엇입니까?

(   )

05 실험실에서 실험 약품의 무게를 측정할 때 사용하는 저울은 무엇입니까?

(   )

06 공항에서 전자저울을 사용하여 무게를 측정하는 것은 무엇입니까?

(   )

07 저울이 없으면 상품의 무게를 측정하지 못해 가격을 정하기 어려운 장소를 한 군데만 쓰시오.

(   )

08 간단한 저울을 만들 때는 어떤 (   )(이)나 (   )을/를 이용할 것인지 생각합니다.

09 간단한 저울을 만들 때 가로로 된 모양으로 만들어지는 저울은 어떤 원리를 이용합니까?

(   )

10 수평 잡기의 원리를 이용한 저울을 만들 때 (   )와/과 나무판자 역할을 할 수 있는 재료가 필요합니다.

11 바지걸이를 이용해 만든 저울은 어떤 원리를 이용한 것입니까?

(   )

12 바지걸이를 이용한 저울을 만들 때 바지걸이는 수평대에서 (   )의 역할을 합니다.

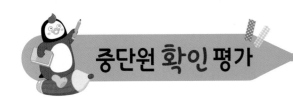

[01~03] 다음 여러 가지 저울을 보고, 물음에 답하시오.

(가)   (나)  (다)

01 위 저울 중 이용한 원리나 성질이 같은 저울을 두 가지 골라 기호를 쓰시오.

(,)

02 위 저울 중 다음과 같은 상황에서 필요한 저울의 기호를 골라 쓰시오.

( )

03 위 저울 (나)와 같은 목적으로 사용되지만 원리가 다른 저울은 어느 것입니까? ( )

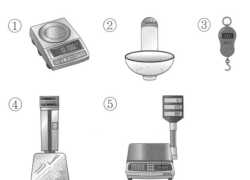

04 전자저울로 택배 상자의 무게를 측정하는 곳의 기호를 쓰시오.

㉠  ㉡

㉢  ㉣

( )

05 위 **04**번의 답과 같은 장소에서 전자저울로 택배 상자의 무게를 측정하는 까닭은 무엇입니까?
( )

① 택배 요금을 정하기 위해서
② 택배 상자의 크기를 알기 위해서
③ 택배 상자를 보내는 장소를 알기 위해서
④ 택배 상자 속에 들어 있는 물체의 색깔을 확인하기 위해서
⑤ 택배 상자 속에 들어 있는 물체의 모양을 확인하기 위해서

06 저울이 사용되는 경우로 옳지 <u>않은</u> 것은 어느 것입니까? ( )

① 공항에서 여행 가방의 무게를 측정한다.
② 수영 경기를 위해 수영장 물의 무게를 측정한다.
③ 시장에서 과일의 무게를 측정해서 가격을 정한다.
④ 실험실에서 실험 약품의 무게를 측정해 실험을 한다.
⑤ 화물차가 싣고 있는 물건의 무게가 적합한지 측정한다.

[07~09] 오른쪽은 진수네 모둠이 만든 저울입니다. 물음에 답하시오.

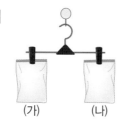

(가)　(나)

07 위 저울을 만들 때 이용한 원리와 필요한 재료를 정리한 것입니다. ( ) 안에 들어갈 알맞은 말을 쓰시오.

> • 이용한 원리: (㉠)의 원리
> • 필요한 재료: (㉡), 걸고리, 지퍼 백

㉠ ( ), ㉡ ( )

중요
08 위 저울의 지퍼 백 (가)에는 여러 가지 물체를, 지퍼 백 (나)에는 공깃돌을 넣어 다음 표와 같은 결과를 얻었습니다. 가장 무거운 물체와 가장 가벼운 물체는 무엇인지 쓰시오.

물체	자	지우개	연필	가위
공깃돌의 수(개)	3	5	4	6

(1) 가장 무거운 물체: ( )
(2) 가장 가벼운 물체: ( )

09 위 08번에서 사용한 물체 중 두 가지를 골라 무게를 비교하였습니다. 저울이 오른쪽과 같이 기울어졌을 때 지퍼 백 (가)와 (나)에 넣은 물체를 바르게 나타낸 것은 어느 것입니까? ( )

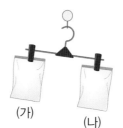

(가)　(나)

	(가)	(나)		(가)	(나)
①	연필	자	②	가위	연필
③	가위	지우개	④	지우개	가위
⑤	지우개	연필			

[10~12] 다음은 민지와 윤서가 만든 저울입니다. 물음에 답하시오.

〈민지가 만든 저울〉　〈윤서가 만든 저울〉

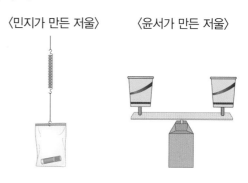
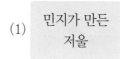

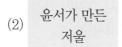

10 위와 같은 저울을 만들 때 생각해야 하는 것으로 옳지 않은 것은 어느 것입니까? ( )

① 어떤 원리를 이용할까?
② 어떤 성질을 이용할까?
③ 어떤 재료를 준비해야 할까?
④ 어떤 도움을 받으면 좋을까?
⑤ 어떤 모양으로 만들면 좋을까?

11 위의 두 저울을 만들 때 이용한 성질이나 원리를 바르게 선으로 연결하시오.

(1) 민지가 만든 저울 •　• ㉠ 수평 잡기의 원리

(2) 윤서가 만든 저울 •　• ㉡ 용수철의 성질

12 다음은 민지와 윤서 중 어떤 친구가 만든 저울의 잘된 점을 설명한 것인지 쓰시오.

> • 한쪽으로 기울어지지 않게 잘 만들었다.
> • 두 물체의 무게를 한꺼번에 비교하기 좋다.

( )

01 준서네 모둠에서 여러 가지 물체를 손으로 어림하여 무거운 것부터 순서대로 나열해 보았습니다. 이 결과로 알 수 있는 사실로 옳은 것을 보기 에서 골라 기호를 쓰시오.

보기

ㄱ 손으로 어림해도 물체의 무게를 항상 정확하게 비교할 수 있다.
ㄴ 무게 차이가 많이 나는 것끼리는 손으로 어림해서 무게를 비교하기가 어렵다.
ㄷ 사람마다 느끼는 물체의 무게가 다를 수 있기 때문에 무거운 순서가 같지 않을 수 있다.

( )

[02~03] 다음은 마트에서 판매하는 고기의 모습입니다. 물음에 답하시오.

02 위와 같이 포장된 두 가지 고기의 가격이 다른 까닭으로 옳은 것에 ○표 하시오.

(1) 무게가 다르기 때문이다. ( )
(2) 포장한 시간이 다르기 때문이다. ( )
(3) 포장한 사람이 다르기 때문이다. ( )

03 위와 같이 고기의 가격을 정할 때 필요한 도구는 무엇인지 쓰시오.

( )

[04~05] 오른쪽은 같은 용수철 두 개를 각각 스탠드에 걸어 고정한 후, 한 용수철 끝의 고리에 추를 걸고 늘어난 용수철의 길이만큼 옆에 있는 용수철을 손으로 잡아당기는 실험입니다. 물음에 답하시오.

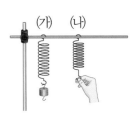

04 위 용수철 ㈎에 무게가 다른 추를 각각 걸어 놓았을 때 늘어난 용수철의 길이만큼 옆에 있는 용수철 ㈏를 손으로 잡아당겨 보았습니다. 용수철 ㈏를 가장 세게 잡아당겨야 할 때 걸어 놓은 추는 어느 것입니까? ( )

① ② ③

④ ⑤

중요
05 위 실험에서 손으로 잡아당기는 힘과 같은 것은 어느 것입니까? ( )

① 추가 손을 끌어당기는 힘
② 추가 지구를 끌어당기는 힘
③ 지구가 추를 끌어당기는 힘
④ 용수철이 추를 끌어당기는 힘
⑤ 용수철이 지구를 끌어당기는 힘

06 무게를 나타내는 단위를 보기 에서 모두 골라 쓰시오.

보기

g중 L kg중 N

( )

[07~08] 다음은 20 g중 추의 개수를 한 개씩 늘려 가면서 추의 무게에 따라 늘어난 용수철의 길이를 측정한 결과를 나타낸 표입니다. 물음에 답하시오.

추의 개수(개)	0	1	2	3	⋯	9
늘어난 용수철의 길이(cm)	0	3	6	9	⋯	㉠

07 위 표의 ㉠에 들어갈 알맞은 수는 어느 것입니까? (   )

① 15   ② 18   ③ 21
④ 27   ⑤ 30

 08 위 결과로 알 수 있는 용수철의 성질을 정리한 것입니다. (   ) 안에 들어갈 알맞은 말을 쓰시오.

> • 물체의 무게가 무거울수록 용수철의 길이는 (㉠) 늘어난다.
> • 용수철에 걸어 놓은 물체의 무게가 일정하게 늘어나면 용수철의 길이도 (㉡) 늘어난다.

㉠ (   ), ㉡ (   )

09 다음은 서로 다른 두 물체를 걸어 놓은 용수철저울의 모습 중 일부분입니다. 더 무거운 물체를 걸어 놓은 것의 기호를 쓰고, 물체의 무게는 얼마인지 읽어 보시오.

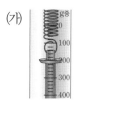

(   )

10 다음 (   ) 안에 들어갈 알맞은 말을 쓰시오.

> 용수철저울의 고리에 물체를 걸고 표시 자가 움직이지 않을 때 (   )이/가 가리키는 눈금의 숫자를 단위와 같이 읽는다.

(   )

11 무게가 같은 나무토막 세 개로 나무판자의 수평을 잡으려고 합니다. 다음과 같이 나무토막 두 개를 받침대의 오른쪽 나무판자에 올려놓았을 때 나무토막 한 개는 어디에 놓아야 하는지 쓰시오.

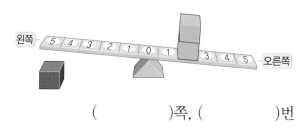

(   )쪽, (   )번

12 다음과 같이 두 친구가 시소에 앉아 수평을 잡았습니다. 두 친구의 몸무게를 비교한 것으로 옳은 것에 ○표 하시오.

(1) 지수와 민정이의 몸무게는 같다. (   )
(2) 지수의 몸무게가 민정이의 몸무게보다 더 무겁다. (   )
(3) 민정이의 몸무게가 지수의 몸무게보다 더 무겁다. (   )

[13~14] 다음 수평대를 보고, 물음에 답하시오.

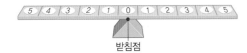
받침점

13 위 수평대의 나무판자 위에 무게가 다른 두 물체를 받침점으로부터 같은 거리에 올려놓았을 때에 대한 설명으로 옳은 것에 ○표 하시오.

(1) 나무판자가 수평이 된다. ( )
(2) 나무판자가 가벼운 물체 쪽으로 기울어진다. ( )
(3) 나무판자가 무거운 물체 쪽으로 기울어진다. ( )

중요
14 위 수평대의 받침점과 같은 역할을 하는 부분을 다음 양팔저울에서 찾아 기호를 쓰시오.

( )

15 양팔저울의 양쪽 저울접시에 물체를 올려놓고 무게를 비교하는 방법에 대해 바르게 설명한 것은 어느 것입니까? ( )

① 물체의 모양이 다르면 비교하기 어렵다.
② 무게 차이가 많이 나면 비교하기 어렵다.
③ 어느 물체가 더 무거운지 쉽게 알 수 있다.
④ 물체의 무게가 얼마인지 정확하게 알 수 있다.
⑤ 색깔과 모양이 비슷한 물체는 무게를 비교할 수 없다.

[16~17] 다음은 금은방의 모습입니다. 물음에 답하시오.

16 위 금은방에서 사용하는 저울은 어떤 성질이나 원리를 이용한 것입니까? ( )

① 전기적 성질
② 수평 잡기의 원리
③ 귀금속이 반짝이는 성질
④ 무게가 일정한 기준 물체의 성질
⑤ 무게에 따라 일정하게 늘어나는 용수철의 성질

17 위 금은방에서 저울을 사용하는 까닭을 설명한 것입니다. ( ) 안에 공통으로 들어갈 알맞은 말을 쓰시오.

> 팔거나 사려는 귀금속은 ( )에 따라 가격이 크게 차이 나기 때문에 저울을 사용해 ( )을/를 측정한다.

( )

18 오른쪽과 같이 옷걸이를 이용한 저울을 만들 때 가장 중요하게 생각해야 하는 것은 어느 것입니까?

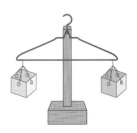

( )

① 잘 휘어지는 옷걸이를 사용한다.
② 양쪽 우유갑을 예쁘게 색칠한다.
③ 옷걸이의 모양이 삼각형이 되도록 한다.
④ 처음에는 옷걸이가 수평이 되도록 한다.
⑤ 옷걸이를 색테이프로 감아 예쁘게 꾸민다.

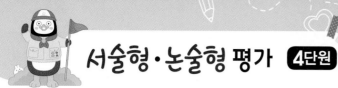

01 다음 표는 추의 개수를 한 개씩 늘려 가면서 추의 무게에 따라 늘어난 용수철의 길이를 측정한 결과입니다. 물음에 답하시오.

추의 무게 (g중)	0	20	40	60	80
늘어난 용수철의 길이(cm)	0	3	6	9	12

(1) 위 표를 보고 용수철에 매단 추 한 개의 무게와 추의 무게가 늘어날 때마다 늘어난 용수철의 길이를 순서대로 쓰시오.

(   )

(2) 위에서 사용한 용수철에 다음과 같은 필통을 매달았더니 늘어난 용수철의 길이가 21 cm였습니다. 필통의 무게를 구하고, 필통의 무게를 알 수 있는 방법을 쓰시오.

_____

_____

02 오른쪽 용수철저울로 방울토마토의 무게를 측정할 수 있는 방법을 쓰시오.

_____

_____

_____

03 다음과 같이 수평대에 물체를 올려놓았습니다. 물음에 답하시오.

(1) 위 수평대에 올려놓은 물체 중 더 무거운 물체의 기호를 쓰시오.

(   )

(2) 위 (1)번의 답을 고른 까닭을 쓰시오.

_____

_____

04 진주네 모둠에서 다음과 같이 간단한 저울을 만들었습니다. 이 저울을 세로 모양으로 만든 까닭을 쓰시오.

_____

_____

❶ 여러 가지 재료가 섞여 있는 음식

멸치볶음	멸치, 고추, 깨 등이 섞여 있음.
나박김치	배추, 무, 고추, 물 등이 섞여 있음.
샌드위치	식빵, 달걀, 채소 등이 섞여 있음.
비빔밥	밥, 여러 가지 나물, 고기, 양념 등이 섞여 있음.
볶음밥	밥, 당근, 새우, 감자 등을 섞어서 기름에 볶아 만듦.

▲ 멸치볶음　　▲ 나박김치　　▲ 샌드위치

▲ 비빔밥　　▲ 볶음밥

❷ 여러 가지 재료로 간식을 만들고 재료의 특징 확인하기
• 시리얼, 초콜릿, 말린 바나나 등의 모양과 색깔을 관찰하고 맛을 봄.

구분	시리얼	초콜릿	말린 바나나
모양	둥글고 납작함.	둥긂.	납작함.
색	황토색	빨간색, 파란색, 노란색 등	옅은 노란색
맛	고소한 맛	단맛	단맛

• 시리얼, 초콜릿, 말린 바나나를 한 그릇에 넣고 잘 섞어서 간식을 만듦.
• 눈가리개로 눈을 가리고 간식을 먹어 보면 간식의 재료를 쉽게 알아맞힐 수 있음.

• 눈가리개로 눈을 가리고 간식을 먹어 본 뒤에 간식의 재료를 알아맞힐 수 있었던 까닭: 여러 가지 재료를 섞어 간식을 만들어도 각 재료의 맛은 변하지 않았기 때문임.

❸ 김밥과 팥빙수에 섞여 있는 재료

김밥	팥빙수
김, 밥, 단무지, 달걀, 당근, 시금치 등 여섯 가지 이상의 재료를 섞어서 만듦.	과일, 팥, 얼음 등 세 가지 이상의 재료를 섞어서 만듦.

❹ 혼합물
• 두 가지 이상의 물질이 성질이 변하지 않은 채 서로 섞여 있는 것
• 김밥, 팥빙수, 여러 가지 재료로 만든 간식 등은 두 가지 이상의 물질이 섞여 있는 혼합물임.

❺ 생활 속 혼합물

미숫가루 물	여러 가지 곡물 가루로 만든 미숫가루와 물 등이 성질이 변하지 않은 채 서로 섞여 있음.
동전	10원짜리 동전은 구리와 알루미늄을 혼합하여 만듦.
금반지	순금은 매우 무르기 때문에 은, 구리, 아연 등을 섞어 단단한 혼합물로 만들어 사용함.
바닷물	바닷물에는 소금 이외에 여러 가지 물질들이 녹아 있음.
암석	대부분의 암석은 석영, 장석, 운모 등 여러 종류의 광물이 섞여 있는 혼합물임.
재활용품이 섞여 있는 쓰레기	쓰레기통에 철 캔, 알루미늄 캔, 페트병 등 다양한 재활용품이 섞여서 배출됨.

정답과 해설 43쪽

01 멸치볶음, 비빔밥은 여러 가지 (　　　　)이/가 섞여 있는 음식입니다.

02 간식을 만드는 재료 중 초콜릿의 모양과 맛은 어떠합니까?

(　　　　　　　)

03 시리얼, 초콜릿, 말린 바나나, 건포도 중 원 모양이고 주름이 많으며 황토색을 띠는 재료는 어느 것입니까?

(　　　　　　　)

04 여러 가지 재료로 만든 간식을 눈가리개로 눈을 가리고 먹었을 때 어떤 재료가 들어 있는지 알 수 있는 까닭은 재료의 (　　　　)이/가 변하지 않았기 때문입니다.

05 김밥은 김, 밥, 단무지, 달걀, 당근, 시금치 등 다양한 재료를 섞어 만든 (　　　　)입니다.

06 과일, 팥, 얼음 등을 섞은 혼합물로, 여름철에 많이 먹는 음식은 무엇입니까?

(　　　　　　　)

07 두 가지 이상의 물질이 성질이 변하지 않은 채 서로 섞여 있는 것을 무엇이라고 합니까?

(　　　　　　　)

08 팥빙수나 비빔밥 등을 만들었을 때 음식을 만든 각 재료의 성질은 (　　　　　).

09 미숫가루 물은 여러 가지 곡물 가루로 만든 미숫가루와 물 등이 (　　　)이/가 변하지 않은 채 서로 섞여 있습니다.

10 현재 사용하고 있는 10원짜리 동전은 구리와 알루미늄을 (　　　)하여 만든 것입니다.

11 바닷물에는 소금 이외에 여러 가지 (　　　　) 이/가 녹아 있습니다.

12 자연에서 존재하는 대부분의 암석은 석영, 장석, 운모 등 여러 종류의 광물이 섞여 있는 (　　　　) 입니다.

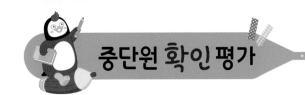

01 다음 음식에 섞여 있는 물질들을 바르게 나타낸 것은 어느 것입니까? (   )

① 쌀, 좁쌀, 콩
② 팥, 얼음, 과일
③ 콩, 얼음, 초콜릿
④ 당근, 쇠고기, 달걀
⑤ 초콜릿, 시리얼, 말린 과일

[02~03] 다음은 간식을 만들기 위해 준비한 여러 가지 재료입니다. 물음에 답하시오.

ㄱ
▲ 시리얼

ㄴ
▲ 초콜릿

ㄷ
▲ 말린 바나나

02 다음은 위 재료 중 어떤 것을 관찰하고 정리한 것인지 기호를 쓰시오.

• 납작한 원 모양이다.
• 옅은 노란색이고, 맛은 달다.

(   )

03 위 재료를 섞어서 간식을 만든 뒤 맛을 보았습니다. 재료의 맛에 대한 설명으로 옳은 것은 어느 것입니까? (   )

① ㄱ과 ㄴ은 맛이 변했다.
② ㄱ과 ㄷ은 맛이 변했다.
③ ㄴ과 ㄷ은 맛이 변했다.
④ ㄱ, ㄴ, ㄷ은 모두 맛이 변했다.
⑤ ㄱ, ㄴ, ㄷ은 모두 맛이 변하지 않았다.

[04~06] 다음은 민주가 여러 가지 재료로 만든 음식을 윤서가 먹어 보고 느낀 맛을 설명한 것입니다. 물음에 답하시오.

아삭하면서 새콤달콤한 맛이 나는 과일과 설탕에 조려 (   )이 나는 팥, 차가운 얼음으로 만든 음식이야.

04 위 (   ) 안에 들어갈 알맞은 맛을 쓰시오.

(   )

05 위와 같은 특징을 가진 재료로 만든 음식은 어느 것입니까? (   )

① 김밥
② 떡볶이
③ 팥빙수
④ 잡곡밥
⑤ 샌드위치

06 위와 같이 여러 가지 재료가 섞여 있어도 각 재료의 맛을 느낄 수 있는 이 음식과 같은 것을 무엇이라고 하는지 골라 쓰시오.

| 순물질 | 혼합물 | 화합물 |

(   )

07 콩, 팥, 좁쌀, 쌀을 한 그릇에 담아 섞었을 때의 특징으로 옳은 것은 어느 것입니까? (   )

① 색깔이 변한다.
② 모두 반달 모양이 된다.
③ 모양과 크기는 변화가 없다.
④ 모두 좁쌀과 같은 크기가 된다.
⑤ 모양, 색깔, 크기가 모두 변해 알아볼 수 없다.

08 혼합물은 어느 것입니까? (   )

① 쌀
② 좁쌀
③ 설탕
④ 상추
⑤ 바닷물

09 다음은 김밥이 혼합물인 까닭을 설명한 것입니다. (   ) 안에 들어갈 알맞은 말을 쓰시오.

김밥은 김, 밥, 단무지, 달걀, 당근, 시금치 등 다양한 재료를 섞어서 만들지만 각 재료의 맛이나 (   )은/는 변하지 않은 채 섞여 있는 혼합물이다.

(   )

10 다음과 같은 여러 가지 물질이 섞여 있는 혼합물은 무엇인지 쓰시오.

(   )

11 다음에서 설명하는 혼합물을 이용하여 만들어진 것을 골라 기호를 쓰시오.

시멘트와 물, 모래, 자갈 등을 섞어서 만든다.

ㄱ   ㄴ   ㄷ

(   )

 혼합물이 되기 위한 조건을 두 가지 고르시오.

(,   )

① 두 가지 이상의 물질이 섞여 있어야 한다.
② 다섯 가지 이상의 물질이 섞여 있으면 안 된다.
③ 섞여 있는 물질이 무엇인지 알 수 없어야 한다.
④ 섞여 있는 재료가 새로운 성질을 나타내야 한다.
⑤ 섞여 있는 각 재료의 성질이 변하지 않아야 한다.

❶ 혼합물 분리의 필요성
- 혼합물에서 분리한 순수한 물질들은 그 자체로 사용되기도 하고, 다른 물질과 섞어 필요한 물질로 만들어 사용함.
- 사탕수수에서 분리한 설탕의 이용: 사탕수수 즙에서 물을 제거하여 얻은 설탕을 다양한 맛과 향을 내는 다른 물질과 섞어 사탕을 만듦.

▲ 사탕수수　　▲ 설탕　　▲ 사탕

- 구리 광석에서 순수한 구리를 분리하여 다른 금속과 섞어 그릇을 만듦.
- 바닷물에서 소금을 분리하여 요리에 사용함.
- 강바닥의 흙에서 사금을 분리해 금반지 등을 만듦.

❷ 혼합물을 분리하면 좋은 점
- 원하는 물질을 얻을 수 있음.
- 분리한 물질을 우리 생활의 필요한 곳에 이용할 수 있음.

❸ 콩, 팥, 좁쌀의 혼합물 분리하기
- 콩, 팥, 좁쌀의 특징

구분	모양	색깔	크기
콩	둥근 모양	노란색	가장 큼.
팥	둥근 모양	붉은색, 자주색	중간 크기임.
좁쌀	둥근 모양	노란색	가장 작음.

- 콩, 팥, 좁쌀의 알갱이 크기가 다른 성질을 이용하여 눈의 크기가 다른 체 두 개를 이용하여 분리할 수 있음.

좁쌀 콩 팥　　콩보다 작고 팥보다 큼.　　팥보다 작고 좁쌀보다 큼.　　콩 / 팥 / 좁쌀

❹ 알갱이의 크기를 이용하여 혼합물을 분리하는 예
- 해변 쓰레기 수거 장비에 부착된 체로 모래와 쓰레기를 분리함.
- 모래와 진흙 속에 사는 재첩을 체를 사용하여 분리함.
- 건물을 짓는 공사장에서 체를 사용하여 모래와 자갈을 분리함.

❺ 플라스틱 구슬과 철 구슬의 혼합물 분리하기
- 플라스틱 구슬과 철 구슬의 특징

구분	플라스틱 구슬	철 구슬
모양	둥근 모양	둥근 모양
색깔	노란색	회색
크기	철 구슬과 비슷함.	플라스틱 구슬과 비슷함.
자석에 붙는 성질	없음.	있음.

- 플라스틱 구슬과 철 구슬의 혼합물을 분리할 때 이용한 성질: 철 구슬이 자석에 붙는 성질이 있으므로 플라스틱 구슬과 철 구슬을 자석을 사용하여 분리할 수 있음.

철 구슬　자석
플라스틱 구슬

❻ 자석을 이용하여 혼합물을 분리하는 예

철 캔과 알루미늄 캔의 분리	철이 자석에 붙는 성질을 이용하여 캔을 자동 분리기에 넣어 분리함.
폐건전지에서 철 분리	폐건전지를 가루로 만든 뒤 자석을 사용하여 철을 분리함.
식품 속에 있는 철 가루 분리	말린 고추를 기계를 사용하여 고춧가루로 만들 때 기계가 마모되어 떨어져 나온 철 가루를 자석 봉으로 분리함.

정답과 해설 **44**쪽

01 사탕수수에서 분리해 낸 설탕에 다른 물질을 섞어서 만들 수 있는 새로운 물질을 한 가지 쓰시오.

(   )

02 철광석에서 순수한 철을 (   )한 후 다른 금속을 섞어 자동차 등을 만듭니다.

03 바닷물에서 분리한 소금이 우리 생활에서 사용되는 경우를 한 가지 쓰시오.

(   )

04 강바닥의 흙에서 찾을 수 있는 금 알갱이를 무엇이라고 합니까?

(   )

05 콩, 팥, 좁쌀 중 둥글고 노란색이며 크기가 가장 작은 것은 무엇입니까?

(   )

06 콩, 팥, 좁쌀의 혼합물을 분리할 때 이용하는 성질은 무엇입니까?

(   )

07 콩, 팥, 좁쌀의 혼합물을 분리할 때 눈의 크기가 팥보다 작고 좁쌀보다 큰 체를 이용하면 (   )을 가장 먼저 분리할 수 있습니다.

08 해변에서 쓰레기 수거 장비로 쓰레기와 모래를 분리할 때 이용하는 성질은 무엇입니까?

(   )

09 공사장에서 모래와 자갈을 분리할 때 사용하는 도구는 무엇입니까?

(   )

10 크기, 모양, 색깔이 비슷한 플라스틱 구슬과 철 구슬의 혼합물을 분리할 때 사용하는 성질은 무엇입니까?

(   )

11 철 캔과 알루미늄 캔 중 자석에 붙는 캔은 어느 것입니까?

(   )

12 말린 고추를 기계를 사용하여 고춧가루로 만들 때 기계가 마모되어 떨어져 나온 철 가루는 (   )(으)로 분리합니다.

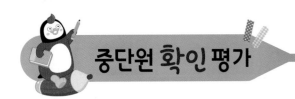

[01~02] 다음은 사탕수수와 설탕에 대한 설명입니다. 물음에 답하시오.

> (가) 사탕수수는 물과 설탕 등의 물질을 포함하고 있는 (　　　)이다.
> (나) 사탕수수에서 얻은 설탕을 다른 물질과 섞으면 사탕을 만들 수 있다.

01 위 (　　) 안에 들어갈 알맞은 말을 골라 쓰시오.

> 화합물　　　혼합물　　　순수한 물질

(　　　　　　　　　)

02 위 사탕수수에서 설탕을 얻는 방법에 대한 설명으로 옳은 것은 어느 것입니까? (　　　)

① 사탕수수를 햇빛에 말린다.
② 사탕수수 즙을 가루로 만든다.
③ 사탕수수를 물에 넣고 끓인다.
④ 사탕수수를 잘라 체로 거른다.
⑤ 사탕수수 즙에서 물을 제거한다.

03 자연에서 얻은 혼합물을 분리하는 경우가 <u>아닌</u> 것을 보기 에서 골라 기호를 쓰시오.

> **보기**
> ㉠ 바닷물에서 소금을 분리한다.
> ㉡ 흙에서 고운 모래를 분리한다.
> ㉢ 철광석에서 순수한 철을 분리한다.
> ㉣ 책상 서랍 속에 섞여 있는 납작못을 분리한다.

(　　　　　　　　　)

[04~06] 다음은 콩, 팥, 좁쌀의 혼합물입니다. 물음에 답하시오.

04 위 콩, 팥, 좁쌀의 혼합물을 분리할 때 이용하는 성질은 어느 것입니까? (　　　)

① 색깔이 모두 다르다.
② 크기가 모두 다르다.
③ 모두 둥근 모양이다.
④ 물에 넣으면 모두 뜬다.
⑤ 만져보면 모두 딱딱하다.

05 중요 위 **04**번의 답을 이용하여 콩, 팥, 좁쌀의 혼합물을 분리할 때 사용하는 도구의 이름과 도구의 개수를 쓰시오.

(1) 도구의 이름: (　　　　　　　　　)
(2) 도구의 개수: (　　　　　　　　　)

06 위 콩, 팥, 좁쌀의 혼합물을 분리할 때 이용하는 성질로 혼합물을 분리하는 경우로 옳은 것에 ○표 하시오.

(1)　　　　　　(2)　　　　　　(3)

(　　　)　　(　　　)　　(　　　)

[07~08] 다음은 해변 쓰레기 수거 장비로 모래와 쓰레기를 분리하는 모습입니다. 물음에 답하시오.

07 위와 같이 해변에 있는 모래와 쓰레기를 분리하여 수거하는 해변 쓰레기 수거 장비에 부착되어 있는 것을 골라 쓰시오.

| 체 | 저울 | 자석 | 봉 |

( )

중요
08 위 해변 쓰레기 수거 장비로 모래와 쓰레기를 분리할 때 이용하는 물질의 성질은 어느 것입니까?

( )

① 물에 녹는 성질
② 자석에 붙는 성질
③ 알갱이의 크기 차이
④ 알갱이의 무게 차이
⑤ 알갱이의 부피 차이

09 다음은 플라스틱 구슬과 철 구슬의 혼합물을 분리하는 방법입니다. ( ) 안에 들어갈 알맞은 말을 쓰시오.

자석을 가까이 가져가면 ( ) 구슬만 자석에 붙는다.

( )

중요
10 다음은 철 캔과 알루미늄 캔을 분리하는 자동 분리기의 이동판이 위쪽과 아래쪽으로 나뉘어 있는 까닭을 설명한 것입니다. ( ) 안에 들어갈 알맞은 말을 쓰시오.

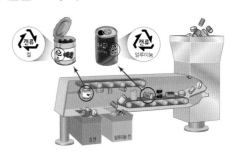

위쪽 이동판에는 ( )이/가 들어 있어서 철 캔이 달라붙어 운반되고, 아래쪽 이동판에서는 알루미늄 캔이 운반된다.

( )

11 다음은 생활 속에서 혼합물을 분리하는 경우입니다. 혼합물을 분리할 때 필요한 도구가 나머지와 다른 하나를 보기 에서 골라 기호를 쓰시오.

보기
㉠ 공사장에서 모래와 자갈을 분리할 때
㉡ 흙 속에 섞여 있는 철 가루를 분리할 때
㉢ 폐건전지를 가루로 만든 뒤 철을 분리할 때

( )

12 다음 ( ) 안에 들어갈 알맞은 말을 쓰시오.

쌀을 얻기 위해 도정을 하는 과정에서 기계가 마모되어 생긴 철 가루가 쌀과 섞이면 ( )을/를 통과시켜 철 가루를 분리해 내고 깨끗한 쌀을 얻는다.

( )

❶ 우리 조상이 소금을 얻는 방법
- 바닷물에서 모래나 흙이 걸러진 진한 소금물을 얻음.
- 걸러진 진한 소금물을 가마솥에 넣고 오랜 시간 끓여 얻게 되는 소금을 자염이라고 함.

❷ 전통 장 만들기
- 소금물에 넣어 둔 메주가 여러 날이 지나면 소금물에 섞여 혼합물이 만들어짐.
- 혼합물을 천으로 거르면 물에 녹은 물질은 천을 빠져나가고 물에 녹지 않은 물질은 천에 남게 됨.

천에 남아 있는 건더기	천을 빠져나간 액체
된장을 만듦.	끓여서 간장을 만듦.

❸ 거름 장치를 꾸미며 액체 혼합물 분리하기
① 거름종이를 고깔 모양으로 접음.
② 접은 거름종이를 깔때기 안에 넣고 물을 묻힘.
③ 깔때기 끝의 긴 부분을 비커 옆면에 닿게 설치함.
④ 거르고자 하는 액체 혼합물이 유리 막대를 타고 천천히 흐르도록 부어 줌.

❹ 소금과 모래 분리하기
- 소금과 모래의 혼합물을 물에 넣어 녹인 뒤 거르기

거름종이에 남아 있는 물질	거름종이를 빠져나간 물질
모래	소금물

- 거름종이를 빠져나온 소금물을 증발 접시에 넣고 가열하면 물의 양이 줄어들면서 소금이 생김.

❺ 생활 속에서 거름과 증발을 이용한 혼합물 분리하기

녹차 여과기	찻잎을 따뜻한 물에 넣어 우려낸 뒤 찻잎을 망으로 거르면 물에 녹는 성분을 차로 마실 수 있음.
천일염	햇빛과 바람 등으로 염전에 모아 놓은 바닷물을 증발시켜 소금을 얻음.

❻ 두부 만들기
① 냄비에 갈아 놓은 콩 물을 붓고 가열하다가 콩 물이 끓기 시작하면 물을 조금 붓고 약한 불에 한 번 더 끓임.
② 체와 헝겊을 사용하여 끓인 콩 물과 콩 찌꺼기를 거름.
③ 거른 콩 물에 간수를 넣고 약한 불로 가열하면서 주걱으로 천천히 저어 줌.
④ 두부 틀에 헝겊을 깔고 그 위에 덩어리가 생긴 콩 물을 국자로 떠서 조금씩 부음.
⑤ 두부 틀에 헝겊을 덮고 무거운 물체를 올려놓은 후 물이 빠지면 헝겊을 걷고 두부를 꺼냄.

❼ 전통 한지 만들기
① 닥나무를 채취한 뒤 끓는 물에 삶음.
② 닥 섬유를 닥 풀과 함께 물에 넣고 풀어 줌.
③ 한지를 체로 뜸.
④ 물기를 뺀 한지를 흙벽에 붙여 말림.

❽ 재생 종이 만들기
① 폐지를 4~5시간 불린 후 믹서기로 갈아서 종이 죽을 만듦.
② 폐지로 만든 종이 죽과 물을 수조에 넣고 식용 색소를 넣은 후 잘 섞음.
③ 종이 만들기 틀을 수조에 넣고 원하는 두께가 되도록 종이뜨기를 함.
④ 물기가 빠진 종이를 틀에서 분리하여 천 위에 놓고 종이를 말림.

정답과 해설 44쪽

01 우리 조상이 바닷물에서 모래나 흙을 거른 뒤, 걸러진 소금물을 끓여서 만든 소금을 무엇이라고 합니까?

(   )

02 거름종이를 이용해 물에 녹는 물질과 물에 녹지 않는 물질을 거르는 장치를 무엇이라고 합니까?

(   )

03 소금과 모래의 특징을 비교하면 소금은 물에 (   ) 모래는 물에 (   ).

04 소금과 모래의 혼합물을 물에 녹여 거름 장치를 이용해 거르면 거름종이에 남는 물질은 무엇입니까?

(   )

05 소금물을 (   )에 넣고 알코올램프로 가열하면 물의 양이 줄어들면서 소금이 생깁니다.

06 찻잎을 따뜻한 물에 넣고 망으로 거르면 망에 남는 것은 무엇입니까?

(   )

07 햇빛과 (   )(으)로 염전에 모아 놓은 바닷물에서 물을 증발시켜 소금을 얻습니다.

08 두부는 콩 속의 무엇이 분리되어 만들어진 것입니까?

(   )

09 두부를 만들 때 갈아 놓은 콩 물을 끓인 후 콩 물을 거를 때 사용하는 것을 두 가지 쓰시오.

(   )

10 닥나무 속 섬유를 분리하면 무엇을 만들 수 있습니까?

(   )

11 전통 한지를 만들 때 닥나무 속 섬유를 물에 풀어 놓은 후 물과 분리하기 위해 사용하는 도구는 무엇입니까?

(   )

12 재생 종이를 만들기 위한 종이 죽을 만들 때 불린 종이를 곱게 갈기 위해 사용하는 도구는 무엇입니까?

(   )

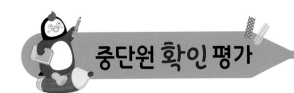

[01~03] 다음은 우리 조상이 소금을 얻는 방법을 순서 없이 나열한 것입니다. 물음에 답하시오.

> ㈎ 갯벌 흙으로 원 모양의 둔덕을 만든다.
> ㈏ 걸러진 진한 소금물을 가마솥에 넣고 끓여서 소금을 얻는다.
> ㈐ 바닷물을 부어 모래나 흙을 걸러내고 진한 소금물을 얻는다.
> ㈑ 둔덕 사이에 나무를 걸치고 수숫대, 옥수숫대, 소나무 가지, 솔잎 등을 걸쳐 놓는다.

01 위의 소금을 얻는 방법을 순서대로 나열한 것은 어느 것입니까? (   )

① ㈎ — ㈐ — ㈏ — ㈑
② ㈎ — ㈑ — ㈐ — ㈏
③ ㈐ — ㈏ — ㈎ — ㈑
④ ㈑ — ㈏ — ㈎ — ㈐
⑤ ㈑ — ㈏ — ㈐ — ㈎

02 위와 같은 방법으로 얻어진 소금을 무엇이라고 하는지 쓰시오.

(   )

03 다음은 실험실에서 소금을 얻는 과정과 위 과정 ㈏를 비교한 것입니다. (   ) 안에 들어갈 알맞은 말을 쓰시오.

> 우리 조상은 바닷물에서 걸러낸 진한 소금물을 가마솥에 넣고 장작불로 끓여서 소금을 얻었는데, 실험실에서는 소금물을 (㉠)에 넣고 (㉡)을/를 이용해 끓여서 소금을 얻는다.

㉠ (   ), ㉡ (   )

[04~06] 오른쪽은 거름 장치를 이용해 물에 녹인 소금과 모래의 혼합물을 거르는 실험입니다. 물음에 답하시오.

04 위 거름 장치에서 거름종이에 남는 것과 비커에 모아지는 것을 바르게 나타낸 것은 어느 것입니까? (   )

	거름종이에 남는 것	비커에 모아지는 것
①	소금	물
②	모래	소금물
③	소금	소금물
④	소금	모래
⑤	소금물	모래

05 위 거름 장치를 이용해 소금과 모래의 혼합물을 분리하는 것은 물질의 어떤 성질을 이용한 것인지 보기 에서 골라 기호를 쓰시오.

> 보기
> ㉠ 소금은 짠맛이 난다.
> ㉡ 소금은 물에 녹는다.
> ㉢ 모래는 물에 가라앉는다.

(   )

06 위와 같은 혼합물의 분리 방법을 이용하는 경우로 옳은 것에 ○표 하시오.

(1) 전통 장을 만들 때 (   )
(2) 쓰레기를 분리 수거할 때 (   )
(3) 사탕수수에서 설탕을 분리할 때 (   )
(4) 철광석에서 순수한 철을 분리할 때 (   )

[07~09] 다음은 생활 속에서 혼합물을 분리하는 모습입니다. 물음에 답하시오.

(가)

▲ 티백에 들어 있는 찻잎 우려내기

(나)

▲ 염전에서 소금 얻기

07 위 (가)와 같이 찻잎이 들어 있는 티백을 따뜻한 물에 넣어 차를 우려낼 때 티백은 무엇과 같은 역할을 합니까? (   )

① 비커
② 깔때기
③ 거름종이
④ 유리 막대
⑤ 알코올램프

중요
08 위 (나)는 염전에서 소금을 얻는 모습입니다. (   ) 안에 들어갈 알맞은 말을 쓰시오.

(㉠   )와/과 바람으로 바닷물에서 물을 (㉡   )시켜 소금을 얻는다.

㉠ (   ), ㉡ (   )

09 다음은 전통 한지를 만드는 과정 중 일부입니다. 위 (가)와 (나) 중 관계 있는 것의 기호를 쓰시오.

(1)

(   )

(2)

(   )

[10~12] 다음은 재생 종이를 만드는 과정입니다. 물음에 답하시오.

(가)

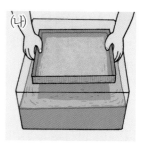

폐지로 만든 종이 죽과 물을 수조에 넣고 식용 색소를 넣은 뒤 잘 섞는다.

(나)

종이 만들기 틀을 수조에 넣고 원하는 두께가 되도록 (   )을/를 한다.

(다)

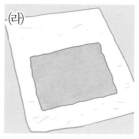

물기가 빠진 종이를 틀에서 분리하여 천 위에 놓는다.

(라)

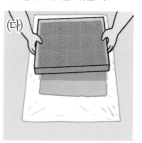

종이를 말린다.

10 위 과정 (가)에서 사용할 종이 죽을 만드는 재료 중 코팅지를 벗겨 낸 뒤에 사용해야 하는 것을 **보기**에서 골라 기호를 쓰시오.

보기

㉠ 이면지   ㉡ 신문지   ㉢ 우유갑

(   )

11 위 과정 (나)의 (   ) 안에 들어갈 알맞은 말을 쓰시오.

(   )

중요
12 위 과정 중 증발을 이용하는 것을 골라 기호를 쓰시오.

(   )

대단원 종합 평가

[01~02] 오른쪽은 여러 가지 재료로 만든 간식입니다. 물음에 답하시오.

01 위 간식을 눈가리개로 눈을 가리고 먹어 본 뒤 재료의 특징을 바르게 설명한 친구의 이름을 쓰시오.

> • 윤수: 둥글고 단맛이 나는 것으로 보아 초콜릿 같아.
> • 은주: 고소한 맛이 나는 것으로 보아 건포도인 것 같아.
> • 민희: 둥글고 주름이 있고 맛이 단 것으로 보아 말린 바나나 같아.

( )

02 위 **01**번의 답을 고른 까닭을 설명한 것입니다. ( ) 안에 들어갈 알맞은 말을 쓰시오.

> 여러 가지 재료를 섞어 간식을 만들면 각 재료의 맛은 ( ) 때문이다.

( )

중요
03 다음 음식들의 공통된 특징으로 옳지 <u>않은</u> 것은 어느 것입니까? ( )

① 혼합물이다.
② 콩을 섞어서 만들었다.
③ 여러 가지 재료가 섞여 있다.
④ 각 재료의 맛은 변하지 않는다.
⑤ 두 가지 이상의 물질이 성질이 변하지 않은 채 서로 섞여 있는 것이다.

[04~05] 오른쪽과 같이 콩, 팥, 좁쌀의 혼합물을 체에 통과시켰더니 체에 콩이 남고 팥과 좁쌀은 체를 빠져나갔습니다. 물음에 답하시오.

04 위 실험을 보고, ( ) 안에 들어갈 알맞은 말을 쓰시오.

> 체의 ( )이/가 콩보다 작고 팥보다 크기 때문에 콩은 체에 남고 팥과 좁쌀은 체를 빠져나간 것이다.

( )

05 위와 같은 방법으로 팥과 좁쌀의 혼합물을 분리할 때 필요한 체를 골라 기호를 쓰시오.

> ㉠ 눈의 크기가 콩보다 큰 체
> ㉡ 눈의 크기가 팥보다 큰 체
> ㉢ 눈의 크기가 좁쌀보다 작은 체
> ㉣ 눈의 크기가 팥보다 작고 좁쌀보다 큰 체

( )

중요
06 다음은 우리 생활에서 혼합물을 분리하는 모습을 설명한 것입니다. ( ) 안에 공통으로 들어갈 알맞은 말을 쓰시오.

> • 해변 쓰레기 수거 장비에 부착된 ( ) (으)로 모래와 쓰레기를 분리한다.
> • 모래와 진흙 속에 사는 재첩을 ( ) 을/를 사용해 분리한다.
> • 공사장에서 ( )을/를 사용하여 모래와 자갈을 분리한다.

( )

07 우리 생활 주변에서 볼 수 있는 시설물 중 알갱이의 크기를 이용해 혼합물을 분리하는 원리를 이용하는 것은 어느 것입니까? (　　)

①
②
③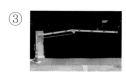
④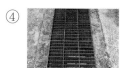
⑤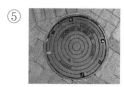

[08~09] 다음은 자석을 이용해 혼합물을 분리하는 모습입니다. 물음에 답하시오.

자석

08 위 혼합물에 섞여 있는 물질끼리 바르게 짝 지은 것은 어느 것입니까? (　　)

① 설탕과 모래
② 모래와 자갈
③ 설탕과 톱밥
④ 톱밥과 자갈
⑤ 모래와 철 가루

중요
09 위 혼합물을 분리할 때 자석을 이용하는 까닭을 설명한 것입니다. (　　) 안에 들어갈 알맞은 말을 쓰시오.

(　　　　)은/는 자석에 붙는 성질을 가지고 있기 때문이다.

(　　　　　　　　　　)

10 재활용품이 섞여 있는 쓰레기에서 자석을 사용하여 분리해 낼 수 있는 것은 어느 것입니까? (　　)

① 철 캔
② 종이컵
③ 페트병
④ 유리병
⑤ 알루미늄 캔

[11~13] 다음은 소금물에 넣어 둔 메주를 천으로 걸러 전통 장을 만드는 모습입니다. 물음에 답하시오.

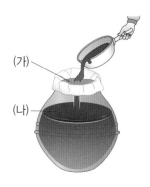

(가)
(나)

11 위 (가)에 남는 물질로 옳은 것을 보기 에서 골라 기호를 쓰시오.

보기
㉠ 소금
㉡ 소금물에 녹은 물질
㉢ 소금물에 녹지 않은 물질

(　　　　　　　　　　)

12 위 (나)와 가장 관계 있는 전통 장은 어느 것입니까? (　　)

① 된장
② 막장
③ 간장
④ 쌈장
⑤ 고추장

13 위와 같이 전통 장을 만들 때 이용된 혼합물의 분리 방법을 쓰시오.

(　　　　　　　　　　)

[14~16] 다음은 거름 장치를 이용하여 소금과 모래의 혼합물을 분리하는 실험입니다. 물음에 답하시오.

> (가) 거름종이를 고깔 모양으로 접는다.
> (나) 접은 거름종이를 깔때기 안에 넣고 물을 묻힌다.
> (다) 깔때기 끝의 긴 부분을 비커 옆면에 닿게 설치한다.
> (라) 물에 녹인 소금과 모래의 혼합물이 (㉠)을/를 타고 천천히 흐르도록 붓는다.
> (마) 걸러진 물질을 증발 접시에 붓고 알코올램프로 가열한다.

14 위 과정 (나)에서 물을 묻히는 까닭은 무엇입니까?
( )

① 거름종이를 얇게 만들기 위해서
② 액체 혼합물이 튀지 않게 하기 위해서
③ 거름종이가 깔때기에 잘 붙게 하기 위해서
④ 액체 혼합물이 천천히 흐르게 하기 위해서
⑤ 액체 혼합물이 거름종이를 잘 빠져나가게 하기 위해서

15 위 ㉠에 들어갈 알맞은 실험 도구는 어느 것입니까? ( )

①

②

③

④

⑤

16 위 과정 (마)를 통해 얻을 수 있는 물질은 무엇인지 쓰시오.

( )

17 두부를 만드는 과정 중에서 혼합물을 분리하는 과정은 어느 것입니까? ( )

① 믹서기로 콩을 간다.
② 갈아 놓은 콩 물을 냄비에 붓고 가열한다.
③ 체 위에 헝겊을 깔고 끓인 콩 물을 붓는다.
④ 콩 물이 끓기 시작하면 물을 조금 붓고 약한 불에 다시 한 번 더 끓인다.
⑤ 거른 콩 물에 간수를 넣고 약한 불로 가열하면서 주걱으로 천천히 젓는다.

[18~20] 다음은 전통 한지를 만드는 과정을 순서 없이 나열한 것입니다. 물음에 답하시오.

> (가) 물기를 뺀 한지 말리기
> (나) 닥나무를 채취한 뒤 삶기
> (다) 한지를 (㉠)(으)로 뜨기
> (라) 닥 섬유를 닥 풀과 함께 물에 넣고 풀기

18 위의 전통 한지를 만드는 과정을 순서대로 나타낸 것은 어느 것입니까? ( )

① (나) — (다) — (가) — (라)
② (나) — (라) — (다) — (가)
③ (다) — (가) — (나) — (라)
④ (다) — (라) — (가) — (나)
⑤ (라) — (다) — (가) — (나)

19 위 ㉠에 들어갈 알맞은 도구는 무엇인지 쓰시오.

( )

20 위의 전통 한지를 만드는 과정에서 혼합물의 분리 방법 중 증발을 이용한 과정의 기호를 쓰시오.

( )

서술형·논술형 평가 5단원

정답과 해설 46쪽

01 다음은 승환이와 진희가 각각 여러 재료를 섞어 만든 간식을 먹고 맛을 표현한 것입니다. 이것을 보고 두 사람이 맛을 본 간식이 혼합물이라고 할 수 있는 까닭을 쓰시오.

승환	진희
▲ 팥빙수	▲ 붕어빵
팥은 맛이 매우 달아.	따뜻한 팥에서 단맛이 나.

_____

_____

02 다음은 콩, 팥, 좁쌀의 혼합물입니다. 이 혼합물을 분리하기 위해 필요한 체의 개수와 그 까닭을 쓰시오.

▲ 콩, 팥, 좁쌀의 혼합물

(1) 필요한 체의 개수: (　　　　　)개

(2) 그 까닭 :

_____

_____

03 다음은 모래, 구슬, 소금의 혼합물입니다. 이 혼합물을 분리하는 방법을 쓰시오.

_____

_____

_____

_____

04 다음은 구리 광석과 10원짜리 동전입니다. 구리 광석에서 얻을 수 있는 물질을 쓰고, 얻어 낸 물질을 이용하여 동전을 만드는 방법을 쓰시오.

▲ 구리 광석　　　　▲ 10원짜리 동전

(1) 구리 광석에서 얻을 수 있는 물질:

(　　　　　　　　　　　　　　)

(2) 동전을 만드는 방법:

_____

_____

_____

5. 혼합물의 분리 **63**

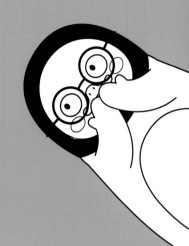

효과가 상상 이상입니다.

예전에는 아이들의 어휘 학습을 위해 학습지를 만들어 주기도 했는데,
이제는 이 교재가 있으니 어휘 학습 고민은 해결되었습니다.
아이들에게 아침 자율 활동으로 할 것을 제안하였는데,
"선생님, 더 풀어도 되나요?"라는 모습을 보면,
아이들의 기초 학습 습관 형성에도 큰 도움이 되고 있다고 생각합니다.

ㄷ초등학교 안00 선생님

어휘 공부의 힘을 느꼈습니다.

학습에 자신감이 없던 학생도 이미 배운 어휘가 수업에 나왔을 때 반가워합니다.
어휘를 먼저 학습하면서 흥미도가 높아지고
동기 부여가 되는 것을 보면서 어휘 공부의 힘을 느꼈습니다.

ㅂ학교 김00 선생님

학생들 스스로 뿌듯해해요.

처음에는 어휘 학습을 따로 한다는 것 자체가 부담스러워했지만,
공부하는 내용에 대해 이해도가 높아지는 경험을 하면서
스스로 뿌듯해하는 모습을 볼 수 있었습니다.

ㅅ초등학교 손00 선생님

앞으로도 활용할 계획입니다.

학생들에게 확인 문제의 수준이 너무 어렵지 않으면서도
교과서에 나오는 낱말의 뜻을 확실하게 배울 수 있었고,
주요 학습 내용과 관련 있는 낱말의 뜻과 용례를
정확하게 공부할 수 있어서 효과적이었습니다.

ㅅ초등학교 지00 선생님

EBS

새 교육과정 반영

중학 내신 영어듣기,
초등부터
미리 대비하자!

초등 **영어 듣기 실전 대비서**

영어듣기평가 완벽대비

전국 시·도교육청 영어듣기능력평가 시행 방송사 EBS가 만든
초등 영어듣기평가 완벽대비

'듣기 - 받아쓰기 - 문장 완성'을 통한 반복 듣기 →	듣기 집중력 향상 + 영어 어순 습득
다양한 유형의 **실전 모의고사 10회** 수록 →	각종 영어 듣기 시험 대비 가능
딕토글로스* 활동 등 **수행평가 대비 워크시트** 제공 →	중학 수업 미리 적응

* Dictogloss, 듣고 문장으로 재구성하기

EBS 초등ON

https://on.ebs.co.kr

초등 공부의 모든 것
EBS 초등ON

제대로 배우고 익혀서 (溫)
더 높은 목표를 향해 위로 올라가는 비법 (ON)
초등온과 함께 **즐거운 학습경험**을 쌓으세요!

조금 어려운 내용에
도전해보고 싶어요.

아직 기초가 부족해서
차근차근
공부하고 싶어요.

영어의 모든 것!
체계적인
영어공부를 원해요.

조금 어려운
내용에
**도전해보고
싶어요.**

학습 고민이 있나요?
초등온에는
친구들의 **고민에 맞는**
다양한 강좌가 준비되어 있답니다.

**학교 진도에
맞춰**
공부하고
싶어요.

초등 ON 이란?

EBS가 직접 제작하고 분야별 전문 교육업체가 개발한
다양한 콘텐츠를 바탕으로,

대표강좌

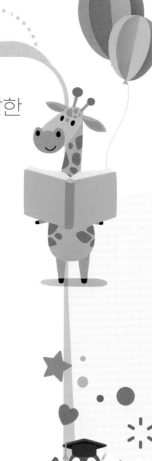

초등 목표달성을 위한 **<초등온>**서비스를 제공합니다.

BOOK 3

해설책

BOOK 3 해설책으로
틀린 문제의 해설도 확인해 보세요!

예습, 복습, 숙제까지 해결되는

교과서 완전 학습서

만점왕

BOOK 3
해설책

과학 4-1

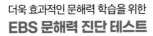

BOOK 3
해설책

만점왕 과학
4-1

2 단원
지층과 화석

(1) 층층이 쌓인 지층

탐구 문제	17쪽

1 ③ **2** 좁아지게

1 모래와 모래 사이의 빈 곳을 채우고 모래 알갱이를 서로 붙여 주기 위해서 물 풀을 넣습니다. 나무 막대기는 모래 반죽을 섞을 때 사용합니다.

2 퇴적암 모형을 만드는 과정 중 모래 반죽을 넣은 종이컵을 다른 종이컵으로 누르는 까닭은 모래 알갱이 사이의 공간을 좁아지게 하기 위해서입니다.

핵심 개념 문제	18~20쪽

01 지층 **02** ⓒ **03** ㉠, ㉣ **04** 다르다 **05** ㉣, ㉢, ㉡, ㉠
06 ① **07** ② **08** ㉠ **09** ㉢, ㉡, ㉣, ㉠ **10** ⑤ **11** ③
12 ③

01 자갈, 모래, 진흙 등으로 이루어진 암석들이 층을 이루고 있는 것을 지층이라고 합니다.

02 줄무늬가 보이며, 층이 구부러져 있고, 층마다 색깔이 조금씩 다른 지층은 ⓒ이고, 휘어진 지층입니다.

03 수평인 지층, 끊어진 지층, 휘어진 지층은 모두 줄무늬가 보이며, 여러 개의 층으로 이루어져 있습니다.

04 여러 가지 모양의 지층을 살펴보면 층의 두께와 색깔이 다르며, 수평인 지층, 끊어진 지층, 휘어진 지층 등 지층의 모양이 서로 다릅니다.

05 지층이 만들어질 때 아래에 있는 층이 쌓인 다음, 그 위에 자갈, 모래, 진흙 등이 쌓여서 새로운 층이 만들어지므로 아래에 있는 층이 가장 먼저 만들어진 것입니다.

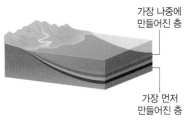

▲ 지층이 쌓이는 순서

06 지층 모형과 실제 지층의 공통점은 둘 다 줄무늬가 보이며, 아래에 있는 것이 먼저 쌓인 것입니다.

07 물이 운반한 자갈, 모래, 진흙 등의 퇴적물이 굳어져 만들어진 암석을 퇴적암이라고 합니다.

08 알갱이의 크기가 매우 작고, 진흙과 같은 작은 알갱이로 되어 있으며, 부드럽고 매끄러운 특징을 가진 퇴적암의 종류는 이암입니다.

09 햇빛, 비, 바람 등에 의하여 암석이 부서져 만들어진 작은 돌이나 자갈, 모래 등이 흐르는 물에 의하여 운반되어 강이나 바다에 쌓이고, 그 위에 새로 쌓이는 퇴적물에 의하여 눌려 퇴적물은 알갱이 사이의 공간이 좁아지고 알갱이들이 서로 단단하게 붙게 됩니다. 이러한 과정이 오랜 시간 반복되어 단단한 퇴적암이 만들어집니다.

10 퇴적암이 만들어지는 과정에서 쌓인 퇴적물은 그 위에 새로 쌓이는 퇴적물에 의하여 눌려 알갱이 사이의 공간이 좁아집니다.

11 물 풀을 넣는 까닭은 모래와 모래 사이의 빈 곳을 채우고 모래 알갱이를 서로 붙여 주기 위해서입니다.

12 퇴적암 모형과 사암은 모두 모래로 만들어졌습니다.

01 ㉠ 암석, ㉡ 지층   02 ⑤   03 ③   04 줄무늬   05 ㉠
06 ①, ⑤   07 ③   08 ㉡   09 ②   10 ㉢, ㉠, ㉣, ㉡
11 (1) ㉣ (2) ㉠   12 예 지층 모형은 만들어지는 데 걸리는 시간이 짧지만, 실제 지층은 만들어지는 데 오랜 시간이 걸린다. 지층 모형은 단단하지 않지만 실제 지층은 단단하다.   13 ⑤
14 이암   15 ①   16 물 풀   17 모래 알갱이 사이의 공간을 좁아지게 하기 위해서이다.   18 모래

01 자갈, 모래, 진흙 등으로 이루어진 암석들이 층을 이루고 있는 것을 지층이라고 합니다.

02 ①, ④는 수평인 지층, ②, ③은 휘어진 지층, ⑤는 끊어진 지층입니다.

03 ③은 끊어진 지층에 대한 설명입니다.

04 여러 가지 모양의 지층은 줄무늬가 있으며, 여러 개의 층으로 이루어져 있습니다.

05 ㈎는 수평인 지층이고, ㈏는 휘어진 지층입니다. 두 지층은 모양이 다르고, 층의 두께와 색깔이 다릅니다. 두 지층은 여러 개의 층으로 이루어져 있습니다.

06 산기슭이나 바닷가의 절벽에서 여러 가지 모양의 지층을 볼 수 있습니다.

07 층마다 두께가 다릅니다.

08 아래에 있는 층이 먼저 만들어진 것입니다.

09 지층에 줄무늬가 생기는 까닭은 지층을 이루고 있는 자갈, 모래, 진흙의 알갱이의 크기와 색깔이 서로 다르기 때문입니다.

10 물이 운반한 자갈, 모래, 진흙 등이 쌓이고, 자갈, 모래, 진흙 등이 계속 쌓이면 먼저 쌓인 것들이 눌립니다. 그런 뒤 오랜 시간이 지나면 단단한 지층이 만들어지고, 지층은 땅 위로 솟아오른 뒤 깎여서 보이게 됩니다.

11 지층은 아래에 있는 층이 쌓인 다음, 그 위에 자갈, 모래, 진흙 등이 쌓여서 새로운 층이 만들어지므로 아래에 있는 층이 먼저 만들어진 것입니다.

12 실제 지층은 만들어지는 데 오랜 시간이 걸리고, 실제 지층은 단단하지만 지층 모형은 단단하지 않습니다.

13 퇴적암은 알갱이의 크기에 따라 이암, 사암, 역암으로 분류할 수 있습니다.

14 이암은 진흙과 같이 알갱이의 크기가 매우 작은 것이 굳어져 만들어진 암석입니다.

15 이암은 진흙과 같은 작은 알갱이로 되어 있으며, 알갱이의 크기가 매우 작습니다. 역암은 주로 자갈, 모래 등으로 되어 있으며, 알갱이의 크기가 큽니다.

16 종이컵에 넣은 모래 양의 반 정도의 물 풀을 넣습니다.

17 모래 반죽을 누르는 까닭은 모래 알갱이 사이의 공간을 좁아지게 하기 위해서입니다.

18 모래로 만든 퇴적암 모형과 실제 퇴적암인 사암은 모두 모래로 만들어졌습니다.

 서술형·논술형 평가 돋보기   24~25쪽

연습 문제

1 (1) 수평, 끊어져, 구부러져(휘어져) (2) 줄무늬, 층, 두께(색깔), 색깔(두께), 모양   2 (1) 빈 곳(공간) (2) 좁아지게

실전 문제

1 자갈, 모래, 진흙 등이 계속 쌓이면 먼저 쌓인 것들이 눌린다.   2 (1) (나), ㉢ (2) 예 줄무늬가 보인다. 아래에 있는 것이 먼저 쌓인 것이다.   3 (1) 알갱이의 크기에 따라 이암, 사암, 역암으로 분류할 수 있다. (2) 사암, 예 알갱이의 크기는 모래 알갱이 정도이다. 손으로 만졌을 때 약간 거칠다.   4 퇴적암 모형은 만드는 데 걸리는 시간이 짧지만, 사암은 만들어지는 데 오랜 시간이 걸린다.

1 (1) (가)는 수평인 지층으로, 얇은 층이 수평으로 쌓여 있습니다. (나)는 끊어진 지층으로, 층이 끊어져 어긋나 있습니다. (다)는 휘어진 지층으로, 층이 구부러져 있습니다.

(2) 여러 가지 모양의 지층의 공통점은 줄무늬가 보이며, 여러 개의 층으로 이루어져 있다는 것입니다. 차이점은 층의 두께와 색깔이 다르고, 지층의 모양이 서로 다르다는 것입니다.

2 (1) 물 풀을 넣으면 모래와 모래 사이의 빈 곳을 채우고 모래 알갱이를 서로 붙여 줄 수 있습니다.

(2) 다른 종이컵으로 모래 반죽을 누르면 모래 알갱이 사이의 공간을 좁아지게 할 수 있습니다.

1 지층이 만들어지려면 물이 운반한 자갈, 모래, 진흙 등이 쌓이고, 그 위에 자갈, 모래, 진흙 등이 계속 쌓이면 먼저 쌓인 것들이 눌립니다. 그런 뒤 오랜 시간이 지나면 단단한 지층이 만들어지고, 지층은 땅 위로 솟아오른 뒤 깎여서 보이게 됩니다.

채점 기준	
상	'자갈, 모래, 진흙 등이 쌓이고, 먼저 쌓인 것들이 눌린다.'라고 바르게 쓴 경우
중	'자갈, 모래, 진흙 등이 계속 쌓인다.'라고 쓴 경우
하	답을 쓰지 못한 경우

2 (1) 아래에 있는 층이 쌓인 다음, 그 위에 자갈, 모래, 진흙 등이 쌓여서 새로운 층이 만들어지므로 아래에 있는 층이 먼저 만들어진 것입니다.

(2) 지층 모형과 실제 지층은 둘 다 줄무늬가 보이고, 아래에 있는 것이 먼저 쌓인 것입니다.

채점 기준	
상	(1)과 (2)의 답을 모두 바르게 쓴 경우
중	(1)의 두 가지 기호는 모두 바르게 쓰고, (2)의 공통점은 쓰지 못한 경우
하	(1)과 (2)의 답을 쓰지 못한 경우

3 (1) 퇴적암은 알갱이의 크기에 따라 이암, 사암, 역암으로 분류할 수 있습니다.

(2) 주로 모래로 되어 있는 암석은 사암이고, 사암은 알갱이의 크기가 모래 알갱이 정도이고, 손으로 만졌을 때 약간 거칩니다.

채점 기준	
상	(1)과 (2)의 답을 모두 바르게 쓴 경우
중	(1)의 분류 기준은 바르게 쓰고, (2)의 이름과 특징 중 한 가지만 바르게 쓴 경우
하	(1)과 (2)의 답을 쓰지 못한 경우

4 퇴적암 모형은 만드는 데 걸리는 시간이 짧지만, 사암은 만들어지는 데 오랜 시간이 걸립니다.

채점 기준	
상	퇴적암 모형과 사암이 만들어지는 데 걸리는 시간을 비교하여 바르게 쓴 경우
중	'만들어지는 데 걸리는 시간이 다르다.'라고만 쓴 경우
하	답을 쓰지 못한 경우

(2) 지층 속 생물의 흔적

탐구 문제   29쪽

1 ㉠, ㉢, ㉡   **2** ㉠

1 찰흙 반대기에 조개껍데기를 올려놓고 손으로 눌렀다가 떼어 낸 후, 찰흙 반대기에 생긴 조개껍데기 자국이 모두 덮이도록 알지네이트 반죽을 붓습니다. 그런 뒤 알지네이트가 다 굳으면 알지네이트를 찰흙 반대기에서 떼어 냅니다.

2 실제 화석은 화석 모형보다 단단하고, 색깔과 무늬가 선명합니다. 화석 모형은 만드는 데 걸리는 시간이 짧지만, 실제 화석은 만들어지는 데 오랜 시간이 걸립니다.

핵심 개념 문제   30~32쪽

01 화석   **02** ③   **03** ⑤   **04** ㉠   **05** 동물 화석   **06** ⑤
07 ㉣, ㉡, ㉤, ㉠, ㉢   **08** 빠르게, 단단한   **09** ⑤   **10** ㉢
11 ②   **12** (3) ○

01 퇴적암 속에 아주 오랜 옛날에 살았던 생물의 몸체와 생물이 생활한 흔적이 남아 있는 것을 화석이라고 합니다.

02 동물의 뼈나 식물의 잎과 같은 생물의 몸체뿐만 아니라 동물의 발자국이나 기어간 흔적도 화석이 될 수 있습니다.

03 제시된 화석은 삼엽충 화석으로 모양이 잎을 닮았고 머리, 가슴, 꼬리의 세 부분으로 나눌 수 있습니다.

04 잎의 가장자리가 갈라져 손 모양을 하고 있고, 잎맥이 잘 보이는 특징을 가진 화석은 나뭇잎 화석입니다.

05 물고기 화석은 동물 화석으로 분류할 수 있습니다.

06 ①, ②, ③, ④는 동물 화석입니다.

07 죽은 생물이나 나뭇잎 등이 호수나 바다의 바닥으로 운

반되고, 그 위에 퇴적물이 두껍게 쌓인 뒤 퇴적물이 계속 쌓여 지층이 만들어지고 그 속에 묻힌 생물이 화석이 됩니다. 그 후 지층이 높게 솟아오른 뒤 깎이고, 지층이 더 많이 깎여 화석이 드러납니다.

08 생물의 몸체 위에 퇴적물이 빠르게 쌓이고, 생물의 몸체에서 단단한 부분이 있으면 화석으로 만들어지기 쉽습니다.

09 알지네이트가 다 굳은 뒤 알지네이트를 찰흙 반대기에서 떼어 내면 화석 모형이 완성됩니다.

10 실제 화석은 화석 모형보다 단단하고, 색깔과 무늬가 선명하며, 화석 모형보다 만들어지는 데 오랜 시간이 걸립니다.

11 화석을 이용하면 옛날에 살았던 생물의 생김새와 생활 모습, 그 지역의 환경을 짐작할 수 있습니다.

12 산호는 깊이가 얕고 따뜻한 바다에 사는 생물이므로 산호 화석이 발견된 곳은 옛날에 깊이가 얕고 따뜻한 바다였음을 알 수 있습니다.

중단원 실전 문제   33~35쪽

01 흔적   **02** ②   **03** ㉡   **04** ㉢   **05** 물고기 화석   **06** ㉠
07 ④   **08** 화석   **09** 찰흙 반대기   **10** ㉢   **11** 예 모양과 무늬가 같다.   **12** 단단하고, 짧지만, 오랜   **13** ④, ⑤   **14** ①
15 ㉡, ㉣   **16** ①, ②   **17** 예 잎과 줄기의 생김새가 비슷하다.
18 동준

01 화석은 퇴적암 속에 아주 오랜 옛날에 살았던 생물의 몸체와 생물이 생활한 흔적이 남아 있는 것입니다.

02 모래에 난 사람의 발자국은 화석이 아닙니다. 왜냐하면 최소한 생성된 뒤 약 1만 년 이상은 되어야 화석이라는 것이 일반적으로 받아들여지고 있는 화석의 기준입니다. 따라서 모래에 난 사람의 발자국은 이 기준에 맞지 않고 옛것이 아닙니다.

03 고인돌은 옛날에 살았던 생물의 몸체나 생활한 흔적이 아니라 사람이 만든 유물이므로, 화석이 아닙니다.

04 삼엽충 화석은 모양이 잎을 닮았고, 머리, 가슴, 꼬리의 세 부분으로 나눌 수 있습니다.

05 ㉣은 물고기 화석으로, 지금 물고기의 모습과 비슷하게 생겼습니다.

06 ㉠ 삼엽충 화석은 동물 화석입니다.

07 오늘날 살고 있는 생물과 비교하여 동물 화석과 식물 화석으로 구분할 수 있습니다.

08 퇴적물이 계속 쌓여 지층이 만들어지고 그 속에 묻힌 생물이 화석이 됩니다.

09 찰흙 반대기에 조개껍데기를 올려놓고 손으로 눌렀다가 떼어 낸 뒤, 찰흙 반대기에 생긴 조개껍데기 자국이 모두 덮이도록 알지네이트 반죽을 붓습니다. 그런 뒤 알지네이트가 다 굳으면 알지네이트를 찰흙 반대기에서 떼어 내면 조개 화석 모형이 만들어집니다.

10 화석 모형을 만드는 과정에서 찰흙 반대기는 지층을, 조개껍데기는 옛날에 살았던 생물을, 찰흙 반대기에 찍힌 겉모양과 알지네이트로 만든 조개의 형태는 화석에 비유됩니다.

11 화석 모형과 실제 화석은 모양과 무늬가 같습니다.

12 실제 화석은 화석 모형보다 단단합니다. 화석 모형은 만드는 데 걸리는 시간이 짧지만, 실제 화석은 만들어지는 데 오랜 시간이 걸립니다.

13 화석이 잘 만들어지는 조건은 생물의 몸체 위에 퇴적물이 빠르게 쌓여야 하고, 생물의 몸체에서 단단한 부분이 있어야 합니다.

14 산호는 깊이가 얕고 따뜻한 바다에 사는 생물이므로 산호 화석이 발견된 곳은 옛날에 깊이가 얕고 따뜻한 바다였음을 알 수 있습니다.

15 삼엽충 화석을 통해 옛날에 살았던 삼엽충의 생김새와 삼엽충 화석이 발견된 곳은 당시에 물속이었음을 알 수 있습니다.

16 석탄이나 석유와 같은 화석 연료는 우리 생활에 유용하게 이용됩니다.

17 고사리와 고사리 화석을 비교해 보면 잎과 줄기의 생김새가 비슷합니다.

18 화석 속 고사리가 살던 곳은 기온이 따뜻하고 습기가 많은 곳이었을 것입니다.

서술형·논술형 평가 돋보기

연습 문제

1 (1) 동물 화석: ㉠, ㉣, ㉤, 식물 화석: ㉡, ㉢ (2) 생물, 구분
2 (1) 지층, 생물, 화석 (2) 모양(무늬), 무늬(모양), 짧지만, 오래 걸린다(길다)

실전 문제

1 (1) 화석이 아니다. (2) ⑩ 모래에 난 사람의 발자국은 옛것이 아니기 때문이다. 2 ⑩ 당시에는 단단한 층이 아니라 부드러운 진흙으로 되어 있어 발자국이 남았기 때문이다. 3 ⑩ 화석은 연료로도 이용된다는 것을 알 수 있다. 4 (1) ⑩ 모양이 잎을 닮았다. 머리, 가슴, 꼬리의 세 부분으로 나눌 수 있다. (2) 물속이었다.

연습 문제

1 (1) ㉠ 삼엽충 화석, ㉡ 고사리 화석, ㉢ 나뭇잎 화석, ㉣ 물고기 화석, ㉤ 새 발자국 화석
(2) 여러 가지 화석은 동물 화석과 식물 화석으로 분류할 수 있습니다.

2 (1) 화석 모형 만들기 실험에서 찰흙 반대기는 지층을, 조개껍데기는 옛날에 살았던 생물을, 찰흙 반대기에 찍힌 겉모양과 알지네이트로 만든 조개의 형태는 화석에 비유됩니다.
(2) 화석 모형과 실제 화석은 모양과 무늬가 같습니다. 화석 모형은 만드는 데 걸리는 시간이 짧지만, 실제 화석은 만들어지는 데 오랜 시간이 걸립니다.

1 (1) 모래에 난 사람의 발자국은 화석이 아닙니다.

(2) 최소한 생성된 뒤 1만 년 이상은 되어야 화석이라는 것이 일반적으로 받아들여지고 있는 화석의 기준입니다. 모래에 난 사람의 발자국은 이 기준에 맞지 않습니다.

채점 기준	
상	(1)과 (2)의 답을 모두 바르게 쓴 경우
중	(1)의 답은 바르게 쓰고, (2)의 답은 쓰지 못한 경우
하	(1)과 (2)의 답을 쓰지 못한 경우

2 공룡 발자국이 남아 있던 부드러운 층이 오랜 시간이 지나면서 단단해진 것입니다.

채점 기준	
상	예시 답안과 같은 내용으로 쓴 경우
중	예시 답안과 의미는 비슷하나 정확하게 쓰지 못한 경우
하	답을 쓰지 못한 경우

3 석탄이나 석유와 같은 화석 연료는 우리 생활에 유용하게 이용됩니다.

채점 기준	
상	예시 답안과 같은 내용으로 쓴 경우
중	예시 답안과 의미는 비슷하나 정확하게 쓰지 못한 경우
하	답을 쓰지 못한 경우

4 (1) 삼엽충 화석을 통해 옛날에 살았던 삼엽충의 생김새를 알 수 있습니다.

(2) 삼엽충 화석이 발견된 곳의 환경을 짐작할 수 있습니다.

채점 기준	
상	(1)과 (2)의 답을 모두 바르게 쓴 경우
중	(1)과 (2)의 답 중 한 가지만 바르게 쓴 경우
하	(1)과 (2)의 답을 쓰지 못한 경우

 대단원 마무리 39~42쪽

01 ③ **02** ⓒ **03** 줄무늬 **04** (1) ㉠ (2) (가) **05** (1) ○ (3) ○ **06** ㉠ 물, ⓒ 눌린다 **07** ③ **08** ⓒ **09** ⓒ **10** 물 풀 **11** ⑤ **12** ⓒ **13** (1) 삼엽충 화석 (2) 고사리 화석 **14** ②, ④ **15** ⓒ **16** 지층 **17** 조개껍데기 **18** ② **19** ② **20** ㉠ 생김새, ⓒ 깊이가 얕고 따뜻한 바다 **21** ④ **22** 화석 연료 **23** ② **24** ⓒ

01 지층이란 자갈, 모래, 진흙 등으로 이루어진 암석들이 층을 이루고 있는 것입니다.

02 쌓여 있는 얇은 층이 끊어져 어긋나 있고, 두께와 색깔이 같은 층이 연결되어 있지 않은 지층은 ⓒ 끊어진 지층입니다.

03 여러 가지 모양의 지층에서 공통적으로 줄무늬가 보입니다.

04 아래에 있는 층이 쌓인 다음, 그 위에 자갈, 모래, 진흙 등이 쌓여서 새로운 층이 만들어지므로 가장 위에 있는 층이 가장 나중에 만들어진 것입니다.

05 지층 모형과 실제 지층은 모두 아래에 있는 층이 먼저 쌓인 것입니다.

06 물이 운반한 자갈, 모래, 진흙 등이 쌓이고, 자갈, 모래, 진흙 등이 계속 쌓이면 먼저 쌓인 것들이 눌리며, 오랜 시간이 지나면 단단한 지층이 만들어집니다. 그 후 지층은 땅 위로 솟아오른 뒤 깎여서 보입니다.

07 이암은 알갱이의 크기가 가장 작고, 사암은 알갱이의 크기가 중간이며, 역암은 알갱이의 크기가 가장 큽니다.

08 역암은 주로 자갈, 모래 등으로 되어 있고, 알갱이가 큽니다.

09 이암은 알갱이의 크기가 가장 작습니다. 알갱이의 크기가 큰 것도 있고 작은 것도 있는 것은 역암입니다.

10 퇴적암 모형을 만들 때 모래와 모래 사이의 빈 곳을 채우고 모래 알갱이를 서로 붙여 주기 위해서 물 풀을 넣습니다.

11 과정 ㈐에서 모래 반죽을 누르는 까닭은 모래 알갱이 사이의 공간을 좁아지게 하기 위해서입니다.

12 제시된 실험에서 만든 퇴적암 모형과 비슷한 실제 퇴적암은 모래로 만들어진 사암입니다.

13 (1) 삼엽충 화석은 모양이 잎을 닮았고, 머리, 가슴, 꼬리의 세 부분으로 나눌 수 있습니다.
(2) 고사리 화석은 식물의 줄기와 잎이 잘 보이며, 오늘날의 고사리 모습과 비슷합니다.

14 ① 물고기 화석, ③ 새 발자국 화석, ⑤ 공룡알 화석은 동물 화석이고, ② 나뭇잎 화석, ④ 고사리 화석은 식물 화석입니다.

15 ㉢ 고인돌은 옛날에 살았던 생물의 몸체나 생활한 흔적이 아니라 사람이 만든 유물이므로, 화석이 아닙니다.

16 찰흙 반대기는 지층에 비유됩니다.

17 조개껍데기는 옛날에 살았던 생물에 비유됩니다.

18 화석 모형과 실제 화석은 모양과 무늬가 같습니다.

19 화석이 잘 만들어지려면 생물의 몸체에서 단단한 부분이 있어야 합니다.

20 산호는 깊이가 얕고 따뜻한 바다에 사는 생물입니다.

21 공룡 발자국 화석을 통해 공룡이 살던 시기에 쌓인 지층이라는 것을 알 수 있습니다.

22 화석은 연료로도 이용된다는 것을 알 수 있습니다.

23 지층과 화석에 대한 자연사 박물관을 꾸밀 때에는 지층과 화석에 관련된 여러 가지 주제로 꾸밉니다.

24 여러 가지 공룡으로 꾸며진 공룡 전시실의 모습입니다.

수행평가 **미리 보기**   43쪽

1 (1) 모래 (2) 모래와 모래 사이의 빈 곳을 채우고 모래 알갱이를 서로 붙여 주기 위해서 **2** (1) ㈎ 삼엽충 화석, ㈏ 고사리 화석, ㈐ 나뭇잎 화석, ㈑ 물고기 화석 (2) 해설 참조

1 (1) 사암은 주로 모래로 되어 있습니다.
(2) 퇴적암 모형을 만들 때 물 풀을 넣는 까닭은 모래와 모래 사이의 빈 곳을 채우고 모래 알갱이를 서로 붙여 주기 위해서입니다.

2 여러 가지 화석은 동물 화석과 식물 화석으로 분류할 수 있습니다.

분류 기준	동물 화석	식물 화석
화석의 기호	㈎, ㈑	㈏, ㈐

3 단원

식물의 한살이

(1) 식물의 한살이

 핵심 개념 문제   48쪽

01 ②   02 ④   03 ④   04 ㉠

01 씨의 색깔을 관찰하기 위해 10개의 색상을 나타낸 그림을 이용합니다.

02 강낭콩, 봉숭아씨, 호두는 껍질이 있고 단단하며, 주먹보다 크기가 작습니다.

03 식물의 씨가 싹 터서 자라며, 꽃이 피고 열매를 맺어 다시 씨가 만들어지는 과정을 식물의 한살이라고 합니다.

04 화분에 거름흙을 넣고 씨 크기의 두세 배 깊이로 씨를 심습니다.

중단원 실전 문제   49~50쪽

01 길이   02 ㉢   03 ㉠   04 ㉔ 색깔, 모양, 크기 등의 생김새가 다르다.   05 ⑤   06 ①   07 씨   08 짧고   09 ①
10 ②   11 ㉢   12 ④

01 자를 이용하여 씨의 길이를 재어 봅니다.

02 제시된 식물은 사과나무이고, 사과씨는 ㉢입니다.

03 강낭콩의 모양은 둥글고 길쭉하며, 색깔은 검붉은색 또는 알록달록한 색이고, 크기는 가로 1.5 cm, 세로 0.8 cm 정도입니다.

04 여러 가지 씨는 색깔, 모양, 크기 등의 생김새가 다르다는 차이점이 있습니다.

05 봉숭아씨는 어두운 갈색이고 둥글며, 사과씨보다 크기가 작습니다.

06 강낭콩, 호두, 사과씨의 모양을 관찰한 것입니다.

07 식물의 씨가 싹 터서 자라며, 꽃이 피고 열매를 맺어 다시 씨가 만들어지는 과정을 식물의 한살이라고 합니다.

08 식물의 한살이를 관찰할 때에는 한살이 기간이 짧고, 잎, 줄기, 꽃, 열매 등을 관찰하기 쉬운 식물을 선택하는 것이 좋습니다.

09 강낭콩, 봉숭아, 나팔꽃, 토마토 등과 같이 한살이 기간이 짧고, 잎, 줄기, 꽃, 열매 등을 관찰하기 쉬운 식물이 한살이를 관찰하기에 알맞습니다.

10 관찰 계획서에는 관찰자, 관찰할 식물뿐만 아니라 심을 날짜와 심을 곳, 식물을 어떻게 기를 것이며, 어떤 부분을 어떤 방법으로 관찰할 것인지 자세히 쓰도록 합니다.

11 화분에 씨를 심을 때 씨 크기의 두세 배 깊이로 심고 흙을 덮습니다.

12 화분에 꽂은 팻말에는 식물 이름, 씨를 심은 날짜, 씨를 심은 사람의 이름, 식물의 별명, 다짐의 말 등을 씁니다.

서술형·논술형 평가 돋보기   51쪽

연습 문제

1 (1) 참외씨, 강낭콩, 호두 (2) 둥글고 길쭉하다. 연한 노란색이다. 주름이 있다.

실전 문제

1 (1) ㉠, ㉡ (2) ㉔ 한살이 기간이 짧은 식물, 잎, 줄기, 꽃, 열매 등을 관찰하기 쉬운 식물   **2** (1) 거름흙 (2) ㉔ 식물 이름, 씨를 심은 날짜, 씨를 심은 사람의 이름, 식물의 별명, 다짐의 말

연습 문제

1 (1) 참외씨의 크기는 가로 0.5 cm, 세로 0.2 cm 정도, 강낭콩의 크기는 가로 1.5 cm, 세로 0.8 cm 정도, 호두의 크기는 가로 3 cm, 세로 3 cm로, 참외씨가 가장 작고, 강낭콩, 호두 순입니다.
(2) 여러 가지 씨는 색깔, 모양, 크기 등의 생김새가 다릅니다.

1 한살이를 관찰할 식물을 선택할 때에는 강낭콩, 봉숭아, 나팔꽃, 토마토 등과 같이 한살이 기간이 짧고, 잎, 줄기, 꽃, 열매 등을 관찰하기 쉬운 식물을 선택하는 것이 좋습니다.

채점 기준	
상	(1)과 (2)의 답을 모두 바르게 쓴 경우
중	(1)의 답은 바르게 쓰고, (2)의 답은 쓰지 못한 경우
하	(1)과 (2)의 답을 쓰지 못한 경우

2 (1) 화분에 거름흙을 넣습니다.
(2) 화분에 꽂은 팻말에는 식물 이름, 씨를 심은 날짜, 씨를 심은 사람의 이름, 식물의 별명, 다짐의 말 등을 넣습니다.

채점 기준	
상	(1)과 (2)의 답을 모두 바르게 쓴 경우
중	(1)과 (2)의 답 중 한 가지만 바르게 쓴 경우
하	(1)과 (2)의 답을 쓰지 못한 경우

(2) 식물의 자람

탐구 문제   55쪽

1 물   **2** ㉠

1 한쪽 페트리 접시에만 물을 주어 탈지면이 흠뻑 젖게 했으므로 다르게 한 조건은 물입니다.

2 씨가 싹 트는 데 물이 필요하므로, 물을 준 강낭콩에서 싹이 틉니다.

핵심 개념 문제   56~58쪽

01 물, 온도   **02** ①   **03** ㉠   **04** ㉢   **05** 떡잎싸개   **06** ⑤
07 ①   **08** ㉠, ㉢, ㉣   **09** ②   **10** ⑤   **11** ③   **12** 꼬투리
(열매)

01 씨가 싹 트는 데는 물과 온도가 필요합니다.

02 씨가 싹 트는 데 물이 미치는 영향을 알아보기 위한 실험에서 다르게 할 조건은 물이고, 나머지 조건은 같게 해야 합니다.

03 물을 주지 않은 강낭콩의 겉모양은 둥글고 길쭉합니다.

04 물을 준 강낭콩의 속 모양은 잎은 싱싱하고 색깔이 노랗습니다.

05 옥수수는 싹이 틀 때 본잎이 떡잎싸개에 둘러싸여 나옵니다.

06 씨가 싹 튼 후 줄기가 굵어지고, 식물의 키도 자라며, 잎의 개수도 많아지고 잎의 크기도 커집니다.

07 다르게 할 조건이 물이므로, 식물이 자라는 데 물이 미치는 영향을 알아보기 위한 실험입니다.

08 식물이 자라는 데 온도가 미치는 영향을 알아보기 위한 실험에서 다르게 할 조건은 온도이고, 나머지 조건은 같게 해야 합니다.

09 잎의 길이를 측정하는 모습으로, 잎의 길이는 잎의 줄기에 붙어 있는 부분에서 잎의 끝부분까지 자로 잽니다.

10 강낭콩이 자라면서 잎은 점점 넓어지고 잎의 개수가 많아지며, 줄기는 점점 굵어지고 길어집니다.

11 강낭콩의 꽃과 열매가 자라면서 달라지는 것은 꽃의 색깔, 모양, 크기와 꼬투리의 모양, 개수, 크기입니다.

12 강낭콩의 꽃이 지고 난 자리에 생기는 열매를 꼬투리라고 합니다.

중단원 실전 문제　　　　59~61쪽

01 ①　**02** ㉠　**03** ②　**04** 뿌리　**05** ②　**06** ㉠ 본잎, ㉡ 떡잎싸개　**07** ①　**08** ④　**09** ③　**10** ②　**11** 예 새로 난 가지의 개수를 센다. 줄기의 길이를 잰다.　**12** ③　**13** 민서
14 ③　**15** ③　**16** ④　**17** ㉠　**18** ㉣

01 씨가 싹 트는 데 물이 미치는 영향을 알아보는 실험입니다.

02 물을 준 강낭콩에 싹이 텄습니다.

03 씨가 싹 트는 데 온도가 미치는 영향을 알아보기 위한 실험에서 다르게 할 조건은 온도이며, 나머지 조건은 모두 같게 해야 합니다.

04 물을 주어 싹이 튼 강낭콩의 겉모양은 뿌리가 자라 밖으로 나와 있고, 속 모양은 잎은 싱싱하고 색깔이 노랗습니다.

05 강낭콩이 싹 터서 자라는 과정에서 껍질이 벗겨지고 떡잎이 두 장 나온 뒤 떡잎 사이로 본잎이 나옵니다.

06 옥수수는 떡잎싸개 사이로 본잎이 나옵니다.

07 식물이 자라는 데 물이 미치는 영향을 알아보려고 하는 실험입니다.

08 물을 준 화분의 강낭콩은 잘 자랐지만, 물을 주지 않은 화분의 강낭콩은 시들었습니다.

09 식물이 자라는 데 온도가 미치는 영향을 알아보는 실험에서 다르게 할 조건은 온도이며, 나머지 조건은 모두 같게 해야 합니다.

10 새로 나온 잎에 그려 넣은 격자 모양이 얼마나 커졌는지 관찰하여 잎의 크기가 자란 정도를 알 수 있습니다.

11 줄기가 자란 정도를 알아볼 수 있는 방법에는 새로 난 가지의 개수를 세거나, 줄기의 길이를 재는 방법 등이 있습니다.

12 강낭콩이 자라면서 두 장의 떡잎은 시들고 본잎이 커집니다.

13 강낭콩이 자라면서 잎은 점점 넓어지며, 잎의 개수는 많아집니다. 또 줄기는 점점 굵어지고, 길어집니다.

14 잎의 길이를 측정할 때 잎의 줄기에 붙어 있는 부분에서 잎의 끝부분까지 자로 잽니다.

15 식물이 자란 정도를 알아볼 때에는 식물이 다치지 않도록 주의해야 합니다.

16 강낭콩의 꽃이 지고 나면 열매가 생기는데, 이것을 꼬투리라고 합니다.

17 강낭콩이 자라면서 꽃이 피고, 꽃이 지면 열매가 생깁니다. 강낭콩의 열매를 꼬투리라고 하는 데 강낭콩이 자랄수록 꼬투리의 크기는 커지고 개수는 많아집니다.

18 강낭콩이 자라면서 줄기의 길이가 길어집니다.

서술형·논술형 평가 돋보기　　　　62~63쪽

연습 문제

1 (1) 물 (2) 싹이 텄다. 싹이 트지 않았다.　**2** 뿌리, 두 장의 떡잎이 나온다. 본잎이 나온다.

실전 문제

1 (1) ㉡ (2) 예 씨가 싹 트는 데는 적당한 양의 물이 필요하기 때문이다.　**2** (1) 떡잎싸개 (2) 떡잎싸개 사이로 본잎이 나온다.　**3** (1) ㉡, ㉢, ㉠ (2) 예 잎이 넓어지고 개수가 많아진다.
4 (1) ㉠ 길이, ㉡ 굵기 (2) 예 강낭콩이 자람에 따라 줄기는 점점 굵어지고 길어진다.

1 (1) 씨가 싹 트는 데 물이 미치는 영향을 알아보는 실험에서 다르게 할 조건은 물입니다.

(2) 물을 준 강낭콩은 싹이 트고, 물을 주지 않은 강낭콩은 싹이 트지 않습니다.

2 딱딱한 강낭콩이 부푼 뒤 뿌리가 나오며, 껍질이 벗겨지고 두 장의 떡잎이 나옵니다. 그런 뒤 떡잎 사이에서 본잎이 나오며, 떡잎이 시들고 본잎이 커집니다.

1 (1) 물을 준 강낭콩은 싹이 텄지만 물을 주지 않은 강낭콩은 싹이 트지 않았습니다.

(2) 씨가 싹 트는 데에는 적당한 양의 물이 필요합니다.

채점 기준	
상	(1)과 (2)의 답을 모두 바르게 쓴 경우
중	(1)의 답은 바르게 쓰고, (2)의 답은 쓰지 못한 경우
하	(1)과 (2)의 답을 쓰지 못한 경우

2 (1) 옥수수는 싹이 틀 때 뿌리가 나온 뒤 떡잎싸개가 나옵니다.

(2) 옥수수는 떡잎싸개 사이로 본잎이 나옵니다.

본잎
떡잎싸개
뿌리

채점 기준	
상	(1)과 (2)의 답을 모두 바르게 쓴 경우
중	(1)의 답은 바르게 쓰고, (2)의 답은 쓰지 못한 경우
하	(1)과 (2)의 답을 쓰지 못한 경우

3 (1) 강낭콩은 자라면서 잎이 점점 넓어지고 개수도 많아집니다.

(2) 식물은 자라면서 잎의 모습이 변합니다.

채점 기준	
상	(1)과 (2)의 답을 모두 바르게 쓴 경우
중	(1)의 답은 바르게 쓰고, (2)의 답은 쓰지 못한 경우
하	(1)과 (2)의 답을 쓰지 못한 경우

4 (1) ㉠은 줄기의 길이를 측정한 것이고, ㉡은 줄기의 굵기를 측정한 것입니다.

(2) 강낭콩이 자람에 따라 줄기는 점점 길어지고 굵어집니다.

채점 기준	
상	(1)과 (2)의 답을 모두 바르게 쓴 경우
중	(1)의 답은 바르게 쓰고, (2)의 답은 쓰지 못한 경우
하	(1)과 (2)의 답을 쓰지 못한 경우

만점왕 수학 플러스

수학 상위권 도약을 위한 응용 학습서
만점왕으로 기본기를, 플러스로 응용문제까지!

(3) 여러 가지 식물의 한살이

01 한해살이 식물 **02** ④ **03** 여러해살이 식물 **04** ①
05 한해살이 식물 **06** ㉠ 씨, ㉡ 열매 **07** ⑤ **08** ㉠, ㉣,
㉡, ㉢

01 한 해 동안 살면서 열매를 맺고 죽는 식물을 한해살이 식물이라고 합니다.

02 씨가 싹 터서 잎과 줄기가 자라며, 꽃이 핀 뒤 꽃이 지고 열매를 맺어 씨를 만드는 식물은 한해살이 식물입니다. 한해살이 식물에는 벼, 강낭콩, 옥수수, 호박 등이 있습니다.

03 여러 해 동안 살면서 꽃이 피고 열매 맺기를 반복하는 식물을 여러해살이 식물이라고 합니다.

04 여러해살이 식물에는 감나무, 무궁화, 개나리, 사과나무 등이 있습니다.

05 씨가 싹 터서 자라며 꽃이 피고 열매를 맺은 뒤 한 해만 살고 일생을 마치는 식물은 한해살이 식물입니다.

06 한해살이 식물과 여러해살이 식물은 모두 씨가 싹 터서 자라며 꽃이 피고 열매를 맺어 번식합니다.

07 식물의 한살이를 효과적으로 표현하려면 씨에서 싹이 트고 자라 꽃이 피고, 꽃이 진 뒤에 열매를 맺어 다시 씨가 되는 내용을 연결할 수 있어야 합니다.

08 강낭콩의 한살이는 '씨 → 싹이 튼다. → 잎과 줄기가 자란다. → 꽃이 핀다. → 열매를 맺는다. → 씨'의 과정을 거칩니다.

01 ㉡ **02** ㉢ **03** ④ **04** ② **05** 여러해살이 식물
06 ③ **07** ① **08** ㉠ **09** ㉣ **10** ② **11** ㉢ **12** ㉠ 한해
살이, ㉡ 여러해살이

01 벼는 한 해에 한살이를 거치고 일생을 마치는 식물로, 볍씨에서 싹이 트고 잎과 줄기가 자란 뒤 꽃이 핍니다. 그런 뒤 꽃이 지고 열매를 맺어 씨를 만듭니다.

02 벼, 호박, 옥수수는 한 해에 한살이를 거치고 일생을 마치는 한해살이 식물이고, 개나리는 여러해살이 식물입니다.

03 강낭콩은 벼, 호박, 옥수수처럼 한해살이 식물입니다.

04 한 해 동안 한살이를 거치고 일생을 마치는 식물을 한해살이 식물이라고 합니다.

05 여러 해 동안 살면서 꽃이 피고 열매를 맺어 번식하는 과정을 반복하는 식물을 여러해살이 식물이라고 합니다.

06 벼, 호박, 강낭콩, 옥수수는 한해살이 식물이고, 무궁화는 여러해살이 식물입니다.

07 감나무는 여러 해 동안 죽지 않고 살아가는 식물로, 여러해살이 식물입니다.

08 ㉠ 봉숭아는 한해살이 식물이고, ㉡ 사과나무와 ㉢ 무궁화는 여러해살이 식물입니다.

09 ㉠ 나무는 여러해살이 식물입니다. ㉡ 풀은 한해살이 식물과 여러해살이 식물이 있습니다. ㉢ 한해살이 식물은 한 해 안에 한살이를 거치고 일생을 마칩니다.

10 호박, 강낭콩, 벼, 옥수수는 한해살이 식물이고, 대추나무, 개나리, 감나무는 여러해살이 식물입니다.

11 ㉠은 한해살이 식물의 특징이고, ㉡은 여러해살이 식물의 특징입니다.

12 한 해에 한살이를 거치고 일생을 마치는 식물을 한해살이 식물이라고 하고, 여러 해 동안 살면서 꽃이 피고 열매 맺기를 반복하는 식물을 여러해살이 식물이라고 합니다.

연습 문제

1 싹, 나무, 새순, 열매

실전 문제

1 예 열매를 맺어 씨를 만든다.

2 (1) (나) (2) 예 한해살이 식물은 열매를 맺고 한 해만 살고 죽지만, 여러해살이 식물은 여러 해를 살면서 열매 맺는 것을 반복한다.

연습 문제

1 (1) 감나무는 감씨에서 싹이 터 잎과 줄기가 자라고 적당한 크기의 나무로 자랍니다. 겨울이 지나 이듬해 봄이 되면 새순이 나오고 잎과 줄기가 자라 꽃이 피고 꽃이 진 뒤 열매를 맺는 과정을 반복합니다.

실전 문제

1 볍씨에서 싹이 트고 잎과 줄기가 자라며, 꽃이 피고 꽃이 진 뒤 열매를 맺어 씨를 만듭니다.

채점 기준	
상	'열매를 맺어 씨를 만든다.'라고 바르게 쓴 경우
중	'열매를 맺는다.' 또는 '씨를 만든다.'라고 쓴 경우
하	답을 쓰지 못한 경우

2 (1) (가)는 한해살이 식물이고, (나)는 여러해살이 식물입니다.

(2) 한해살이 식물은 한 해 동안 한살이를 거치고 일생을 마치는 식물이지만, 여러해살이 식물은 여러 해 동안 죽지 않고 살아가는 식물입니다.

채점 기준	
상	(1)과 (2)의 답을 모두 바르게 쓴 경우
중	(1)의 답은 바르게 쓰고, (2)의 답은 쓰지 못한 경우
하	(1)과 (2)의 답을 쓰지 못한 경우

---

01 ③   02 ②   03 ③   04 ③   05 예 단단하다. 껍질이 있다. 대부분 주먹보다 크기가 작다.   06 ③   07 ②   08 ㉠
09 ④   10 ③   11 ㉠, ㉡, ㉢, ㉣, ㉢   12 ㉠ 본잎, ㉡ 떡잎
13 ㉠, 뿌리   14 ①   15 ㉡   16 ⑤   17 ⑤   18 ㉡   19 ㉠
20 ①   21 정훈   22 ③   23 ⑤   24 ⑤

01 동전을 이용하여 씨의 크기를 비교할 수 있습니다.

02 크기가 작은 씨의 모양을 관찰할 때에는 돋보기를 이용합니다.

03 참외씨는 길쭉하며, 연한 노란색입니다.

04 호두는 동그랗고 주름이 있으며, 연한 갈색입니다.

05 여러 가지 씨는 단단하고 껍질이 있으며, 대부분 주먹보다 크기가 작습니다.

06 한살이를 관찰하기에 좋은 식물은 옥수수, 강낭콩, 봉숭아, 나팔꽃, 토마토, 채송화 등과 같이 한살이 기간이 짧고 잎, 줄기, 꽃, 열매 등을 관찰하기 쉬운 식물입니다.

07 화분에 씨를 심을 때 필요한 준비물은 식물의 씨, 화분, 망이나 작은 돌, 거름흙, 꽃삽, 물이 담긴 물뿌리개, 팻말 등입니다.

08 씨 크기의 두세 배 깊이로 씨를 심습니다.

09 화분에 꽂은 팻말에는 식물 이름, 씨를 심은 날짜, 씨를 심은 사람의 이름, 식물의 별명, 다짐의 말 등을 넣습니다.

10 씨가 싹 트는 데 적당한 양의 물과 적당한 온도가 필요합니다.

11 강낭콩이 싹 터서 자라는 과정을 살펴보면 씨가 부풀고 뿌리가 나온 뒤 껍질이 벗겨지고 떡잎 두 장이 나옵니

다. 그리고 떡잎 사이에서 본잎이 나온 후 떡잎이 시들고 본잎이 커집니다.

12 강낭콩은 떡잎 사이에서 본잎이 나옵니다.

13 옥수수는 싹이 틀 때 뿌리가 가장 먼저 나옵니다.

14 식물이 자라는 데 물이 미치는 영향을 알아보는 실험에서 다르게 한 조건은 물입니다.

15 물을 주지 않은 화분의 강낭콩은 시듭니다.

16 식물이 자라면서 변하는 모습 중 줄기의 길이를 측정할 때는 새순이 난 바로 아래까지의 줄기의 길이를 줄자를 사용하여 날짜별로 잽니다.

17 뿌리는 흙 속에 있기 때문에 자라는 모습을 측정하기 어렵습니다.

18 꽃잎을 따서 개수를 세면 식물이 다치기 때문에 식물이 자란 정도를 측정하는 방법으로 알맞지 않습니다.

19 강낭콩의 자람에 따라 잎은 점점 넓어지고 개수도 많아집니다.

20 열매의 모양을 그래프로 나타낼 수는 없습니다.

21 식물이 자라면서 꽃이 피고 열매를 맺는 까닭은 씨를 맺어 번식하기 위해서입니다.

22 한 해에 한살이를 거치고 일생을 마치는 한해살이 식물은 옥수수입니다.

23 여러해살이 식물이란 여러 해 동안 살면서 꽃이 피고 열매 맺기를 반복하는 식물을 말하며, 감나무, 개나리, 사과나무, 무궁화 등이 있습니다.

24 식물의 한살이 자료를 만들 때 가장 중요하게 생각해야 할 점은 열매를 맺어 다시 씨가 되는 내용을 연결하여 표현할 수 있어야 합니다.

수행 평가 미리 보기 75쪽

1 (1) 다르게 할 조건: 물, 같게 할 조건: 화분의 크기, 식물의 종류, 빛, 양분, 온도 등 (2) 실험 결과: 물을 주지 않은 화분의 강낭콩은 시들고, 물을 준 화분의 강낭콩은 잘 자란다. 알 수 있는 사실: 식물이 잘 자라려면 적당한 양의 물이 필요하다.

2 (1) 한해살이 식물: ㉠, ㉣ 여러해살이 식물: ㉡, ㉢ (2) 공통점: 씨가 싹 터서 자라며 꽃이 피고 열매를 맺는다. 차이점: 한해살이 식물은 열매를 맺고 한 해만 살고 죽지만, 여러해살이 식물은 여러 해를 살면서 열매 맺는 것을 반복한다.

1 (1) 식물이 자라는 데 물이 미치는 영향을 알아보는 실험에서는 다른 조건은 모두 같게 하고, 화분에 주는 물의 양을 다르게 해야 합니다.
(2) 식물이 잘 자라려면 적당한 양의 물이 필요하다는 것을 알 수 있습니다.

2 (1) ㉠ 옥수수, ㉣ 호박은 한해살이 식물이고, ㉡ 무궁화, ㉢ 개나리는 여러해살이 식물입니다.
(2) 한해살이 식물과 여러해살이 식물은 모두 씨가 싹 터서 자라며 꽃이 피고 열매를 맺어 번식합니다. 한해살이 식물은 한 해 안에 한살이를 거치고 일생을 마치는 식물이지만, 여러해살이 식물은 여러 해 동안 살면서 한살이의 일부를 반복하는 식물입니다.

4 단원
물체의 무게

(1) 물체의 무게와 용수철 저울

탐구 문제   79쪽

1 ㉠ 2 무게

1 가장 무거운 추를 걸어 놓았을 때 용수철의 길이도 가장 많이 늘어납니다.

2 용수철에 걸어 놓은 추의 무게가 무거울수록 용수철은 많이 늘어납니다.

탐구 문제   81쪽

1 ⑤ 2 10

1 용수철에 걸어 놓은 추의 개수가 많을수록 용수철의 길이도 많이 늘어납니다.

2 추의 무게가 30 g중씩 늘어날 때마다 용수철의 길이가 5 cm씩 늘어나므로, 추의 무게가 60 g중일 때 용수철의 길이는 10 cm가 됩니다

핵심 개념 문제   82~85쪽

01 무게   **02** 저울   **03** ④   **04** 몸무게   **05** (2) ○
06 ㉡   **07** ㉠   **08** 지구   **09** 지구   **10** ②   **11** 일정
12 ㉢   **13** ④   **14** ㉡   **15** ⑤   **16** 눈높이

01 손으로 어림하면 고기의 무게를 정확하게 측정할 수 없기 때문에 고기를 팔 때마다 가격이 달라지게 됩니다.

02 물체의 무게를 정확하게 측정하기 위해서는 저울이 필요합니다.

03 채소, 고기, 귀금속 등은 정확하게 무게를 측정해서 판매해야 합니다.

04 태권도 선수들은 몸무게를 측정한 뒤 체급을 나누어 비슷한 몸무게를 가진 사람끼리 경기를 합니다.

05 용수철은 손으로 잡아당겼을 때 늘어나고 손을 놓으면 다시 원래의 길이로 되돌아가는 성질이 있습니다.

06 용수철에 추를 걸어 놓으면 지구가 추를 끌어당기기 때문에 용수철의 길이가 늘어납니다.

07 가장 무거운 추를 걸어 놓았을 때 용수철의 길이가 가장 많이 늘어납니다.

08 용수철에 걸어 놓은 추의 무게가 무거울수록 지구가 끌어당기는 힘이 커지기 때문에 용수철의 길이가 많이 늘어납니다.

09 지구가 물체를 끌어당기는 힘의 크기를 물체의 무게라고 합니다.

10 물체의 무게를 나타내는 단위는 g중, kg중, N이며 g, kg, N으로 줄여 쓰기도 합니다.

11 추의 개수가 한 개씩 늘어날 때마다 용수철의 길이도 일정하게 늘어납니다.

12 용수철에 걸어 놓은 추의 개수를 한 개씩 늘려 가면 용수철의 길이가 늘어나는데, 이때 늘어난 용수철의 길이는 용수철에 걸어 놓은 추의 무게를 나타냅니다.

13 용수철저울에서 표시 자가 가리키는 부분의 눈금이 물체의 무게입니다.

14 ㉠ 손잡이, ㉡ 영점 조절 나사, ㉢ 용수철, ㉣ 표시 자, ㉤ 눈금, ㉥ 고리입니다. 물체의 무게를 측정하기 전에 영점 조절 나사를 돌려 표시 자를 눈금의 '0'의 위치에 오도록 조절해야 정확한 무게를 측정할 수 있습니다.

15 용수철저울을 스탠드에 걸어 놓고 가장 먼저 영점 조절을 합니다.

16 표시 자와 눈금을 읽는 사람의 눈높이를 맞춰야 정확한 눈금을 읽을 수 있습니다.

중단원 실전 문제

86~89쪽

01 (3) ◯ 02 ⑤ 03 ① 04 ⑤ 05 ㉡ 06 ⑤ 07 ②
08 ㉢ 09 지구 10 ③ 11 ④, ⑤ 12 ④ 13 ③ 14 (3) ◯
15 12 16 ③ 17 20 18 ㉠, ㉡ 19 ⑤ 20 ㉢, 표시 자
21 ⑤ 22 ㉡ 23 ④ 24 200 g중

01 물체의 무게를 손으로 어림하면 사람마다 느끼는 물체의 무게가 다를 수 있습니다.

02 물체의 무게를 손으로 어림하면 물체의 정확한 무게를 측정할 수 없습니다.

03 물체의 무게를 정확하게 측정하기 위해 저울을 사용합니다.

04 용수철은 잡아당기면 늘어났다가 놓으면 원래의 길이로 되돌아갑니다.

05 용수철에 추를 매달면 지구가 끌어당기는 힘 때문에 용수철의 길이가 늘어납니다.

06 용수철에 걸어 놓은 추의 무게가 무거울수록 용수철의 길이는 더 많이 늘어납니다.

07 용수철을 손으로 잡아당길 때 필요한 힘은 지구가 추를 끌어당기는 힘과 같습니다.

08 용수철에 걸어 놓은 추의 개수가 많을수록 용수철이 많이 늘어나므로 손으로 잡아당길 때 힘이 더 많이 듭니다.

09 물체의 무게가 무거울수록 지구가 물체를 끌어당기는 힘의 크기가 큽니다.

10 물체의 무게는 지구가 물체를 끌어당기는 힘의 크기를 말합니다. 따라서 무거운 물체를 들 때에는 가벼운 물체를 들 때보다 힘이 더 많이 듭니다.

11 ④ cm는 길이를 측정할 때, ⑤ mL는 액체의 양을 측정할 때 사용하는 단위입니다.

12 용수철의 길이가 가장 많이 늘어난 경우, 걸어 놓은 물체가 가장 무겁습니다.

13 두 번째 추를 매달 때부터 용수철의 길이가 늘어나는 것을 측정하므로 추를 한 개 매달았을 때 용수철 끝에 종이 자의 눈금 '0'을 맞춰야 합니다.

14 추의 무게가 일정하게 늘어날 때마다 용수철의 길이도 일정하게 늘어납니다.

15 추의 무게가 20 g중씩 늘어날 때마다 용수철의 길이는 3 cm씩 일정하게 늘어나므로 추의 무게가 80 g중일 때 늘어난 용수철의 길이는 12 cm가 됩니다.

16 추의 개수가 한 개씩 늘어날 때마다 용수철의 길이는 5 cm씩 일정하게 늘어납니다.

17 추의 무게에 따라 용수철의 길이는 5 cm씩 일정하게 늘어나므로 추를 4개 걸어 놓았을 때 늘어난 용수철의 길이는 20 cm가 됩니다.

18 용수철의 성질을 이용한 저울은 ㉠ 용수철저울, ㉡ 가정용 저울입니다.

19 ㉠ 영점 조절 나사는 물체의 무게를 측정하기 전에 표시 자를 눈금의 '0'의 위치에 오도록 조절하는 부분입니다.

20 물체의 무게를 가리키는 부분은 ㉢ 표시 자입니다.

21 용수철저울의 고리에 물체를 걸 수 없을 때는 펀치로 구멍을 뚫은 지퍼 백을 고리에 걸고 영점을 맞춘 다음, 지퍼 백에 물체를 넣고 무게를 측정합니다.

22 용수철저울에 표시된 무게의 단위는 g중으로, 그램중이라고 읽습니다.

23 작은 눈금 하나는 20 g중을, 큰 눈금 하나는 100 g중을 나타냅니다.

24 용수철저울의 표시 자가 가리키는 눈금은 200 g중입니다.

서술형·논술형 평가 돋보기

90~91쪽

연습 문제

1 (1) 무거울수록, 무게 (2) 지구, 힘, 지구, 힘 **2** (1) 용수철, 일정, 줄어드는 (2) 영점 조절 나사, 고리, 표시 자

실전 문제

1 (1) 예 사람마다 느끼는 물체의 무게가 다를 수 있기 때문에 정확하게 물체의 무게를 측정할 수 없다. **2** (1) ㉡, ㉠, ㉢ (2) 예 용수철에 걸어 놓은 과일의 무게가 무거울수록 지구가 끌어당기는 힘의 크기가 커지기 때문에 용수철의 길이도 많이 늘어난다. **3** (1) ㉠ 3, ㉡ 3, ㉢ 3 (2) 예 추의 무게가 일정하게 늘어나면 용수철의 길이도 일정하게 늘어난다. **4** 물체의 무게를 측정하기 전에 영점 조절 나사를 돌려 표시 자를 눈금의 '0'에 맞추는 것이다.

연습 문제

1 (1) 용수철에 걸어 놓은 추의 무게가 무거울수록 옆에 있는 용수철을 손으로 잡아당기는 힘이 더 커져야 하며, 추의 무게는 손으로 용수철을 잡아당기는 힘과 같습니다.

(2) 물체의 무게란 지구가 물체를 끌어당기는 힘의 크기입니다. 지구가 추를 끌어당기는 힘만큼 용수철이 늘어납니다.

2 (1) 용수철저울은 용수철이 일정하게 늘어나거나 줄어드는 성질을 이용해 만든 저울입니다.

(2) 영점 조절 나사를 이용해 영점을 조절한 후 물체를 고리에 걸고 표시 자가 가리키는 눈금의 숫자를 단위와 같이 읽습니다.

실전 문제

1 사람마다 느끼는 물체의 무게가 다를 수 있기 때문에 손으로 어림하면 정확하게 물체의 무게를 측정할 수 없습니다.

채점 기준	
상	사람마다 느끼는 물체의 무게가 다를 수 있기 때문이라는 내용으로 바르게 쓴 경우
중	사람마다 느끼는 물체의 무게가 다를 수 있기 때문이라는 의미는 비슷하나 정확하게 쓰지 못한 경우
하	답을 쓰지 못한 경우

2 (1) 무거운 과일일수록 용수철의 길이가 많이 늘어납니다.

(2) 용수철에 걸어 놓은 물체의 무게가 무거울수록 용수철의 길이가 많이 늘어납니다.

채점 기준	
상	(1)과 (2)의 답을 모두 바르게 쓴 경우
중	(1)의 답은 바르게 쓰고, (2)의 답은 쓰지 못한 경우
하	(1)과 (2)의 답을 쓰지 못한 경우

3 (1) 추의 개수가 한 개씩 늘어날 때마다 용수철의 길이는 3 cm씩 일정하게 늘어납니다.

(2) 추의 무게가 일정하게 늘어나면 용수철의 길이도 일정하게 늘어납니다.

채점 기준	
상	(1)과 (2)의 답을 모두 바르게 쓴 경우
중	(1)의 답은 바르게 쓰고, (2)의 답은 쓰지 못한 경우
하	(1)과 (2)의 답을 쓰지 못한 경우

4 저울의 영점을 조절하지 않으면 물체의 정확한 무게를 측정할 수 없습니다.

채점 기준	
상	영점 조절 나사를 이용해 표시 자를 눈금의 '0'에 맞추는 것을 바르게 쓴 경우
중	영점 조절 나사를 이용해 눈금을 '0'에 맞춘다고 쓴 경우
하	답을 쓰지 못한 경우

(2) 수평 잡기의 원리

1   양팔저울이 수평이 되지 않을 때는 수평 조절 장치를 이용해 저울대의 수평을 맞춥니다.

2   클립처럼 기준 물체로 이용할 수 있는 것은 장구 핀, 금액이 같은 동전 등 무게가 일정한 물체입니다.

01   수평대 위에 무게가 같은 두 물체를 올려놓았을 때 나무판자가 수평이 되려면 받침점으로부터 같은 위치에 놓아야 합니다.

02   받침점이 나무판자의 가운데 있는 수평대 위에 무게가 다른 두 물체를 올려놓았을 때 수평을 잡으려면 무거운 물체가 가벼운 물체보다 받침점에 더 가까이 있어야 합니다.

03
![수평대 그림]

받침점으로부터 같은 거리에 물체를 올려놓았을 때 기울어지는 쪽에 있는 물체의 무게가 더 무겁습니다.

04   시소는 수평 잡기의 원리를 이용한 놀이기구입니다.

05   수평 조절 장치는 양팔저울에 물체를 올려놓기 전에 저울대가 수평을 잡을 수 있게 조절하는 장치입니다.

06   저울접시는 저울대의 받침점으로부터 같은 위치에 걸어야 무게를 비교할 수 있습니다.

07   저울대가 수평을 잡을 때까지 오른쪽 저울접시에 클립을 올려놓고, 저울대가 수평을 잡았을 때 클립의 총개수를 세어 무게를 측정합니다.

08   양쪽 저울접시에 물체를 올려놓았을 때 기울어진 쪽의 물체가 더 무거운 물체입니다.

01   받침대 위에 놓인 나무판자에 물체를 올려놓고 무게를 비교하는 장치를 수평대라고 합니다.

02   수평대를 이용해 수평 잡기의 원리를 이해할 수 있습니다.

03   나무판자가 수평을 잡으려면 무게가 같은 두 물체를 받침점으로부터 같은 거리에 올려놓아야 합니다.

04   수평대에 물체를 올려놓았을 때 기울어진 쪽에 있는 물체의 무게가 더 무겁습니다.

05   기울어진 수평대가 수평을 잡으려면 기울어진 쪽에 있는 무거운 물체를 받침점에 더 가까이 놓아야 합니다.

06   몸무게가 다른 두 사람이 앉았을 때 시소가 수평을 잡으려면 무거운 사람이 받침점에서 가까운 쪽에, 가벼운 사람이 받침점에서 먼 쪽에 앉아야 합니다.

07   ㉠ 받침점, ㉡ 저울대, ㉢ 저울접시, ㉣ 받침대, ㉤ 수평 조절 장치입니다.

08   양팔저울이 수평이 되지 않았을 때 수평 조절 장치를 좌우로 옮겨 수평을 잡을 수 있게 조절합니다.

09   물체의 무게를 클립으로 측정할 경우 양팔저울의 한쪽 저울접시에는 물체를, 다른 한쪽 저울접시에는 클립을 올려놓아 수평을 잡은 후 클립의 총개수를 세어 봅니다.

10   저울대가 어느 쪽으로 기울어졌는지 확인해 물체의 무

게를 비교합니다.

11 가장 무거운 물체부터 순서대로 나열하면 풀, 가위, 지우개 순입니다.

12 가위보다 가벼운 물체를 오른쪽 저울접시에 올려놓아야 양팔저울이 기울어집니다. 따라서 오른쪽 저울접시에는 지우개를 올려놓아야 합니다.

 서술형·논술형 평가 돋보기 98~99쪽

연습 문제

1 (1) 받침대, 무게 (2) 배, 받침점 2 (1) 저울접시, 무거운 (2) 풀, 가위, 가위, 지우개, 풀

실전 문제

1 (1) 예 받침점으로부터 같은 거리에 물체가 놓여있고 나무판자가 수평을 잡았으므로 두 물체의 무게는 같다. 2 (1) 가까운 (2) 예 몸무게가 다를 때에는 몸무게가 무거운 사람이 시소의 받침점에서 가까운 쪽에 앉으면 수평을 잡을 수 있다. 3 (1) 예 공깃돌, 장구 핀 (2) 예 물체의 무게가 일정하기 때문이다. 4 해설 참조

연습 문제

1 (1) 수평대는 긴 나무판자와 받침대를 이용해 물체의 무게를 비교할 수 있는 장치입니다.
   (2) 무게가 더 무거운 과일은 오른쪽에 올려놓은 배입니다. 무거운 물체를 가벼운 물체보다 받침점에 더 가까이 놓으면 수평을 잡을 수 있습니다.

2 (1) 양팔저울의 받침점으로부터 같은 거리에 있는 저울접시에 물체를 각각 올려놓으면 무거운 쪽으로 저울대가 기울어집니다.
   (2) ㈎에서 풀은 가위보다 무겁고, ㈏에서 가위는 지우개보다 무거우므로 풀이 가장 무겁습니다.

실전 문제

1 받침점으로부터 같은 거리에 물체가 놓여있고 나무판자가 수평을 잡았으므로 두 물체의 무게는 같습니다.

채점 기준

상	받침점과 물체와의 거리를 관련지어 쓴 경우
중	물체가 놓여있는 나무판자 위의 번호를 관련지어 쓴 경우
하	답을 쓰지 못한 경우

2 (1) 몸무게가 무거운 아빠가 받침점에서 가까운 자리로 이동하면 시소가 수평을 잡을 수 있습니다.
   (2) 몸무게가 무거운 사람이 시소의 받침점에서 가까운 쪽에, 가벼운 사람이 받침점에서 먼 쪽에 앉으면 수평을 잡을 수 있습니다.

채점 기준

상	(1)과 (2)의 답을 모두 바르게 쓴 경우
중	(1)의 답은 바르게 쓰고, (2)의 답은 쓰지 못한 경우
하	(1)과 (2)의 답을 쓰지 못한 경우

3 (1) 클립과 같은 역할을 하는 물체로 장구 핀, 금액이 같은 동전, 똑같은 단추 등이 있습니다.
   (2) 기준 물체는 물체의 무게가 일정해야 하며, 한 개의 무게가 측정하는 물체의 무게보다 가벼워야 합니다.

채점 기준

상	(1)과 (2)의 답을 모두 바르게 쓴 경우
중	(1)의 답은 바르게 쓰고, (2)의 답은 쓰지 못한 경우
하	(1)과 (2)의 답을 쓰지 못한 경우

4 예 양팔저울의 받침점으로부터 같은 거리에 있는 한쪽 저울접시에는 탁구공(또는 테니스공, 고무공)을, 다른 한쪽 저울접시에는 클립을 올려놓고 저울대가 수평을 잡았을 때 클립의 총 개수를 세어 무게를 비교합니다.

채점 기준

상	기준 물체를 이용해 측정하는 방법을 바르게 쓴 경우
중	기준 물체를 이용한다고 썼으나 측정하는 방법을 바르게 쓰지 못한 경우
하	답을 쓰지 못한 경우

예 양팔저울의 받침점으로부터 같은 거리에 있는 저울접시에 탁구공과 테니스공(또는 테니스공과 고무공, 고무공과 탁구공)을 각각 올려놓고, 저울대가 어느 쪽으로 기울어졌는지 확인해 무게를 비교한다.

채점 기준	
상	양쪽 저울접시에 물체를 각각 올려놓고 두 가지씩 무게를 비교한 후 그 관계에 따라 세 가지 물체의 무게를 비교하는 것을 바르게 쓴 경우
중	양쪽 저울접시에 물체를 올려놓아 두 가지씩 비교한다고 쓴 경우
하	답을 쓰지 못한 경우

(3) 여러 가지 저울과 간단한 저울 만들기

탐구 문제   101쪽

1 (2) ○   **2** ③

1 (2)는 주방에서 요리에 쓰이는 재료의 무게를 측정할 때 사용하는 전자저울입니다.

2 정육점에서 고기의 무게를 측정할 때 저울을 사용합니다.

핵심 개념 문제   102~103쪽

01 ②   **02** ⑤   **03** ⑤   **04** ③   **05** (1) ○   **06** 수평 잡기
07 ④   **08** ③

01 몸무게를 측정할 때 사용하는 저울은 체중계입니다.

02 우체국에서는 사람들이 가져온 택배나 소포 등의 무게를 측정하여 요금을 정합니다.

03 빵이나 과자를 만들 때 재료의 무게를 정확하게 측정하지 못하면 만들 때마다 맛이 달라질 수 있습니다.

04 젤리를 판매할 때 전자저울로 무게를 측정하여 판매합니다.

05 지퍼 백에 물체를 넣어 무게를 비교합니다.

06 양쪽 지퍼 백에 물체를 넣어 무게를 비교하므로 수평 잡기의 원리를 이용한 것입니다.

07 일회용 접시는 물체를 올려놓는 곳이므로, 일회용 접시 대신에 우유갑을 사용할 수 있습니다.

08 용수철은 무게에 따라 일정하게 늘어납니다.

중단원 실전 문제   104~105쪽

01 ④   **02** ③   **03** ③   **04** 전기적   **05** 전자저울   **06** ②
07 수평 잡기의 원리   **08** ③   **09** ④   **10** ㉡   **11** 용수철
12 ③

01 정육점에서는 고기의 무게를 측정할 때, 실험실에서는 화학 약품의 무게를 측정할 때, 우체국에서는 등기 우편의 무게를 측정할 때, 금은방에서는 귀금속의 무게를 측정할 때 저울을 사용합니다.

02 팔거나 사려는 귀금속의 무게를 측정할 때 전자저울을 사용합니다.

03 가정용 저울과 체중계는 용수철의 성질을 이용한 저울입니다.

04 우체국에서 사용하는 전자저울은 전기적 성질을 이용해 화면에 숫자로 물체의 무게를 표시합니다.

05 우체국에서 사용하는 저울은 전자저울입니다.

06 ②는 양팔저울이고, 양팔저울은 수평 잡기의 원리를 이용한 저울입니다.

07 ㈎, ㈏는 수평 잡기의 원리를 이용해 만든 저울입니다.

08 바지걸이처럼 양쪽에 물체를 걸어 수평을 비교할 수 있는 것은 옷걸이입니다.

09 수평 잡기의 원리를 이용한 저울을 만들 때는 받침대와 나무판자 역할을 할 수 있는 재료들이 필요합니다.

10 ⓒ 양팔저울은 수평 잡기의 원리를 이용한 저울입니다.

11 플라스틱 관에 용수철을 넣어서 만든 저울로, 용수철이 무게에 따라 일정하게 늘어나고 줄어드는 성질을 이용한 것입니다.

12 용수철과 일회용 접시를 이용한 저울을 만들 때 긴 나무판자는 필요하지 않습니다.

 서술형·논술형 평가 돋보기   106~107쪽

연습 문제

1 (1) 무게 (2) 용수철, 수평 잡기 **2** (1) 수평 (2) 수평, 무게, 비교한다

실전 문제

1 (1) 예 전기적 성질을 이용해 화면에 숫자로 물체의 무게를 표시한다. **2** (1) ⑦ - 용수철의 성질, ⓒ - 수평 잡기의 원리 (2) 예 체육관에서 체급을 정할 때 체중계를 이용하여 몸무게를 측정한다. 주방에서 요리를 할 때 가정용 저울을 이용하여 재료의 무게를 측정한다. **3** (1) 수평 잡기의 원리 (2) 예 ⑦ 나무막대의 양끝에 종이컵을 붙이고 받침대로 사용하는 우유갑에 나무막대의 가운데 부분을 수평이 되도록 잘 붙인다. ⓒ 옷걸이의 양끝에 실로 연결한 우유갑을 매달고 받침대의 걸고리에 옷걸이가 수평이 되도록 건다. **4** 예 무게가 일정해야 한다.

연습 문제

1 (1) 저울은 물체의 무게를 정확하게 측정하는 도구입니다.

(2) 가정용 저울은 용수철의 성질을 이용하여 만든 저울이고, 양팔저울은 수평 잡기의 원리를 이용하여 만든 저울입니다.

2 (1) 지퍼 백을 매단 바지걸이를 걸고리에 걸어 수평이 되게 합니다.

(2) 한쪽 지퍼 백에 물체를 넣고 다른 지퍼 백에 클립을 넣어 저울이 수평을 잡으면 클립의 총개수가 물체의 무게가 되며, 다른 물체도 같은 방법으로 측정하여 클립의 총개수를 비교합니다.

실전 문제

1 전자저울은 전기적 성질을 이용해 화면에 숫자로 물체의 무게를 표시합니다.

채점 기준	
상	전자저울의 원리를 바르게 쓴 경우
중	전기적 성질을 이용한다고만 쓴 경우
하	답을 쓰지 못한 경우

2 (1) ⑦는 체중계이고, ⓒ는 양팔저울입니다.

(2) 체중계와 가정용 저울은 용수철의 성질을 이용한 저울입니다.

채점 기준	
상	(1)과 (2)의 답을 모두 바르게 쓴 경우
중	(1)의 답은 바르게 쓰고, (2)의 답은 쓰지 못한 경우
하	(1)과 (2)의 답을 쓰지 못한 경우

3 (1) ⑦와 ⓒ는 수평 잡기의 원리를 이용해 만든 저울입니다.

(2) ⑦에서는 나무막대가, ⓒ에서는 옷걸이가 저울대의 역할을 합니다.

채점 기준	
상	(1)과 (2)의 답을 모두 바르게 쓴 경우
중	(1)의 답은 바르게 쓰고, (2)의 답은 쓰지 못한 경우
하	(1)과 (2)의 답을 쓰지 못한 경우

4 기준 물체는 무게가 일정해야 하며, 모양이 같고 비교하는 물체에 비해 무게가 적당히 작아야 합니다.

채점 기준	
상	기준 물체가 될 수 있는 조건을 쓴 경우
중	기준 물체가 될 수 있는 조건을 바르게 쓰지 못한 경우
하	답을 쓰지 못한 경우

01 ⑤   **02** ③   **03** ⑤   **04** ③   **05** 지구   **06** ③   **07** ㉢
08 15   **09** ㉢   **10** (1) ㉠ (2) ㉫   **11** ㉡   **12** ①, ⑤   **13** ②
14 받침점   **15** (3) ○   **16** ④   **17** 받침점   **18** ③   **19** (1)-
㉡ (2)-㉢ (3)-㉠   **20** 무게   **21** ㉡   **22** (2) ○   **23** ④
24 ③

01 물체의 무게를 손으로 어림하면 사람마다 느끼는 물체의 무게가 달라 무게를 정확하게 비교할 수 없습니다.

02 물체의 무게를 정확하게 측정하기 위해 저울을 사용합니다.

03 우체국에서 등기 우편을 보낼 때 무게를 측정하여 요금을 정합니다.

04 용수철에 추를 걸어 놓으면 용수철의 길이가 늘어납니다.

05 추의 무게만큼 지구가 끌어당기기 때문에 용수철의 길이가 늘어납니다.

06 물체의 무게가 무거울수록 지구가 물체를 끌어당기는 힘의 크기가 큽니다.

07 지구가 물체를 끌어당기는 힘의 크기를 물체의 무게라고 합니다. 용수철에 추를 걸어 놓으면 지구가 끌어당기는 힘이 작용하므로 늘어난 용수철의 길이는 용수철에 걸어 놓은 추의 무게를 나타냅니다.

08 추의 무게가 30 g중씩 늘어날 때마다 용수철의 길이가 5 cm씩 늘어나므로 추의 무게가 90 g중일 때 늘어난 용수철의 길이는 15 cm가 됩니다.

09 용수철에 걸어 놓은 추의 무게가 일정하게 늘어나면 용수철의 길이도 일정하게 늘어납니다.

10 ㉠ 손잡이, ㉡ 영점 조절 나사, ㉢ 용수철, ㉣ 표시 자, ㉤ 눈금, ㉫ 고리입니다. 용수철저울의 손잡이 부분을 손으로 잡고 측정하면 손이 흔들리므로 스탠드에 걸어 놓고, 고리에 물체를 걸면 용수철이 늘어납니다.

11 물체를 걸어 놓기 전에 영점 조절 나사를 돌려 표시 자를 눈금의 '0'에 맞춰야 정확한 무게를 측정할 수 있습니다.

12 용수철저울의 눈금을 읽을 때는 표시 자와 눈높이를 맞추고, 표시 자가 가리키는 눈금의 숫자를 단위와 같이 읽습니다.

13 받침대의 왼쪽 나무판자의 4번에 한 개의 나무토막이 있을 때 2개의 나무토막을 올려놓아 수평을 잡으려면 받침대의 오른쪽 나무판자의 2번에 올려놓습니다.

14 수평대에 무게가 다른 두 물체를 올려놓고 수평을 잡으려면 무거운 물체를 받침점에 가까이 놓아야 합니다.

15 지수는 받침점에서 먼 쪽에, 민정이는 받침점에서 가까운 쪽에 앉았을 때 시소가 수평을 잡은 것으로 보아 민정이의 몸무게가 더 무겁습니다.

16 양팔저울이 왼쪽으로 기울어졌으므로 오른쪽 수평 조절 장치를 오른쪽으로 옮기면 수평을 잡을 수 있습니다.

17 받침대와 저울대가 만나는 부분은 받침점이라고 합니다.

18 양팔저울로 무게를 측정할 때 기준 물체는 무게가 일정해야 합니다.

19 ㈎ 체육관에서 사용하는 체중계와 ㈏ 주방에서 사용하는 가정용 저울은 용수철의 성질을 이용한 저울이고, ㈐ 금은방에서 사용하는 전자저울은 전기적 성질을 이용한 저울입니다.

20 요리를 할 때 가정용 저울을 사용하여 재료의 정확한 무게를 측정하면 만들 때마다 맛이 달라지지 않습니다.

21 ㈐에서 사용하는 전자저울은 물체의 무게를 화면에 숫자로 표시해 주기 때문에 쉽게 무게를 읽을 수 있습니다.

22 바지걸이를 이용한 저울은 수평 잡기의 원리를 이용한 저울입니다.

23 두 물체의 무게가 같을 때 수평을 잡을 수 있으므로 클립의 수가 같은 두 물체를 찾습니다.

24 저울을 만드는 까닭은 무게를 측정하기 위해서입니다.

수행평가 미리 보기 113쪽

1 (1) 수평 잡기 (2) 받침점으로부터 같은 거리에 무게가 같은 물체를 올려놓으면 수평을 잡을 수 있다. (3) 무거운 물체는 받침점에서 가까운 쪽에, 가벼운 물체는 받침점에서 먼 쪽에 올려놓으면 수평을 잡을 수 있다. **2** (1) ㉡ (2) 몸무게가 무거운 민수가 받침점에서 가까운 쪽에 앉아야 수평을 잡을 수 있다.

1 무게가 같은 두 물체를 받침점으로부터 같은 거리에 올려놓았을 때 수평이 되고, 무게가 다른 두 물체를 올려놓았을 때는 무거운 물체를 받침점에 가까이 하거나 가벼운 물체를 받침점에서 멀리 하였을 때 수평이 된다는 것이 수평 잡기의 원리입니다.

2 수평 잡기의 원리에 의해 몸무게가 무거운 친구가 받침점에서 가까운 자리에, 몸무게가 가벼운 친구가 받침점에서 멀리 앉으면 시소가 수평을 잡을 수 있습니다.

5 단원 혼합물의 분리

(1) 혼합물

핵심 개념 문제 118~119쪽

01 ③   02 ㉔ 무, 고추, 물   03 ⑤   04 ⑤   05 ㉔ 김밥
06 두 또는 2   07 ②   08 ①

01 멸치, 고추, 깨를 이용해 만들 수 있는 음식은 멸치볶음입니다.

02 나박김치를 만드는 데 사용된 재료는 무, 고추, 물 등입니다.

03 건포도는 달고 시리얼은 고소하며, 초콜릿은 둥글고 답니다. 말린 바나나는 납작한 원 모양에 단맛이 납니다.

04 초콜릿은 단맛, 시리얼은 고소한 맛이 납니다. 간식을 만들 때 여러 가지 재료들을 섞어도 각 재료의 맛은 변하지 않습니다.

05 김, 밥, 단무지, 달걀, 당근, 시금치 등이 들어간 음식은 김밥입니다.

06 혼합물은 두 가지 이상의 물질이 성질이 변하지 않은 채 서로 섞여 있는 물질입니다.

07 미숫가루 물은 물에 여러 가지 곡물 가루로 만든 미숫가루, 설탕 등을 섞어 만듭니다.

08 소금은 한 가지 물질로 이루어져 있어서 혼합물이 아닙니다.

중단원 실전 문제 120~121쪽

01 ③   02 ①, ③   03 ㉡   04 ②   05 ⑤   06 ④   07 혼합물   08 ②   09 ③   10 혼합물   11 ②   12 ②

01 멸치볶음과 나박김치는 모두 여러 가지 재료를 사용하여 만든 음식입니다.

02 샌드위치는 식빵, 달걀, 채소 등으로 만듭니다.

03 비빔밥은 세 가지 이상의 재료로 만든 혼합물입니다.

04 시리얼은 고소한 맛, 말린 바나나는 단맛이 납니다.

05 여러 가지 재료를 섞어도 각 재료의 성질이 변하지 않기 때문에 재료의 맛도 변하지 않습니다.

06 단무지는 새콤달콤하면서 씹을 때 아삭아삭한 재료입니다.

07 두 가지 이상의 물질이 성질이 변하지 않은 채 섞여 있는 것을 혼합물이라고 합니다.

08 얼음은 한 가지 물질로 이루어져 있습니다.

09 팥빙수는 팥, 얼음, 과일 등을 섞어 만든 혼합물입니다.

10 미숫가루를 물에 섞으면 각 재료의 맛이 변하지 않은 채 섞여 있습니다.

11 10원짜리 동전은 구리와 알루미늄으로 만든 혼합물입니다.

12 여러 가지 잡곡을 섞어서 만든 혼합물은 잡곡밥입니다.

서술형·논술형 평가 돋보기   122~123쪽

연습 문제

1 (1) 단, 새콤달콤한 (2) 변하지 않기 **2** (1) 혼합물 (2) 성질, 성질

실전 문제

1 예 여러 가지 재료를 섞어 간식을 만들어도 각 재료의 맛이 변하지 않기 때문이다. **2** 예 10원짜리 동전은 구리와 알루미늄을 섞어서 만들기 때문이다. **3** (1) 물 (2) 예 물은 한 가지 물질로 이루어졌기 때문이다. **4** 예 여러 가지 재료로 이루어져 있으며, 각 재료의 맛이 변하지 않아 그대로 맛을 느낄 수 있으므로 혼합물이라고 할 수 있다.

연습 문제

1 (1) 팥빙수를 먹어보면 얼음의 시원한 맛, 팥의 단맛, 과일의 새콤달콤한 맛을 느낄 수 있습니다.
(2) 여러 가지 재료를 섞어도 각 재료의 맛이나 성질이 변하지 않습니다.

2 (1) 건축물의 재료로 사용하는 콘크리트는 물, 모래, 자갈, 시멘트 등을 섞어서 만든 혼합물입니다.
(2) 혼합물은 두 가지 이상의 물질이 성질이 변하지 않은 채 서로 섞여 있는 물질입니다.

실전 문제

1 여러 가지 재료를 섞어 간식을 만들어도 각 재료의 맛이 변하지 않기 때문에 간식에 섞여 있는 각 재료의 맛을 알 수 있습니다.

채점 기준	
상	각 재료의 맛을 알 수 있는 까닭을 바르게 쓴 경우
중	각 재료의 맛을 알 수 있는 까닭을 의미는 비슷하나 정확하게 쓰지 못한 경우
하	답을 쓰지 못한 경우

2 동전은 여러 가지 물질이 섞여 있는 혼합물입니다.

채점 기준	
상	10원짜리 동전에 섞여 있는 물질 두 가지를 이용하여 혼합물인 까닭을 바르게 쓴 경우
중	10원짜리 동전에 섞여 있는 물질 두 가지 중 한 가지를 이용하여 혼합물인 까닭을 쓴 경우
하	답을 쓰지 못한 경우

3 (1) 김밥, 멸치볶음, 비빔밥은 혼합물입니다.
(2) 물은 한 가지 물질로 이루어졌습니다.

채점 기준	
상	(1)과 (2)의 답을 모두 바르게 쓴 경우
중	(1)의 답은 바르게 쓰고, (2)의 답은 쓰지 못한 경우
하	(1)과 (2)의 답을 쓰지 못한 경우

4 볶음밥은 여러 가지 재료로 이루어져 있으며 각 재료의 맛이 변하지 않았기 때문에 혼합물이라고 할 수 있습니다.

(2) 혼합물의 분리 ①

탐구 문제   125쪽

1 ④   2 (1) ○

1 콩, 팥, 좁쌀의 혼합물을 분리할 때 이용하는 성질은 알갱이의 크기 차이입니다.

2 콩, 팥, 좁쌀의 혼합물을 눈의 크기가 다른 두 개의 체를 이용해 분리할 때 콩을 가장 먼저 분리하려면 눈의 크기가 콩보다 작고 팥보다 큰 체가 필요합니다.

탐구 문제   127쪽

1 ①   2 ④

1 플라스틱 구슬과 철 구슬의 개수가 많기 때문에 손으로 분리하려면 시간이 오래 걸립니다.

2 두 구슬을 분리할 때 철이 자석에 붙는 성질을 이용합니다.

핵심 개념 문제   128~131쪽

01 ㉠ 분리, ㉡ 팔찌   02 ④   03 물질   04 ㉠ 분리, ㉠ 섞어   05 ㉢   06 콩, 팥, 좁쌀   07 두 또는 2   08 ㉠ 콩, ㉡ 팥   09 ①   10 체로 분리하는 방법   11 ③   12 ①   13 ②   14 자석   15 ③   16 철 가루

01 구슬 혼합물에서 구슬을 종류별로 분리하여 디자인한 대로 실에 꿰어 새로운 혼합물인 팔찌를 만듭니다.

02 설탕은 사탕수수에서 분리해서 얻을 수 있습니다.

03 혼합물을 분리하면 섞여 있던 여러 가지 물질 중 우리가 원하는 물질을 얻을 수 있습니다.

04 사탕수수에서 분리한 설탕에 색소나 여러 가지 물질을 섞어 새로운 혼합물인 사탕을 만들 수 있습니다.

05 좁쌀은 노란색이고 둥근 모양입니다.

06 콩, 팥, 좁쌀을 알갱이의 크기가 큰 것부터 순서대로 나열하면 콩, 팥, 좁쌀 순입니다.

07 콩, 팥, 좁쌀의 혼합물을 분리하려면 눈의 크기가 콩보다 작고 팥보다 큰 체와 눈의 크기가 팥보다 작고 좁쌀보다 큰 체가 필요합니다.

08 콩을 가장 먼저 분리해 내려면 체에서 콩만 빠져나가지 않아야 하므로 체의 눈의 크기가 콩보다 작고 팥보다 커야 합니다.

09 콩, 팥 좁쌀을 손으로 분리하려면 시간이 많이 걸리고, 크기가 작은 좁쌀은 손으로 집기 어렵습니다.

10 알갱이의 크기가 다른 고체 혼합물을 분리할 때 이용하는 방법은 체로 걸러 주는 것입니다.

11 해변 쓰레기 수거 장비에 부착된 체로 해변에 섞여 있는 모래와 쓰레기를 분리합니다.

12 모래와 자갈은 알갱이의 크기가 다르므로 체를 사용하여 분리합니다.

13 플라스틱 구슬은 자석에 붙지 않지만 철 구슬은 자석에 붙습니다.

14 두 구슬의 알갱이의 크기가 비슷하므로 자석의 성질을 이용하면 쉽게 분리할 수 있습니다.

15 철은 자석에 붙고 알루미늄은 자석에 붙지 않는 성질을 이용합니다.

16 쌀을 도정하는 기계는 철로 만들어져 있으므로 사용하다 보면 부품끼리 서로 부딪쳐 철 가루가 생기게 됩니다.

01 ②   02 ④   03 ④   04 물   05 ③   06 철   07 ④
08 ①   09 ⓒ   10 알갱이의 크기 차이   11 ③   12 좁쌀
13 ③   14 ⑤   15 ⑤   16 ⑤   17 ①   18 체   19 ⓒ, ⓒ
20 ⑤   21 ④   22 ④   23 자석   24 자석

01 구슬 혼합물에서 관찰할 수 있는 모양은 별 모양, 공 모양, 상자 모양, 세모 모양, 하트 모양 등이며, 구멍이 뚫린 것과 뚫리지 않은 것이 있습니다.

02 구슬을 종류별로 분리해 놓으면 원하는 모양의 구슬을 쉽게 찾을 수 있어서 팔찌를 만들 때 편리합니다.

03 디자인한 팔찌에서 볼 수 있는 구슬은 별 모양, 상자 모양, 하트 모양, 세모 모양이고, 모두 구멍이 뚫려 있습니다.

04 사탕수수 즙에서 물을 증발시키면 설탕을 얻을 수 있습니다.

05 설탕에 색소 등 다른 물질을 섞어 사탕을 만듭니다.

06 철광석에서 순수한 철을 분리해 낸 후 다른 금속을 섞어 자동차 등을 만듭니다.

07 혼합물을 분리하면 원하는 물질을 얻을 수 있습니다.

08 밭에 있는 배추는 혼합물이 아닙니다.

09 팥은 붉은색이나 자주색이고 둥글며, 좁쌀보다 큽니다.

10 콩, 팥, 좁쌀 중 콩 알갱이가 가장 크고, 좁쌀 알갱이가 가장 작습니다.

11 콩, 팥, 좁쌀의 혼합물을 분리하려면 눈의 크기가 콩보다 작고 팥보다 큰 체와 눈의 크기가 팥보다 작고 좁쌀보다 큰 체가 필요합니다.

12 눈의 크기가 팥보다 작고 좁쌀보다 큰 체를 이용하면 가장 먼저 좁쌀을 분리할 수 있습니다.

13 콩, 팥, 좁쌀의 혼합물을 분리할 때 체를 이용하면 손으로 분리하는 것보다 빠르게 분리할 수 있습니다.

14 모래 속에서 재첩을 분리해 낼 때는 체를 이용합니다.

15 모래와 재첩을 분리할 때 알갱이의 크기 차이를 이용합니다.

16 모래와 쓰레기는 알갱이의 크기 차이를 이용해 분리합니다.

17 모래와 자갈은 알갱이의 크기가 다릅니다.

18 해변 쓰레기 수거 장비에는 체가 부착되어 있습니다.

19 플라스틱 구슬은 자석에 붙지 않고 철 구슬은 자석에 붙습니다.

20 플라스틱 구슬과 철 구슬을 분리하려면 자석이 필요합니다.

21 모래와 철 가루의 혼합물을 분리할 때 자석을 이용합니다.

22 철 캔은 자석에 붙고 알루미늄 캔은 자석에 붙지 않습니다.

23 자동 분리기의 위쪽 이동판에 자석이 들어 있어서 철 캔만 달라붙어 이동합니다.

24 고춧가루를 만들 때 기계가 부딪치면서 생긴 철 가루를 자석 봉으로 제거합니다.

연습 문제

1 (1) 설탕 (2) 물질, 섞어서 2 (1) 체 (2) 크기

실전 문제

1 예 철광석에서 순수한 철을 분리해 다른 금속을 섞어 자동차를 만든다. 2 (1) 체를 통과하는 물질: 모래, 체를 통과하지 못하는 물질: 자갈 (2) 예 체의 눈의 크기가 자갈보다 작고 모래보다 크므로 자갈은 체를 통과하지 못하고 모래는 체를 통과한다. 3 (1) 알갱이의 크기 (2) 체 ⑺는 눈의 크기가 콩보다 작고 팥보다 크고, 체 ⑷는 눈의 크기가 팥보다 작고 좁쌀보다 크다. 4 예 기계가 마모되면서 생긴 철 가루를 자석 봉을 이용하여 분리하면 깨끗한 쌀을 얻을 수 있기 때문이다.

1　(1) 사탕수수에서 설탕을 분리해 내고, 분리해 낸 설탕에 다른 물질을 섞어 사탕을 만들 수 있습니다.

(2) 혼합물을 분리하여 원하는 물질을 얻어 우리 생활의 필요한 곳에 이용합니다.

2　(1) ㈎ 해변 쓰레기 수거 장비로 모래와 쓰레기를 분리할 때, ㈏ 모래와 진흙 속에 사는 재첩을 분리할 때 체를 이용합니다.

(2) 여러 가지 고체 알갱이가 섞인 혼합물은 알갱이의 크기 차이를 이용하면 쉽게 분리할 수 있습니다.

1　혼합물에서 분리한 물질을 다른 물질과 섞어서 생활의 필요한 곳에 이용할 수 있습니다.

채점 기준	
상	혼합물에서 물질을 분리한 후 다른 물질과 섞어 새로운 물질을 만드는 예를 바르게 쓴 경우
중	혼합물에서 물질을 분리한 후 다른 물질과 섞어 새로운 물질을 만드는 예를 바르게 쓰지 못한 경우
하	답을 쓰지 못한 경우

2　(1) 모래는 체를 통과하고, 자갈은 체를 통과하지 못합니다.

(2) 모래와 자갈의 알갱이의 크기 차이를 이용해 체로 분리합니다.

채점 기준	
상	(1)과 (2)의 답을 모두 바르게 쓴 경우
중	(1)의 답은 바르게 쓰고, (2)의 답은 쓰지 못한 경우
하	답을 쓰지 못한 경우

3　(1) 알갱이의 크기가 다른 고체 혼합물은 체를 사용하면 쉽게 분리할 수 있습니다.

(2) 콩, 팥, 좁쌀의 혼합물을 분리하려면 눈의 크기가 다른 두 개의 체를 사용합니다.

채점 기준	
상	(1)과 (2)의 답을 모두 바르게 쓴 경우
중	(1)의 답은 바르게 쓰고, (2)는 한 가지 체의 눈 크기와 분리되는 알갱이의 크기의 관계만 쓴 경우
하	답을 쓰지 못한 경우

4　기계가 마모되면서 떨어지는 철 가루가 쌀에 섞이지 않게 하기 위해서 자석 봉을 사용합니다.

채점 기준	
상	기계에서 철 가루가 생기는 것과 자석 봉을 통과시키는 까닭을 모두 바르게 쓴 경우
중	기계에서 철 가루가 생기는 까닭만 쓴 경우
하	답을 쓰지 못한 경우

(3) 혼합물의 분리 ②

탐구 문제	139쪽
1 거름 장치　**2** (1) ○　(2) ○	

1　거름종이에 액체 혼합물을 걸러 혼합물을 분리하는 장치를 거름 장치라고 합니다.

2　소금물을 가열하면 물이 끓으면서 점점 줄어들고 하얀색 알갱이가 생깁니다.

탐구 문제	141쪽
1 ②　**2** 거름	

1　종이 죽은 신문지, 우유갑, 폐휴지 등 폐지를 이용해 만듭니다.

2　물에 풀려있는 종이 죽을 체로 거르는 과정을 종이뜨기라고 하고, 이때 사용된 혼합물의 분리 방법은 거름입니다.

핵심 개념 문제 142~145쪽

01 ③　**02** 끓여서　**03** 천　**04** 된장　**05** ㉢, ㉠, ㉣, ㉡
06 ③　**07** ㉠　**08** 모래　**09** 증발 접시　**10** (3) ○　**11** 망
12 천일염　**13** ②　**14** 닥나무　**15** ⑤　**16** 종이뜨기

01 우리 조상은 바닷물을 이용해 소금을 얻었습니다.

02 우리 조상은 바닷물을 걸러 얻은 진한 소금물을 가마솥에 넣고 끓여서 소금을 얻었는데, 이 소금을 자염이라고 합니다.

03 전통 장을 만들 때 천을 이용하여 물에 녹는 물질과 물에 녹지 않는 물질을 분리합니다.

04 천에 남아 있는 건더기로 된장을 만듭니다.

05 거름종이는 깔때기에 끼울 수 있도록 고깔 모양으로 접습니다.

06 유리 막대를 사용하면 거르고자 하는 액체 혼합물이 유리 막대를 타고 천천히 흘러 내립니다.

07 소금과 모래의 혼합물을 분리하려면 가장 먼저 물에 녹입니다.

08 물에 녹인 소금과 모래의 혼합물을 거름 장치로 걸렀을 때 거름종이에는 물에 녹지 않은 모래만 남게 됩니다.

09 우리 조상이 바닷물을 끓여서 소금을 얻을 때 이용한 가마솥은 증발 장치에서 증발 접시의 역할을 합니다.

10 햇빛과 바람은 알코올램프의 역할을 합니다.

11 찻잎을 따뜻한 물에 넣어 우려낸 뒤 찻잎을 망으로 거릅니다.

12 햇빛과 바람으로 바닷물에서 물을 증발시켜 얻은 소금을 천일염이라고 합니다.

13 끓인 콩 물과 콩 찌꺼기를 분리할 때 헝겊을 사용합니다.

14 전통 한지를 만들 때 닥나무를 사용합니다.

15 식용 색소는 색깔을 낼 때 사용합니다.

16 종이 만들기 틀로 종이 죽을 원하는 두께가 되도록 종이뜨기합니다.

중단원 실전 문제
146~149쪽

01 (나)　02 ⑤　03 (가) 자염, (나) 천일염　04 혼합물　05 ③
06 ②　07 고깔 모양　08 ③　09 ⑤　10 소금　11 ㉡
12 ②　13 ㉡　14 (1) ○ (2) ○　15 (1)-㉡ (2)-㉠ (3)-㉢
16 (나)　17 ②　18 헝겊　19 체　20 거름　21 ①　22 ㉣
23 ③　24 (나) 거름, (다) 증발

01 원 모양으로 만든 둔덕 사이에 나무를 걸치고 수숫대, 옥수숫대, 소나무 가지, 솔잎 등을 걸쳐 놓고 바닷물을 부으면 깨끗한 바닷물을 분리할 수 있습니다.

02 (가)는 바닷물에서 모래나 흙을 걸러낸 진한 소금물을 가마솥에 넣고 끓여서 물을 증발시켜 소금을 얻는 방법입니다. (나)는 염전에 모아 둔 바닷물에서 햇빛과 바람을 이용해 물을 증발시켜 소금을 얻는 방법입니다.

03 바닷물을 끓여서 물을 증발시켜 얻은 소금을 자염, 햇빛과 바람으로 물을 증발시켜 얻은 소금을 천일염이라고 합니다.

04 메주를 소금물에 넣어 두면 혼합물이 만들어집니다.

05 천과 같은 역할을 하는 것은 거름종이입니다.

06 메주와 소금물의 혼합물을 천으로 걸렀을 때 천에 남아 있는 것은 된장을 만들고, 천을 빠져나간 것은 끓여서 간장을 만듭니다.

07 깔때기의 모양이 고깔 모양입니다.

〈거름종이 접는 방법〉

08 거름 장치를 설치할 때 깔때기 끝의 긴 부분을 비커의 옆면에 닿게 설치해야 합니다.

09 거름 장치에 액체 혼합물을 부을 때 유리 막대를 타고 흘러내리도록 하면 깔때기에 액체가 넘치지 않도록 조절할 수 있습니다.

10 소금과 모래의 혼합물을 물에 녹이면 소금만 녹습니다.

11 거름 장치로 걸렀을 때 거름종이를 빠져나가는 것은 액체 상태의 물질이므로 소금물이 비커에 모아지게 됩니다.

12 소금물을 증발 접시에 넣고 끓이면 물이 증발되고 하얀색 알갱이가 남습니다.

13 찻잎이 물에 섞이지 않도록 망에 넣어 여과시킵니다.

14 녹차 여과기로 혼합물을 분리할 때 이용하는 방법은 거름입니다.

15 염전은 증발 접시, 천일염은 소금, 햇빛과 바람은 알코올램프의 역할을 합니다.

16 체와 헝겊으로 거르는 과정은 거름 장치를 사용하는 것과 같습니다.

17 두부는 콩 속의 단백질을 분리하여 만드는 것입니다.

18 덩어리와 콩 물을 분리하기 위해 헝겊을 사용합니다.

19 거름종이와 같은 역할을 하는 것은 체입니다.

20 체를 사용하여 한지를 뜨는 것은 혼합물의 분리 방법 중 거름과 같습니다.

21 두부 만들기와 전통 한지 만들기에서 모두 체나 헝겊을 이용해 혼합물을 분리합니다.

22 비닐봉지로는 재생 종이를 만들 수 없습니다.

23 종이 만들기 틀은 체 모양이며, 종이 죽의 알갱이가 작기 때문에 눈의 크기가 작아야 합니다.

24 (나)에서는 거름, (다)에서는 증발을 이용합니다.

서술형·논술형 평가 돋보기　　150~151쪽

연습 문제

1 (1) 녹은, 녹지 않은 (2) 액체, 간장, 건더기, 된장
2 (1) 소금, 모래 (2) 소금물, 소금

실전 문제

1 예 찻잎을 티백에 담아 따뜻한 물에 넣어 차를 우려낸 후 티백을 꺼내고 차를 마신다. 　 2 예 (가)는 바닷물을 가마솥에 넣고 끓여서 소금을 얻는 것이고, (나)는 바닷물을 염전에 모아 놓고 햇빛과 바람으로 물을 증발시켜 소금을 얻는 것이다.
3 (1) 거름 (2) 예 (가)에서는 콩 찌꺼기와 콩 물을 분리하였고, (나)에서는 콩 단백질 덩어리와 콩 물을 분리하였다. 　 4 예 재생 종이를 얇게 만들려면 종이 죽이 얇게 펼쳐질 수 있도록 종이뜨기를 하고, 두껍게 만들려면 종이 죽이 두껍게 펼쳐지도록 종이뜨기를 한다.

연습 문제

1 (1) 물에 녹은 물질은 천을 빠져나가고 물에 녹지 않은 물질은 천에 남습니다.
(2) 천을 빠져나간 액체는 끓여서 간장을 만들고, 천에 남아 있는 건더기는 된장을 만듭니다.

2 (1) 소금과 모래의 혼합물을 물에 녹이면 소금이 녹아 거름종이를 빠져나가고 거름종이에는 모래만 남기 때문에 혼합물을 분리할 수 있습니다.
(2) 증발 접시에 담긴 액체 혼합물은 소금물이므로, 가열하면 물이 증발하고 소금만 남게 됩니다.

실전 문제

1 예 녹차 여과기에 찻잎과 따뜻한 물을 넣으면 물에 녹는 물질이 우러나고 망을 주전자와 분리한 후 차를 마십니다.

채점 기준	
상	찻잎을 따뜻한 물에 우려내는 방법과 우려낸 찻잎을 분리시키는 방법을 바르게 쓴 경우
중	찻잎을 따뜻한 물에 우려내는 방법만 쓴 경우
하	답을 쓰지 못한 경우

2 (가)와 같이 바닷물을 가마솥에 넣고 끓여서 얻는 소금을

자염이라고 하고, ㈏와 같이 바닷물을 염전에 모아 놓고 햇빛과 바람으로 물을 증발시켜 얻는 소금을 천일염이라고 합니다.

채점 기준

상	㈎와 ㈏에서 소금을 얻는 방법을 모두 바르게 쓴 경우
중	㈎와 ㈏ 중 한 가지만 바르게 쓴 경우
하	답을 쓰지 못한 경우

3 (1) 체와 헝겊을 사용하여 혼합물을 분리하는 것은 거름입니다.
(2) ㈎에서는 콩 찌꺼기와 콩 물을 분리하였고 ㈏에서는 콩 단백질 덩어리와 콩 물을 분리하였습니다.

채점 기준

상	(1)과 (2)의 답을 모두 바르게 쓴 경우
중	(1)의 답은 바르게 쓰고, (2)의 답은 한 가지만 바르게 쓴 경우
하	(1)과 (2)의 답을 쓰지 못한 경우

4 재생 종이를 얇게 만들려면 종이 죽이 얇게 펼쳐질 수 있도록 종이뜨기를 하고, 두껍게 만들려면 종이 죽이 두껍게 펼쳐질 수 있도록 종이뜨기를 합니다.

채점 기준

상	종이 죽의 두께를 얇게 만들 수 있는 방법과 두껍게 만들 수 있는 방법을 모두 바르게 쓴 경우
중	종이 죽의 두께를 얇게 만들 수 있는 방법과 두껍게 만들 수 있는 방법 중 한 가지만 바르게 쓴 경우
하	답을 쓰지 못한 경우

 대단원 마무리 153~156쪽

01 ③ **02** 변하지 않는다 **03** ② **04** ⑤ **05** 팥 **06** ④ **07** ③ **08** ㈐ **09** 사탕 **10** ㉠ **11** ⑤ **12** 콩 **13** ① **14** ③ **15** ① **16** ③ **17** ② **18** 철 가루 **19** ㈏ **20** ②, ⑤ **21** ㉠ 햇빛, ㉡ 알코올램프 **22** ① **23** ③ **24** ④

01 원 모양이고 주름이 많으며 고소한 맛이 나는 재료는 시리얼입니다.

02 여러 가지 재료를 섞어 간식을 만들어도 각 재료의 성질이 변하지 않아 재료의 맛을 그대로 느낄 수 있습니다.

03 혼합물인 사탕수수에서 분리해 얻은 설탕은 혼합물이 아닙니다.

04 동전과 김밥은 모두 두 가지 이상의 물질로 이루어진 혼합물입니다.

05 팥은 자주색이며 검은색의 콩보다는 크기가 작습니다.

06 콩, 팥, 쌀을 섞어도 크기, 모양, 색깔 등의 성질이 변하지 않습니다.

07 구슬로 팔찌를 만들 때 구슬의 모양과 특징에 따라 분류하여 디자인한 대로 실에 꿰어 만듭니다.

08 여러 종류가 섞여 있는 구슬을 종류별로 분류하는 것은 혼합물을 분리하는 것과 같습니다.

09 사탕수수는 구슬 혼합물, 설탕은 구슬, 사탕은 팔찌를 나타냅니다.

10 구리 광석은 혼합물입니다.

11 혼합물을 분리하면 원하는 물질을 얻을 수 있습니다.

12 체의 눈의 크기보다 알갱이의 크기가 큰 것은 체를 빠져나가지 않고 걸러집니다.

13 모래와 진흙 속에 사는 재첩을 분리할 때나 공사장에서 모래와 자갈을 분리할 때 체를 이용합니다.

14 알갱이의 크기 차이를 이용하여 혼합물을 분리하는 예입니다.

15 체를 이용한 분리는 알갱이의 크기가 다른 고체 물질이 섞여 있을 때 가능합니다.

16 ㉠ 부분에 자석이 들어 있어 철 캔만 달라붙도록 하여 분리하는 기구입니다.

17 자동 분리기는 알루미늄 캔과 철 캔 중 철 캔만 자석에 붙는 성질을 이용합니다.

18 기계에서 마모되어 떨어지는 철 가루가 고춧가루에 섞이지 않도록 자석 봉으로 분리합니다.

19 메주를 소금물에 섞어 만든 혼합물을 천으로 거르는 것은 혼합물의 분리 방법 중 거름을 이용한 것입니다.

20 물에 녹인 소금과 모래의 혼합물을 거름 장치로 거르면 물에 녹지 않은 모래는 거름종이에 남고, 소금물은 거름종이를 빠져나갑니다.

21 햇빛과 바람은 알코올램프의 역할을 합니다.

22 불린 종이를 곱게 갈아주기 위해 믹서기를 사용합니다.

23 종이 만들기 틀로 거른 후 물을 증발시켜 재생 종이를 만들 수 있습니다.

24 종이 만들기 틀로 종이뜨기를 하는 것은 전통 한지를 만들 때 체로 한지 뜨기를 하는 과정과 같은 과정입니다.

1 (1) 철이 자석에 붙는 성질을 이용해 자석으로 클립을 분리합니다.

(2) 자석에 붙는 물질이 자석에 붙지 않는 물질과 섞여 있을 때 자석을 이용할 수 있습니다.

2 (1) 플라스틱 구슬과 쌀은 알갱이의 크기 차이를 이용해 체로 분리할 수 있습니다.

(2) 모래와 자갈, 콩과 좁쌀 등 알갱이의 크기가 다른 혼합물을 분리할 때 체를 사용합니다.

3 혼합물을 분리하면 원하는 물질을 얻을 수 있고, 분리한 물질을 다른 물질과 섞어서 생활의 필요한 곳에 이용할 수 있습니다.

수행 평가 미리 보기   157쪽

1 (1) 예 사용 도구 ㈎: 자석, 사용한 성질: 철이 자석에 붙는 성질 (2) 예 운동장에서 떨어진 압정 찾기, 서랍에 쏟아진 나사못 분리하기

2 (1) 사용 도구 ㈏: 체, 사용한 성질: 알갱이의 크기 차이

(2) 예 공사장에서 모래와 자갈 분리하기, 해변 쓰레기 수거 장비로 모래와 쓰레기 분리하기

3 예 원하는 물질을 얻을 수 있다. 분리한 물질을 다른 물질과 섞어서 생활의 필요한 곳에 이용할 수 있다.

2단원 (1) 중단원 쪽지 시험   5쪽

01 자갈, 모래, 진흙   02 수평   03 예 줄무늬가 보인다. 여러 개의 층으로 이루어져 있다.   04 두께(색깔), 색깔(두께)
05 줄무늬   06 먼저   07 오랜   08 퇴적암   09 이암
10 좁아진다.   11 물 풀   12 사암

중단원 확인 평가   2 (1) 층층이 쌓인 지층   6~7쪽

01 층   02 ㉠, ㉡   03 ②   04 ①   05 ㉠   06 (3) ○
07 ①   08 역암   09 ㉠   10 ㉢   11 누른다.   12 ㉠

01 지층은 자갈, 모래, 진흙 등으로 이루어진 암석들이 층을 이루고 있는 것입니다.

02 여러 가지 모양의 지층에는 시루떡이나 샌드위치처럼 여러 겹의 층이 보입니다.

03 ①, ⑤는 끊어진 지층, ②는 휘어진 지층, ③, ④는 수평인 지층입니다.

04 끊어진 지층과 휘어진 지층은 모두 줄무늬가 보입니다.

05 아래에 있는 층이 가장 먼저 쌓인 층이고, 맨 위에 있는 층이 가장 나중에 쌓인 층입니다.

06 지층 모형과 실제 지층에서 모두 줄무늬가 보입니다. 지층이 쌓일 때 아래에 있는 층이 쌓인 다음, 그 위에 자갈, 모래, 진흙 등이 쌓여서 새로운 층이 만들어지므로 아래에 있는 층이 먼저 만들어진 것입니다. 따라서 지층 모형에서 가장 먼저 쌓인 층은 ㉡입니다.

07 이암은 진흙과 같은 작은 알갱이로 되어 있고, 사암은 주로 모래로 되어 있으며, 역암은 주로 자갈, 모래 등으로 되어 있습니다.

08 역암은 알갱이의 크기가 가장 크며, 주로 자갈, 모래 등

으로 되어 있고, 손으로 만졌을 때의 느낌은 부드럽기도 하고 거칠기도 하는 등 다양합니다.

09 이암은 진흙과 같은 작은 알갱이로 되어 있습니다.

10 종이컵에 넣은 모래에 물 풀을 넣는 까닭은 모래와 모래 사이의 빈 곳을 채우고 모래 알갱이를 서로 붙여 주기 위해서입니다.

11 모래 알갱이 사이의 공간을 좁아지게 하기 위해서 모래 반죽을 누릅니다.

12 퇴적암 모형은 만드는 데 걸리는 시간이 짧지만, 실제 퇴적암은 만들어지는 데 오랜 시간이 걸립니다.

2단원 (2) 중단원 쪽지 시험   9쪽

01 화석   02 있다   03 다양하다   04 삼엽충 화석
05 퇴적물   06 같다.   07 실제 화석   08 빠르게   09 화석
10 산호 화석   11 예 옛날에 살았던 삼엽충의 생김새를 알 수 있다. 삼엽충 화석이 발견된 곳이 당시에 물속이었다는 것을 알 수 있다.   12 석탄, 석유

중단원 확인 평가   2 (2) 지층 속 생물의 흔적   10~11쪽

01 ③   02 ④   03 ㉣   04 ㉡   05 ②   06 (1) ㉠, ㉣
(2) ㉡, ㉢   07 화석   08 ③, ⑤   09 ⑤   10 예 옛날에 바다나 강이나 호수였을 것이다.   11 ③   12 ②

01 공룡은 오늘날에 살고 있는 생물이 아니기 때문에 공룡알도 볼 수 없습니다.

02 오늘날에 살고 있는 생물과 비교하여 화석 속 생물이 동물인지 식물인지 구분할 수 있습니다.

03 삼엽충 화석은 동물 화석입니다.

04 화석이 잘 만들어지려면 생물의 몸체 위에 퇴적물이 빠

르게 쌓여야 하며, 생물의 몸체에서 단단한 부분이 있으면 화석으로 만들어지기 쉽습니다.

05 삼엽충 화석은 머리, 가슴, 꼬리의 세 부분으로 나눌 수 있으며, 모양이 잎을 닮았습니다.

06 ㉠ 매머드 화석과 ㉣ 호박 화석은 화석이고, ㉡ 고인돌과 ㉢ 모래에 난 사람의 발자국은 화석이 아닙니다.

07 찰흙 반대기에 찍힌 겉모양과 알지네이트로 만든 조개의 형태는 화석에 비유됩니다.

08 실제 화석은 화석 모형보다 단단하고, 색깔과 무늬가 선명합니다. 화석 모형은 만드는 데 걸리는 시간이 짧지만, 실제 화석은 만들어지는 데 오랜 시간이 걸립니다.

09 석탄이나 석유와 같은 화석 연료는 우리 생활에 유용하게 이용됩니다.

10 물에서 살았던 조개가 화석으로 발견된 것으로 보아 화석이 발견된 지역은 옛날에 바다나 강이나 호수였음을 알 수 있습니다.

11 고사리가 살던 곳은 기온이 따뜻하고 습기가 많은 곳이었을 것입니다.

12 화석을 이용하면 옛날에 살았던 생물의 생김새와 생활 모습, 그 지역의 환경을 짐작할 수 있고, 지층이 쌓인 시기를 알 수 있으며, 석탄이나 석유와 같은 화석 연료는 우리 생활에 유용하게 이용됩니다.

12~14쪽

대단원 종합 평가 2. 지층과 화석

01 ㉢ 02 ㉡ 03 ㉠ 끊어진 지층, ㉡ 수평인 지층, ㉢ 휘어진 지층 04 ③, ⑤ 05 ⑤ 06 물, 오랜 07 자갈 08 퇴적암 09 ③ 10 ③ 11 ㉠ 12 실제 퇴적암인 사암 13 (1) × (2) × (3) ○ 14 퇴적물 15 ㉢, ㉣ 16 ㉠ 17 따뜻하고, 많은 18 ㉠, ㉡, ㉢

01 지층은 각 층의 두께가 다릅니다.

02 줄무늬가 보이고, 얇은 층이 수평으로 쌓여 있는 것은 ㉡ 수평인 지층입니다.

03 ㉠은 층이 끊어져 어긋나 있고, ㉡은 얇은 층이 수평으로 쌓여 있으며, ㉢은 지층이 구부러져 있습니다.

04 지층을 이루고 있는 자갈, 모래, 진흙의 알갱이의 크기와 색깔이 서로 달라 지층에 줄무늬가 나타납니다.

05 지층이 쌓이는 순서를 살펴보면 아래에 있는 층이 쌓인 다음, 그 위에 자갈, 모래, 진흙 등이 쌓여서 새로운 층이 만들어지므로 아래에 있는 층이 먼저 만들어진 것입니다.

06 지층이 만들어져 발견되는 과정을 보면 지층은 물이 운반한 자갈, 모래, 진흙 등이 쌓인 뒤에 오랜 시간을 거쳐 단단하게 굳어져 만들어진 것입니다.

07 아래에 있는 층이 쌓인 다음, 그 위에 자갈, 모래, 진흙 등이 쌓여서 새로운 층이 만들어지므로 아래에 있는 층이 먼저 만들어진 것입니다.

08 물이 운반한 자갈, 모래, 진흙 등의 퇴적물이 굳어져 만들어진 암석을 퇴적암이라고 하며, 퇴적암에는 이암, 사암, 역암 등이 있습니다.

09 알갱이의 크기가 작고, 진흙과 같은 작은 알갱이로 되어 있으며, 손으로 만졌을 때 부드럽고 매끄러운 특징을 가진 퇴적암은 이암입니다.

10 암석을 이루는 알갱이가 주로 모래로 만들어진 암석은 사암입니다.

11 물 풀을 넣는 까닭은 모래와 모래 사이의 빈 곳을 채우고 모래 알갱이를 서로 붙여 주기 위해서입니다.

12 퇴적암 모형보다 만들어지는 데 오랜 시간이 걸린 사암이 더 단단합니다.

13 현미경으로 관찰할 수 있는 작은 생물도 화석이 될 수 있습니다. 화석은 오늘날에 살고 있는 생물과 비교하여

화석 속 생물이 동물인지 식물인지 구분할 수 있습니다.

14 죽은 생물이나 나뭇잎 등이 호수나 바다의 바닥으로 운반되고, 그 위에 퇴적물이 두껍게 쌓인 뒤 퇴적물이 계속 쌓여 지층이 만들어지면 그 속에 묻힌 생물이 화석이 됩니다. 그 후 지층이 높게 솟아오른 뒤 깎이고, 지층이 더 많이 깎여 화석이 드러납니다.

15 물고기 화석과 조개 화석이 발견된 곳은 화석 속 생물이 살던 당시에 물속이었다는 것을 알 수 있습니다.

16 오늘날에 살고 있는 생물과 비교하여 화석 속 생물이 고사리임을 알 수 있습니다.

17 화석 속 고사리가 살았던 곳은 기온이 따뜻하고 습기가 많은 곳이었을 것입니다.

18 화석을 이용하면 옛날에 살았던 생물의 생김새와 생활 모습, 그 지역의 환경을 짐작할 수 있습니다.

2단원 서술형·논술형 평가　　　　　　15쪽

1 (1) ㉠　(2) ⑩ 지층을 이루고 있는 알갱이의 크기와 색깔이 서로 다르기 때문이다.　**2** (1) ㉠ 진흙, ㉡ 모래　(2) 알갱이의 크기에 따라 분류한 것이다.　**3** (1) (나)　(2) 공통점: ⑩ 모양과 무늬가 같다. 차이점: ⑩ 실제 화석은 화석 모형보다 단단하다. 실제 화석은 색깔과 무늬가 선명하다. 화석 모형은 만드는 데 걸리는 시간이 짧지만, 실제 화석은 만들어지는 데 오랜 시간이 걸린다.　**4** (1) ㉠ 산호 화석　(2) ⑩ 깊이가 얕고 따뜻한 바다였을 것이다.

1 (1) 층이 구부러져 있는 지층은 ㉠ 휘어진 지층입니다.
(2) 지층을 이루고 있는 자갈, 모래, 진흙의 알갱이의 크기와 색깔이 서로 달라 지층에 줄무늬가 나타납니다.

채점 기준	
상	(1)과 (2)의 답을 모두 바르게 쓴 경우
중	(1)의 답은 바르게 쓰고, (2)의 답은 쓰지 못한 경우
하	(1)과 (2)의 답을 쓰지 못한 경우

2 (1) 이암은 진흙과 같은 작은 알갱이로 되어 있고, 사암은 주로 모래로 되어 있습니다.
(2) 이암은 알갱이의 크기가 가장 작고, 사암은 알갱이의 크기가 중간이며, 역암은 알갱이의 크기가 가장 큽니다.

채점 기준	
상	(1)과 (2)의 답을 모두 바르게 쓴 경우
중	(1)의 답은 바르게 쓰고, (2)의 답은 쓰지 못한 경우
하	(1)과 (2)의 답을 쓰지 못한 경우

3 (1) 화석 모형은 만드는 데 걸리는 시간이 짧지만, 실제 화석은 만들어지는 데 오랜 시간이 걸립니다.
(2) 조개 화석 모형과 실제 조개 화석은 모양과 무늬가 같습니다. 실제 조개 화석은 조개 화석 모형보다 단단하고 색깔과 무늬가 선명하며, 조개 화석 모형은 만드는 데 걸리는 시간이 짧지만, 실제 조개 화석은 만들어지는 데 오랜 시간이 걸립니다.

채점 기준	
상	(1)과 (2)의 답을 모두 바르게 쓴 경우
중	(1)의 답은 바르게 쓰고, (2)의 답은 쓰지 못한 경우
하	(1)과 (2)의 답을 쓰지 못한 경우

4 (1) 제시된 화석은 산호 화석입니다.
(2) 산호 화석이 발견된 곳은 옛날에 깊이가 얕고 따뜻한 바다였음을 알 수 있습니다.

채점 기준	
상	(1)과 (2)의 답을 모두 바르게 쓴 경우
중	(1)의 답은 바르게 쓰고, (2)의 답은 쓰지 못한 경우
하	(1)과 (2)의 답을 쓰지 못한 경우

3단원 (1) 중단원 쪽지 시험

01 ⑩ 모양, 색깔, 크기, 촉감   02 눈   03 강낭콩   04 호두
05 ⑩ 단단하다. 껍질이 있다. 대부분 주먹보다 크기가 작다.
06 ⑩ 색깔, 모양, 크기 등의 생김새가 다르다.   07 식물의
한살이   08 짧은   09 ⑩ 강낭콩, 봉숭아, 나팔꽃, 토마토
10 $\frac{3}{4}$ 정도   11 씨 크기의 두세 배 깊이   12 ⑩ 식물 이름, 씨
를 심은 날짜, 씨를 심은 사람의 이름, 식물의 별명, 다짐의 말

중단원 확인 평가   3 (1) 식물의 한살이

01 ③, ⑤   02 ㉢   03 (2) ○   04 ㉢   05 ③   06 ①
07 짧고, 쉬운   08 ㉠   09 ⑤   10 ㉤   11 강낭콩 크기의
두세 배 깊이로 씨를 심고 흙을 덮는다.   12 ㈐, ㈏, ㈎, ㈑,
㈒

01 자나 동전을 이용하여 씨의 길이와 크기를 측정할 수
있습니다.

02 둥글고 길쭉하며 한쪽은 모가 나 있는 것은 사과씨입니다.

03 주름이 있는 씨는 호두입니다. 둥글고 길쭉하며 한쪽은
모가 나 있는 씨는 사과씨입니다.

04 채송화씨는 크기가 매우 작아 크기를 재기 어렵습니다.

05 강낭콩은 둥글고 길쭉하며 검붉은색, 알록달록한 색입
니다. 호두는 동그랗고 주름이 있으며, 연한 갈색입니
다.

06 여러 가지 씨의 공통점은 단단하고 껍질이 있으며, 대
부분 주먹보다 크기가 작습니다.

07 한살이 기간이 짧고, 잎, 줄기, 꽃, 열매 등을 관찰하기
쉬운 식물이 한살이를 관찰하기에 좋습니다.

08 한살이를 관찰하기 좋은 식물은 강낭콩, 봉숭아, 나팔
꽃, 토마토 등과 같이 한살이 기간이 짧은 것입니다.

09 식물의 한살이를 알아보려고 할 때 가장 먼저 관찰 계
획을 세웁니다.

10 씨를 심는 방법이 잘못되어 있습니다.

11 화분에 씨를 심을 때에는 씨 크기의 두세 배 깊이로 씨
를 심고 흙을 덮습니다.

12 화분 바닥에 있는 물 빠짐 구멍을 망이나 작은 돌 등으
로 막고, 화분에 거름흙을 $\frac{3}{4}$ 정도 넣은 뒤 씨를 심고
흙을 덮습니다. 그리고 물뿌리개로 충분히 물을 주고,
팻말을 꽂아 햇빛이 잘 드는 곳에 놓아둡니다.

3단원 (2) 중단원 쪽지 시험

01 적당한 양의 물과 적당한 온도   02 물   03 온도   04 물
을 준 강낭콩   05 물을 주지 않은 강낭콩   06 뿌리   07 떡
잎싸개   08 물   09 ⑩ 잎의 개수를 센다. 잎의 길이를 잰다.
모눈종이에 잎의 본을 뜬다.   10 ⑩ 새로 난 가지의 개수를
센다. 줄기의 길이를 잰다.   11 꼬투리   12 ⑩ 씨를 맺어 번
식하기 위해서, 씨를 맺어 자손을 만들기 위해서

중단원 확인 평가   3 (2) 식물의 자람

01 물   02 ②   03 ③   04 온도   05 ②   06 ㉠ 본잎,
㉡ 떡잎   07 ㉡, ㉠, ㉢, ㉣, ㉤   08 ②   09 ㉠, ㉡   10 ②
11 씨(강낭콩)   12 ⑩ 강낭콩이 자라면서 줄기의 길이가 점점
길어진다.

01 씨가 싹 트는 데 물이 미치는 영향을 알아보는 실험에
서는 다른 조건은 모두 같게 하고, 물의 양을 다르게 해

야 합니다.

02 물을 주지 않은 강낭콩은 싹이 트지 않았고, 물을 준 강낭콩만 싹이 튼 것으로 보아 씨가 싹 트려면 적당한 양의 물이 필요합니다.

03 강낭콩이 싹 터서 자라는 과정에서 가장 먼저 뿌리가 나옵니다.

04 씨가 싹 트는 데 온도가 영향을 주는지 알아보기 위한 실험으로 3~5일 정도 상온에 둔 강낭콩과 냉장고에 둔 강낭콩을 비교합니다. 이때, 동일하게 빛을 차단하려고 두 강낭콩을 모두 어둠 상자에 넣고 실험합니다.

05 씨가 싹 트려면 적당한 양의 물과 적당한 온도가 필요합니다.

06 강낭콩이 싹 터서 자라는 과정을 보면 먼저 뿌리가 나오고 껍질이 벗겨집니다. 그리고 땅 위로 떡잎 두 장이 나오고 떡잎 사이에서 본잎이 나옵니다.

07 딱딱한 옥수수가 부푼 뒤 뿌리가 나옵니다. 그런 다음 떡잎싸개가 나오고, 떡잎싸개 사이로 본잎이 나옵니다.

08 잎이 자란 정도를 알아보기 위해서 잎에 모눈종이나 모눈 투명 종이(OHP)를 대고 그려서 칸을 세어 보거나, 종이에 잎의 본을 떠서 크기를 비교할 수 있습니다.

09 식물이 자라는 데 적당한 양의 물 그리고 빛과 적당한 온도가 필요합니다.

10 식물이 자라면 꽃이 피고, 꽃이 지면 열매가 생깁니다.

11 강낭콩 꼬투리를 열어 보면 희고 오목하게 들어간 곳에 씨가 자리 잡고 있습니다. 대개 강낭콩의 꼬투리 하나 속에는 씨 네다섯 개가 들어 있습니다.

12 식물은 자라면서 줄기의 모습이 변합니다. 줄기는 점점 굵어지고, 길어집니다.

01 한해살이 식물   02 예 벼, 강낭콩, 옥수수, 호박, 토마토
03 일생   04 여러해살이 식물   05 예 감나무, 개나리, 사과나무, 무궁화   06 새순   07 열매   08 반복   09 한해살이, 여러해살이   10 예 씨가 싹 터서 자라며 꽃이 피고 열매를 맺으며 번식한다.   11 예 한해살이 식물은 열매를 맺고 한해만 살고 죽지만, 여러해살이 식물은 여러 해를 살면서 열매 맺는 것을 반복한다.   12 연결(포함)

중단원 확인 평가   3 (3) 여러 가지 식물의 한살이

01 ③   02 ③   03 ①, ④   04 ④   05 ㉠, ㉡   06 예 한 해에 한살이를 거치고 일생을 마치기 때문이다.   07 ④
08 ③   09 ⑤   10 ②   11 ㉢   12 세연

01 한해살이 식물은 한 해에 한살이를 거치고 일생을 마칩니다.

02 한해살이 식물인 벼의 한살이 과정을 살펴보면 볍씨가 싹이 터 잎과 줄기가 자라고, 꽃이 핀 후 꽃이 지고 열매를 맺어 씨를 만듭니다.

03 벼, 강낭콩은 한해살이 식물이고, 감나무, 사과나무, 무궁화는 여러해살이 식물입니다.

04 ④는 한해살이 식물에 대한 설명입니다.

05 나팔꽃, 옥수수는 한해살이 식물이고, 개나리, 무궁화는 여러해살이 식물입니다.

06 한해살이 식물은 한 해에 한살이를 거치고 일생을 마칩니다.

07 여러해살이 식물은 여러 해 동안 살면서 꽃이 피고 열매 맺기를 반복하며, 감나무, 개나리, 사과나무, 무궁화 등이 있습니다.

08 여러해살이 식물은 겨울 동안에도 죽지 않고 살아남아 이듬해에 나뭇가지에서 새순이 나옵니다.

09 한해살이 식물에는 벼, 강낭콩, 옥수수, 호박 등이 있고, 여러해살이 식물에는 감나무, 개나리, 사과나무, 무궁화 등이 있습니다.

10 벼는 한해살이 식물입니다.

11 여러 해를 살면서 열매 맺는 것을 반복하는 것은 여러해살이 식물의 특징입니다.

12 식물의 한살이를 효과적으로 표현하기 위해서는 씨에서 싹이 트고 자라 꽃이 피고, 꽃이 진 뒤에 열매를 맺어 다시 씨가 되는 내용을 연결하여 표현할 수 있어야 합니다.

28~30쪽

| 대단원 종합 평가 | 3. 식물의 한살이 |

01 ② **02** ② **03** ㉠ 껍질, ㉡ 다르다 **04** ① **05** ㉣
06 ② **07** 물 **08** (1) ㉡ (2) ㉣ **09** ⑤ **10** ⑤ **11** ①
12 ㉠ **13** 예 잎은 점점 커지고 개수도 많아진다. **14** ㉡, ㉣
15 민주 **16** 번식 **17** ㉡, ㉢ **18** ④

01 돋보기를 사용하여 씨의 모양을 관찰하고, 씨의 색깔을 관찰하기 위해 10개의 색상을 나타낸 그림을 이용합니다.

02 봉숭아씨는 주름이 없습니다.

03 여러 가지 씨를 관찰하면 껍질이 있고 단단하며, 색깔, 모양, 크기가 다릅니다.

04 식물의 한살이 과정을 관찰하려면 강낭콩, 봉숭아, 나팔꽃, 토마토 등과 같이 한살이 기간이 짧고, 잎, 줄기, 꽃, 열매 등을 관찰하기 쉬운 식물을 선택하는 것이 좋습니다.

05 화분에 씨를 심을 때 가장 먼저 해야 할 일은 화분 바닥에 있는 물 빠짐 구멍을 망이나 작은 돌 등으로 막는 것입니다.

06 씨 크기의 두세 배 깊이로 씨를 심고 흙을 덮습니다.

07 씨가 싹 트는 데 물이 미치는 영향을 알아보기 위해서 다르게 한 조건은 물입니다.

08 물을 주지 않은 강낭콩과 물을 주어 싹이 튼 강낭콩의 겉모양과 속 모양은 다음과 같습니다.

구분	겉모양	속 모양
물을 주지 않은 것		
물을 주어 싹이 튼 것		

09 강낭콩이 싹 터서 자라는 과정에서 껍질이 벗겨지고 떡잎이 두 장 나옵니다.

10 강낭콩이 싹 터서 자랄 때 먼저 뿌리가 나오고 껍질이 벗겨집니다. 그리고 땅 위로 두 장의 떡잎이 나오고 떡잎 사이에서 본잎이 나옵니다.

11 옥수수는 싹이 튼 후 뿌리가 나오고, 떡잎싸개가 나온 뒤 떡잎싸개 사이로 본잎이 나옵니다.

12 식물이 자라는 데 물이 미치는 영향을 알아보는 실험을 할 때 물을 적당히 준 화분의 강낭콩이 잘 자랍니다.

13 강낭콩이 자라면서 잎은 점점 넓어지고 개수도 많아집니다.

14 강낭콩이 자라면서 줄기는 점점 굵어지고 길어집니다.

15 강낭콩의 꽃이 자라면서 꽃의 색깔, 모양, 크기가 달라집니다.

16 식물이 자라면 꽃이 피고 열매를 맺는 까닭은 씨를 맺어 번식하기 위해서입니다.

17 무궁화와 개나리는 여러해살이 식물로, 여러 해 동안 살면서 꽃이 피고 열매 맺기를 반복하며, 겨울이 되면 죽지 않고 살아남아 이듬해에 나뭇가지에서 새순이 다시 나옵니다.

18 식물의 한살이를 정리할 수 있는 자료를 만들 때 가장 먼저 식물 하나를 선택하고 선택한 식물의 한살이를 조사합니다.

1 (1) ㉢ (2) 예 둥글고 길쭉하며 한쪽은 모가 나 있다.   **2** (1) ㉡ (2) 예 식물이 잘 자라려면 적당한 양의 물이 필요하다. **3** (1) ㉠ 씨, ㉡ 싹 (2) 예 씨를 맺어 번식하고, 씨를 맺어 자손을 만들기 위해서입니다.   **4** (1) 호박 (2) 예 한해살이 식물은 열매를 맺고 한 해만 살고 죽지만, 여러해살이 식물은 여러 해를 살면서 열매 맺는 것을 반복한다.

1 (1) ㉠ 강낭콩, ㉡ 호두, ㉢ 사과씨입니다.

(2) 사과씨의 모양은 둥글고 길쭉하며 한쪽은 모가 나 있습니다.

채점 기준	
상	(1)과 (2)의 답을 모두 바르게 쓴 경우
중	(1)의 답은 바르게 쓰고, (2)의 답은 쓰지 못한 경우
하	(1)과 (2)의 답을 쓰지 못한 경우

2 (1) 물을 주지 않은 화분의 강낭콩은 시들고, 물을 준 화분의 강낭콩은 잘 자랍니다.

(2) 물을 주지 않은 화분의 강낭콩은 시들고 물을 준 화분의 강낭콩만 잘 자란 것으로 보아, 식물이 잘 자라려면 적당한 양의 물이 필요합니다.

채점 기준	
상	(1)과 (2)의 답을 모두 바르게 쓴 경우
중	(1)의 답은 바르게 쓰고, (2)의 답은 쓰지 못한 경우
하	(1)과 (2)의 답을 쓰지 못한 경우

3 (1) 식물이 자라면 꽃이 피고, 꽃이 지면 열매가 생깁니다. 열매 속에는 씨가 들어 있고, 열매 속에 들어 있는 씨를 심으면 다시 싹이 트고 자라 꽃이 피고 열매를 맺습니다.

(2) 식물이 자라면 꽃이 피고 열매를 맺는 까닭은 씨를 맺어 번식하고 씨를 맺어 자손을 만들기 위해서입니다.

채점 기준	
상	(1)과 (2)의 답을 모두 바르게 쓴 경우
중	(1)의 답은 바르게 쓰고, (2)의 답은 쓰지 못한 경우
하	(1)과 (2)의 답을 쓰지 못한 경우

4 (1) 호박은 한해살이 식물입니다.

(2) 한해살이 식물은 열매를 맺고 한 해만 살고 죽지만, 여러해살이 식물은 여러 해를 살면서 열매 맺는 것을 반복합니다.

채점 기준	
상	(1)과 (2)의 답을 모두 바르게 쓴 경우
중	(1)의 답은 바르게 쓰고, (2)의 답은 쓰지 못한 경우
하	(1)과 (2)의 답을 쓰지 못한 경우

01 **예** 사람마다 느끼는 물체의 무게가 달라 정확한 무게를 측정할 수 없다. 02 체급 03 무게 04 길이가 늘어난다. 05 무거운 06 지구, 추 07 무게 08 물체의 무게 09 손잡이 10 영점 조절 11 표시 자 12 단위

34~35쪽

중단원 확인 평가 4 (1) 물체의 무게와 용수철 저울

01 ⑤ 02 ㉠ 무게, ㉡ 저울 03 ⑤ 04 ② 05 ① 06 ③ 07 ㉠ 6, ㉡ 9 08 일정하게 09 ③ 10 ⑤ 11 ④ 12 ③

01 과일이나 채소는 무게에 따라 가격이 정해지기 때문에 팔 때마다 가격이 달라지면 물건을 파는 사람이 신뢰를 잃을 수 있습니다.

02 물체의 무게를 정확하게 측정하기 위해 저울을 사용합니다.

03 빵을 맛있게 만들려면 필요한 재료의 무게를 잘 맞추어야 합니다.

04 용수철에 추를 걸어 놓으면 지구가 추를 끌어당기는 힘 때문에 용수철의 길이가 늘어나게 됩니다.

05 추의 무게만큼 용수철의 길이가 늘어납니다.

06 무게를 나타내는 단위는 g중, kg중, N입니다. cm, km는 길이를 나타내는 단위, mL는 부피를 나타내는 단위입니다.

07 무게가 20 g중인 추를 한 개씩 걸어 놓을 때마다 용수철의 길이가 3 cm씩 늘어납니다.

08 용수철에 걸어 놓은 추의 무게가 일정하게 늘어나면 용수철의 길이도 추의 무게에 따라 일정하게 늘어납니다.

09 추를 한 개씩 걸어 놓을 때마다 용수철의 길이는 3 cm씩 늘어나므로 용수철의 길이가 24 cm가 늘어난 것은 추를 8개 걸어 놓은 것입니다.

10 영점 조절 나사는 무게를 측정하기 전에 표시 자를 눈금의 '0'의 위치에 오도록 조절하는 부분입니다.

11 용수철저울의 고리에 물체를 직접 걸 수 없을 때는 구멍 뚫린 지퍼 백을 이용합니다.

12 용수철저울의 눈금을 읽을 때 표시 자가 가리키는 숫자와 단위를 같이 읽습니다. 표시 자는 눈금 200을 가리키고 있고 단위는 g중입니다.

01 수평대 02 받침점, 받침점 03 무거운, 가벼운 04 시소 05 무거운 사람 06 수평 07 저울접시 08 나무판자 09 수평 조절 장치 10 무게 11 **예** 장구 핀, 공깃돌, 같은 금액의 동전 12 기울어진 쪽

38~39쪽

중단원 확인 평가 4 (2) 수평 잡기의 원리

01 무게 02 ③ 03 = 04 ② 05 ㉠ 무거운, ㉡ 가벼운 06 ㉢ 07 ㉢ 08 ⑤ 09 무게 10 ② 11 ③ 12 가위를 올려놓은 쪽

01 물체의 무게를 비교하기 위해 수평대를 사용합니다.

02 수평대는 받침대가 가운데로 오도록 하여 평평한 곳에 설치합니다.

03 받침점이 가운데 있는 경우, 무게가 같은 나무토막을 받침점으로부터 같은 거리에 올려놓아 수평이 된 것입니다.

04 무게가 다른 두 물체를 수평대에 올려놓았을 때 수평이 되었으므로 무게가 무거운 물체를 가벼운 물체보다 받침점에 더 가까이 놓은 것입니다.

05 무게가 다른 두 물체로 수평을 잡으려면 무거운 물체를 가벼운 물체보다 받침점에 더 가까이 놓아야 합니다.

06 시소의 가운데 부분이 받침점 역할을 합니다.

07 저울대의 수평을 맞추지 않으면 정확한 무게를 측정할 수 없습니다.

08 양팔저울의 오른쪽이 더 가볍기 때문에 오른쪽 수평 조절 나사를 오른쪽으로 옮기면 수평을 맞출 수 있습니다.

09 양팔저울로 물체의 무게를 비교할 때 무게가 일정한 기준 물체를 올려놓고 그 기준 물체의 개수를 세어 비교합니다.

10 저울대의 수평을 맞춘 후 왼쪽 저울접시에는 풀을, 오른쪽 저울접시에는 클립을 올려 저울대가 수평을 잡았을 때 클립의 총개수를 세어 봅니다.

11 클립 대신 사용할 수 있는 물체는 무게가 일정해야 하는데 조약돌은 무게가 일정하지 않습니다.

〈기준 물체로 사용할 수 있는 것〉

▲ 클립

▲ 바둑돌

▲ 장구핀

12 클립의 수가 많을수록 물체의 무게가 무거우므로 가위가 지우개보다 무거워 가위 쪽으로 기울어집니다.

4단원 (3) 중단원 **쪽지** 시험 　　41쪽

01 예 용수철저울, 체중계, 가정용 저울　**02** 전기적 성질
03 전자저울　**04** 몸무게　**05** 전자저울　**06** 여행 가방
07 예 금은방, 정육점, 채소 가게　**08** 성질(원리), 원리(성질)
09 수평 잡기의 원리　**10** 받침대　**11** 수평 잡기의 원리
12 나무판자

중단원 확인 평가　4 (3) 여러 가지 저울과 간단한 저울 만들기

01 ⑺, ⑴　**02** ⑺　**03** ④　**04** ㉣　**05** ①　**06** ②
07 ㉠ 수평 잡기, ㉡ 바지걸이　**08** (1) 가위 (2) 자　**09** ④
10 ④　**11** (1)-㉡ (2)-㉠　**12** 윤서

01 ⑺와 ⑴는 용수철의 성질을 이용한 저울이고, ⑶는 전기적 성질을 이용한 전자저울입니다.

02 가정에서 요리할 때 가정용 저울을 사용합니다.

03 ⑴는 용수철의 성질을 이용한 저울이지만 ④의 체중계는 전기적 성질을 이용한 전자저울입니다.

04 택배 상자의 무게를 측정하는 곳은 우체국입니다.

05 택배 상자의 무게에 따라 요금이 달라집니다.

06 수영 경기를 할 때 수영장 물의 무게를 저울로 측정하지 않습니다.

07 바지걸이를 이용한 저울은 양쪽 지퍼 백에 물체를 넣고 물체의 무게를 비교하는 것으로, 수평 잡기의 원리를 이용한 것입니다. 바지걸이, 걸고리, 지퍼 백을 이용해 만들 수 있습니다.

08 공깃돌은 무게가 일정한 물체이고, 공깃돌의 개수가 많을수록 물체의 무게가 무겁습니다.

09 지퍼 백 ⑴ 쪽으로 기울어져 있으므로 지퍼 백 ⑺에 넣은 물체보다 지퍼 백 ⑴에 넣은 물체의 무게가 더 무겁습니다.

10 나만의 저울을 만들 때 사용할 원리나 성질을 생각해 보고 이에 맞는 재료를 준비하여 만듭니다.

11 민지가 만든 저울은 용수철의 성질을, 윤서가 만든 저울은 수평 잡기의 원리를 이용한 것입니다.

12 한쪽으로 기울어지지 않게 만들었고, 두 물체를 한꺼번에 비교하기 좋은 것은 수평 잡기의 원리를 이용하여 윤서가 만든 저울입니다.

대단원 종합 평가   4. 물체의 무게

01 ©   02 (1) ○   03 저울   04 ①   05 ③   06 g중, kg중, N   07 ④   08 ⑦ 많이, © 일정하게   09 (나), 삼백그램중   10 표시 자   11 왼, 4   12 (3) ○   13 (3) ○   14 ©   15 ③   16 ①   17 무게   18 ④

01 무게 차이가 많이 나는 두 물체는 손으로 어림하여 무게를 비교하기 쉽지만, 손으로 어림하면 물체의 무게를 정확하게 알 수 없습니다.

02 고기의 무게가 다르기 때문에 가격이 달라집니다.

03 고기의 가격은 무게에 따라 정해지므로 저울이 필요합니다.

04 추의 무게가 무거울수록 손으로 잡아당기는 힘이 더 커집니다.

05 손으로 잡아당기는 힘은 지구가 물체를 끌어당기는 힘과 같습니다.

06 L은 부피를 나타내는 단위입니다.

07 추의 개수가 한 개씩 늘어날 때마다 용수철의 길이가 3 cm씩 늘어나므로 추의 개수가 9개일 때는 용수철의 길이가 27 cm가 됩니다.

08 물체의 무게가 무거울수록 용수철의 길이는 많이 늘어나고, 용수철에 걸어 놓은 물체의 무게가 일정하게 늘어나면 용수철의 길이도 일정하게 늘어납니다.

09 용수철저울 (개)는 표시 자가 눈금 200을 가리키고 있고, 용수철저울 (내)는 표시 자가 눈금 300을 가리키고 있습니다. 단위는 g중이므로 그램중으로 읽습니다.

10 용수철저울의 눈금을 읽을 때는 표시 자가 가리키는 눈금의 숫자를 단위와 같이 읽습니다.

11 나무토막 한 개의 무게가 더 가벼우므로 나무토막 두 개보다 받침대에서 먼 쪽에 올려놓아야 수평을 잡을 수 있습니다.

12 두 친구의 몸무게가 같을 때는 받침점으로부터 같은 거리에 앉아야 시소가 수평을 잡을 수 있습니다.

13 수평대의 받침점으로부터 같은 거리의 나무판자 위에 무게가 다른 두 물체를 올려놓으면 수평대는 무거운 물체 쪽으로 기울어집니다.

14 수평대에서 받침점 역할을 하는 부분은 양팔저울에서는 받침대와 저울대가 만나는 받침점입니다.

15 양팔저울은 두 물체의 무게를 동시에 비교할 때 편리합니다.

16 금은방에서 사용하는 저울은 전자저울로, 전기적 성질을 이용해 화면에 숫자로 물체의 무게를 표시합니다.

17 귀금속은 무게에 따라 가격이 정해집니다.

18 옷걸이를 이용한 저울은 수평 잡기의 원리를 이용한 저울이므로 수평이 잘 잡히도록 만들어야 합니다.

4단원 서술형·논술형 평가   47쪽

01 (1) 20 g중, 3 cm (2) 140 g중, 예 추의 무게가 20 g중씩 늘어날 때마다 용수철의 길이는 3 cm씩 늘어나므로, 늘어난 용수철의 길이가 21 cm일 때 추의 무게는 140 g중이다.   02 예 구멍을 뚫은 지퍼 백을 고리에 걸고 영점을 맞춘 다음, 지퍼 백에 방울토마토를 넣고 표시 자가 가리키는 눈금을 읽는다.   03 (1) ⑦ (2) 물체 ⑦과 물체 ©은 모두 받침점으로부터 같은 거리에 있지만 왼쪽으로 기울어진 것으로 보아 ⑦이 더 무겁다.   04 예 용수철의 성질을 이용한 저울이므로 물체의 무게에 따라 용수철이 늘어나기 때문에 세로로 된 모양으로 만든 것이다.

01 (1) 추 한 개당 늘어난 용수철의 길이는 일정합니다.
   (2) 용수철에 걸어 놓은 추의 무게가 일정하게 늘어나면 용수철의 길이도 일정하게 늘어난다.

채점 기준	
상	(1)과 (2)의 답을 모두 모두 바르게 쓴 경우
중	(1)의 답은 바르게 쓰고, (2)의 답은 필통의 무게만 바르게 쓴 경우
하	(1)과 (2)의 답을 쓰지 못한 경우

02 방울토마토는 용수철저울의 고리에 걸 수 없는 물체입니다. 고리에 걸 수 없는 물체의 무게는 구멍 뚫린 지퍼 백을 이용하여 측정할 수 있습니다.

채점 기준	
상	지퍼 백을 사용하고, 영점을 맞춘 후 무게를 측정한다고 바르게 쓴 경우
중	지퍼 백을 사용한다는 내용만 쓴 경우
하	답을 쓰지 못한 경우

03 (1) 수평대가 기울어진 쪽에 있는 물체가 더 무겁습니다.
(2) 수평대의 받침점으로부터 같은 거리에 물체를 각각 올려놓았을 때 수평대가 기울어졌으므로 물체의 무게가 다릅니다.

채점 기준	
상	(1)과 (2)의 답을 모두 바르게 쓴 경우
중	(1)의 답은 바르게 쓰고, (2)의 답은 쓰지 못한 경우
하	(1)과 (2)의 답을 쓰지 못한 경우

04 용수철은 물체의 무게에 따라 일정하게 늘어나는 성질이 있습니다.

채점 기준	
상	물체의 무게와 용수철의 성질을 관련지어 바르게 쓴 경우
중	용수철이 늘어난다는 내용만 쓴 경우
하	답을 쓰지 못한 경우

5단원 (1) 중단원 쪽지 시험

01 재료   02 둥글고 달다.   03 시리얼   04 맛 또는 성질
05 혼합물   06 팥빙수   07 혼합물   08 변하지 않는다
09 성질   10 혼합   11 물질   12 혼합물

중단원 확인 평가   5 (1) 혼합물

01 ④   02 ㉢   03 ⑤   04 단맛   05 ③   06 혼합물
07 ③   08 ⑤   09 성질   10 공기   11 ㉢   12 ①, ⑤

01 당근, 쇠고기, 달걀, 콩나물, 쌀밥 등을 섞어 비빔밥을 만듭니다.

02 납작한 원 모양이고 옅은 노란색이며 단맛이 나는 재료는 말린 바나나입니다.

03 여러 가지 재료를 섞어 간식을 만들어도 각 재료의 맛은 변하지 않습니다.

04 설탕에 조린 팥은 단맛이 나는 재료입니다.

05 과일, 팥, 얼음으로 만든 음식은 팥빙수입니다.

06 여러 가지 재료가 성질이 변하지 않고 섞여 있는 것을 혼합물이라고 합니다.

07 콩, 팥, 좁쌀, 쌀을 섞었을 때 모양과 크기는 변하지 않습니다.

08 바닷물은 소금 이외에 여러 가지 물질이 섞여 있는 혼합물입니다.

09 김밥에 들어 있는 각 재료는 맛이나 성질이 변하지 않은 채 섞여 있으므로, 김밥은 혼합물입니다.

10 공기는 질소, 산소, 아르곤 등 여러 기체가 섞여 있는 혼합물입니다.

11 시멘트와 물, 모래, 자갈 등을 섞어서 만든 혼합물은 콘크리트이고, 건축물을 만들 때 이용합니다.

12 혼합물은 두 가지 이상의 물질이 성질이 변하지 않은 채 섞여 있습니다.

01 사탕수수는 두 가지 이상의 물질이 성질이 변하지 않은 채 서로 섞여 있는 혼합물입니다.

02 사탕수수 즙에서 물을 증발시키면 설탕을 얻을 수 있습니다

03 책상 서랍 속에 섞여 있는 납작못은 자연에서 볼 수 있는 혼합물이 아닙니다.

04 콩, 팥, 좁쌀의 혼합물은 알갱이의 크기 차이를 이용해 분리합니다.

05 콩, 팥, 좁쌀의 혼합물은 눈의 크기가 다른 체 두 개를 사용하여 분리합니다.

06 공사장에서 모래와 자갈을 분리하는 것은 알갱이의 크기 차이를 이용하여 혼합물을 분리하는 것입니다.

07 해변 쓰레기 수거 장비에는 체가 부착되어 있습니다.

08 해변 쓰레기 수거 장비에 부착된 체로 알갱이의 크기가 다른 모래와 쓰레기를 분리합니다.

09 철 구슬은 자석에 붙고 플라스틱 구슬은 자석에 붙지

않습니다.

10 자동 분리기의 위쪽 이동판에 들어 있는 자석에 철 캔이 달라붙습니다.

11 ㉠은 체를 이용하여 모래와 자갈을 분리하고, ㉡과 ㉢은 자석을 이용하여 철을 분리합니다.

12 기계가 마모되면 철 가루가 떨어져 나오는데, 이 철 가루를 자석 봉으로 분리해 냅니다.

01 우리 조상은 바닷물을 걸러 깨끗하게 한 후 걸러낸 진한 소금물을 끓여서 소금을 얻었습니다.

02 전통적인 방법으로 바닷물을 끓여서 얻은 소금을 자염이라고 합니다.

03 바닷물을 가마솥에 넣어 장작불로 끓인 것은 증발 접시에 소금물을 넣어 알코올램프로 가열한 것과 비교할 수 있습니다.

04 거름종이를 통과하지 못한 모래는 거름종이에 남고, 거름종이를 통과한 소금물은 비커에 모아집니다.

05 거름 장치로 소금과 모래의 혼합물을 분리하는 것은 소

금이 물에 녹는 성질을 이용한 것입니다.

06 전통 장을 만들 때 천으로 걸러서 된장과 간장을 분리하는 방법은 거름 장치로 물에 녹인 소금과 모래의 혼합물을 분리하는 원리와 같습니다.

07 티백은 거름종이와 같은 역할을 하여 찻잎이 차에 섞이지 않도록 해 줍니다.

08 천일염은 햇빛과 바람으로 바닷물에서 물을 증발시켜서 얻는 소금입니다.

09 티백으로 찻잎을 걸러 주는 것은 체로 한지를 뜨는 것과 같은 원리이고, 염전에 모아 놓은 바닷물에서 물을 증발시키는 것은 한지를 말리는 것과 같은 원리입니다.

10 우유갑에는 종이가 잘 젖지 않도록 하기 위해 코팅이 되어 있으므로, 종이 죽을 만들 때 코팅지를 벗겨 내야 합니다.

11 종이 만들기 틀로 종이 죽을 거르는 것을 종이뜨기라고 합니다.

12 종이뜨기를 한 후 물기를 말리는 것은 물을 증발시키는 것입니다.

60~62쪽

대단원 종합 평가 5. 혼합물의 분리

01 윤수   **02** 변하지 않기   **03** ②   **04** 눈의 크기   **05** ㄹ
06 체   **07** ④   **08** ⑤   **09** 철 가루   **10** ①   **11** ㉢   **12** ③
13 거름   **14** ③   **15** ④   **16** 소금   **17** ③   **18** ②   **19** 체
20 (가)

01 여러 가지 재료로 만든 음식은 눈가리개로 눈을 가리고 맛을 보아도 간식의 재료를 쉽게 알아맞힐 수 있습니다.

02 여러 가지 재료를 섞어 간식을 만들어도 각 재료의 맛은 변하지 않습니다.

03 비빔밥, 김밥은 모두 두 가지 이상의 물질이 성질이 변하지 않은 채 서로 섞여 있는 혼합물입니다.

04 콩, 팥, 좁쌀의 혼합물을 알갱이의 크기 차이를 이용해 분리할 때 눈의 크기가 다른 체를 두 개 사용합니다.

05 팥과 좁쌀의 혼합물을 분리할 수 있는 체는 눈의 크기가 팥보다 작고 좁쌀보다 큰 것입니다.

06 모두 알갱이의 크기 차이를 이용하여 혼합물을 분리하는 예로, 체를 이용합니다.

07 길가에 있는 하수구는 물은 빠져나가고 쓰레기나 낙엽 등은 걸러지는 시설물입니다.

08 자석을 이용하였으므로 자석에 붙는 물질과 붙지 않는 물질의 혼합물입니다.

09 모래는 자석에 붙지 않고 철 가루는 자석에 붙습니다.

10 철 캔은 자석에 붙고 나머지는 자석에 붙지 않는 것입니다.

11 전통 장을 만들 때 천으로 거르면 소금물에 녹지 않은 물질이 천 위에 남습니다.

12 천을 통과한 물질은 끓여서 간장을 만듭니다.

13 전통 장을 만들 때 거름의 원리를 이용합니다.

14 거름종이가 깔때기에 잘 고정될 수 있도록 물을 묻힙니다.

15 액체 혼합물을 부을 때 유리 막대를 타고 천천히 흐르도록 붓습니다.

16 소금물을 증발 접시에 넣고 가열하면 물은 증발하고 소금만 남습니다.

17 두부를 만들 때 체 위에 헝겊을 깔고 콩 물을 거르는 것은 콩 물과 콩 찌꺼기의 혼합물을 분리하는 과정입니다.

18 닥나무를 삶아 닥 섬유가 풀리도록 한 후 체로 떠서 말

리면 전통 한지가 됩니다.

19 한지를 체로 뜨는 것은 거름종이로 걸러 주는 것과 같은 과정입니다.

20 물기를 뺀 한지를 말리는 것은 증발을 이용한 방법입니다.

5단원 서술형·논술형 평가   63쪽

01 예 각각 두 가지 이상의 재료로 만들어져 있지만 팥의 맛을 알 수 있는 것으로 보아 재료의 성질이 변하지 않았으므로 혼합물이라고 할 수 있다. **02** (1) 두 또는 2 (2) 예 콩, 팥, 좁쌀은 알갱이의 크기가 각각 다르기 때문에 두 번 분리해야 하므로 눈의 크기가 다른 체가 두 개 필요하다. **03** 예 체의 눈의 크기가 구슬보다 작고 모래보다 큰 것을 이용해 구슬을 분리해 낸 후 모래와 소금을 물에 녹여 거름 장치로 걸러 내면 모래가 분리되고 걸러진 소금물을 증발 접시에 넣고 가열하면 물은 증발되고 소금만 남게 된다. **04** (1) 순수한 구리 (2) 순수한 구리에 알루미늄을 섞어 10원짜리 동전을 만들 수 있다.

01 팥빙수와 붕어빵은 모두 두 가지 이상의 재료가 성질이 변하지 않은 채 서로 섞여 있으므로 혼합물입니다.

채점 기준	
상	두 가지 이상의 재료가 섞여 있고 재료의 맛과 성질이 변하지 않는 혼합물의 특징을 모두 쓴 경우
중	두 가지 이상의 재료가 섞여 있고 재료의 맛과 성질이 변하지 않는 혼합물의 특징 중 한 가지만 쓴 경우
하	답을 쓰지 못한 경우

02 (1) 크기가 다른 알갱이가 세 개이므로 눈의 크기가 다른 체가 두 개 필요합니다.
(2) 알갱이의 크기 차이를 이용해 눈의 크기가 다른 체두 개를 사용하여 분리합니다.

채점 기준	
상	(1)과 (2)의 답을 모두 바르게 쓴 경우
중	(1)의 답은 바르게 쓰고, (2)의 답을 쓰지 못한 경우
하	(1)과 (2)의 답을 쓰지 못한 경우

03 구슬과 모래는 알갱이의 크기가 다르므로 체를 이용해 분리합니다. 모래, 소금 중 소금만 물에 녹기 때문에 거름 장치로 소금물과 모래를 분리한 뒤, 소금물에서 물을 증발시켜 소금을 얻습니다.

채점 기준	
상	혼합물을 분리하기 위한 방법을 모두 바르게 쓴 경우
중	혼합물을 분리하기 위한 방법 중 한 가지만 바르게 쓴 경우
하	답을 쓰지 못한 경우

04 (1) 구리 광석은 혼합물입니다.
(2) 혼합물을 분리하면 우리가 원하는 물질을 얻을 수 있고, 분리한 물질을 다른 물질과 섞어 우리 생활의 필요한 여러 가지 것들을 만들어 낼 수 있습니다.

채점 기준	
상	(1)과 (2)의 답을 모두 바르게 쓴 경우
중	(1)의 답은 바르게 쓰고, (2)의 답을 쓰지 못한 경우
하	답을 쓰지 못한 경우

인용 사진 출처

ⓒ Fletcher & Baylis / Science Source 끊어진 지층 개념책 14쪽

ⓒ Doug McLean / Alamy Stock Photo 휘어진 지층 개념책 14쪽

ⓒ 문화재청 새발자국 화석 개념책 26쪽

ⓒ VPC Travel Photo / Alamy Stock Photo 매머드 화석 개념책 27쪽

ⓒ Crowdpic 유기그릇 개념책 137쪽

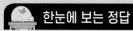

Book 1 개념책

2 단원
지층과 화석

(1) 층층이 쌓인 지층

탐구 문제   17쪽

1 ③   2 좁아지게

핵심 개념 문제   18~20쪽

01 지층   02 ㉢   03 ㉠, ㉣   04 다르다   05 ㉣, ㉢, ㉡, ㉠
06 ①   07 ②   08 ㉠   09 ㉢, ㉡, ㉣, ㉠   10 ⑤   11 ③
12 ③

중단원 실전 문제   21~23쪽

01 ㉠ 암석, ㉡ 지층   02 ⑤   03 ③   04 줄무늬   05 ㉠
06 ①, ⑤   07 ③   08 ㉡   09 ②   10 ㉢, ㉠, ㉣, ㉡
11 (1) ㉣ (2) ㉠   12 예 지층 모형은 만들어지는 데 걸리는 시
간이 짧지만, 실제 지층은 만들어지는 데 오랜 시간이 걸린다.
지층 모형은 단단하지 않지만 실제 지층은 단단하다.   13 ⑤
14 이암   15 ①   16 물 풀   17 모래 알갱이 사이의 공간을 좁
아지게 하기 위해서이다.   18 모래

서술형·논술형 평가 돋보기   24~25쪽

연습 문제

1 (1) 수평, 끊어져, 구부러져(휘어져) (2) 줄무늬, 층, 두께(색
깔), 색깔(두께), 모양   2 (1) 빈 곳(공간) (2) 좁아지게

실전 문제

1 자갈, 모래, 진흙 등이 계속 쌓이면 먼저 쌓인 것들이 눌린
다.   2 (1) (나), ㉢ (2) 예 줄무늬가 보인다. 아래에 있는 것이
먼저 쌓인 것이다.   3 (1) 알갱이의 크기에 따라 이암, 사암,
역암으로 분류할 수 있다. (2) 사암, 예 알갱이의 크기는 모래
알갱이 정도이다. 손으로 만졌을 때 약간 거칠다.   4 퇴적암
모형은 만드는 데 걸리는 시간이 짧지만, 사암은 만들어지는
데 오랜 시간이 걸린다.

(2) 지층 속 생물의 흔적

탐구 문제   29쪽

1 ㉠, ㉢, ㉡   2 ㉠

핵심 개념 문제   30~32쪽

01 화석   02 ③   03 ⑤   04 ㉠   05 동물 화석   06 ⑤
07 ㉣, ㉡, ㉢, ㉠, ㉢   08 빠르게, 단단한   09 ⑤   10 ㉢
11 ②   12 (3) ○

중단원 실전 문제   33~35쪽

01 흔적   02 ②   03 ㉡   04 ㉢   05 물고기 화석   06 ㉠
07 ④   08 화석   09 찰흙 반대기   10 ㉢   11 예 모양과 무
늬가 같다.   12 단단하고, 짧지만, 오랜   13 ④, ⑤   14 ①
15 ㉡, ㉣   16 ①, ②   17 예 잎과 줄기의 생김새가 비슷하다.
18 동준

서술형·논술형 평가 돋보기   36~37쪽

연습 문제

1 (1) 동물 화석: ㉠, ㉣, ㉤, 식물 화석: ㉡, ㉢ (2) 생물, 구분
2 (1) 지층, 생물, 화석 (2) 모양(무늬), 무늬(모양), 짧지만,
오래 걸린다(길다)

실전 문제

1 (1) 화석이 아니다. (2) 예 모래에 난 사람의 발자국은 옛것
이 아니기 때문이다. 2 예 당시에는 단단한 층이 아니라 부
드러운 진흙으로 되어 있어 발자국이 남았기 때문이다. 3
예 화석은 연료로도 이용된다는 것을 알 수 있다. 4 (1) 예
모양이 잎을 닮았다. 머리, 가슴, 꼬리의 세 부분으로 나눌 수
있다. (2) 물속이었다.

대단원 마무리   39~42쪽

01 ③ 02 ㉡ 03 줄무늬 04 (1) ㉠ (2) (가) 05 (1) ○
(3) ○ 06 ㉠ 물, ㉡ 눌린다 07 ③ 08 ㉢ 09 ㉢
10 물 풀 11 ⑤ 12 ㉡ 13 (1) 삼엽충 화석 (2) 고사리 화석
14 ②, ④ 15 ㉢ 16 지층 17 조개껍데기 18 ② 19 ②
20 ㉠ 생김새, ㉡ 깊이가 얕고 따뜻한 바다 21 ④ 22 화석
연료 23 ② 24 ㉢

수행 평가 미리 보기   43쪽

1 (1) 모래 (2) 모래와 모래 사이의 빈 곳을 채우고 모래 알갱
이를 서로 붙여 주기 위해서 2 (1) (가) 삼엽충 화석, (나) 고사
리 화석, (다) 나뭇잎 화석, (라) 물고기 화석 (2) 해설 참조

3 단원
식물의 한살이

(1) 식물의 한살이

 핵심 개념 문제   48쪽

01 ② 02 ④ 03 ④ 04 ㉠

중단원 실전 문제   49~50쪽

01 길이 02 ㉢ 03 ㉠ 04 예 색깔, 모양, 크기 등의 생김
새가 다르다. 05 ⑤ 06 ① 07 씨 08 짧고 09 ①
10 ② 11 ㉢ 12 ④

 서술형·논술형 평가 돋보기   51쪽

연습 문제

1 (1) 참외씨, 강낭콩, 호두 (2) 둥글고 길쭉하다. 연한 노란색
이다. 주름이 있다.

실전 문제

1 (1) ㉠, ㉡ (2) 예 한살이 기간이 짧은 식물, 잎, 줄기, 꽃, 열매
등을 관찰하기 쉬운 식물 2 (1) 거름흙 (2) 예 식물 이름, 씨
를 심은 날짜, 씨를 심은 사람의 이름, 식물의 별명, 다짐의
말

(2) 식물의 자람

탐구 문제   55쪽

1 물 2 ㉠

핵심 개념 문제
56~58쪽

01 물, 온도　02 ①　03 ㉠　04 ㉡　05 떡잎싸개　06 ⑤
07 ①　08 ㉠, ㉢, ㉣　09 ②　10 ⑤　11 ③　12 꼬투리
(열매)

중단원 실전 문제
59~61쪽

01 ①　02 ㉠　03 ②　04 뿌리　05 ②　06 ㉠ 본잎,
㉡ 떡잎싸개　07 ①　08 ④　09 ③　10 ②　11 예 새로 난
가지의 개수를 센다. 줄기의 길이를 잰다.　12 ③　13 민서
14 ③　15 ③　16 ④　17 ㉠　18 ㉣

서술형·논술형 평가 돋보기
62~63쪽

연습 문제

1 (1) 물 (2) 싹이 텄다. 싹이 트지 않았다.　2 뿌리, 두 장의 떡
잎이 나온다. 본잎이 나온다.

실전 문제

1 (1) ㉡ (2) 예 씨가 싹 트는 데는 적당한 양의 물이 필요하기
때문이다.　2 (1) 떡잎싸개 (2) 떡잎싸개 사이로 본잎이 나온
다.　3 (1) ㉡, ㉢, ㉠ (2) 예 잎이 넓어지고 개수가 많아진다.
4 (1) ㉠ 길이, ㉡ 굵기 (2) 예 강낭콩이 자람에 따라 줄기는
점점 굵어지고 길어진다.

(3) 여러 가지 식물의 한살이

핵심 개념 문제
65~66쪽

01 한해살이 식물　02 ④　03 여러해살이 식물　04 ①
05 한해살이 식물　06 ㉠ 씨, ㉡ 열매　07 ⑤　08 ㉠, ㉣,
㉡, ㉢

중단원 실전 문제
67~68쪽

01 ㉡　02 ㉢　03 ④　04 ②　05 여러해살이 식물
06 ③　07 ①　08 ㉠　09 ㉣　10 ②　11 ㉢　12 ㉠ 한해
살이, ㉡ 여러해살이

서술형·논술형 평가 돋보기
69쪽

연습 문제

1 싹, 나무, 새순, 열매

실전 문제

1 예 열매를 맺어 씨를 만든다.

2 (1) (나) (2) 예 한해살이 식물은 열매를 맺고 한 해만 살고
죽지만, 여러해살이 식물은 여러 해를 살면서 열매 맺는 것을
반복한다.

대단원 마무리
71~74쪽

01 ③　02 ②　03 ③　04 ③　05 예 단단하다. 껍질이 있
다. 대부분 주먹보다 크기가 작다.　06 ③　07 ②　08 ㉠
09 ④　10 ③　11 ㉠, ㉡, ㉢, ㉢, ㉣　12 ㉠ 본잎, ㉡ 떡잎
13 ㉠, 뿌리　14 ①　15 ㉡　16 ⑤　17 ⑤　18 ㉡　19 ⑤
20 ①　21 정훈　22 ③　23 ⑤　24 ⑤

수행 평가 미리 보기
75쪽

1 (1) 다르게 할 조건: 물, 같게 할 조건: 화분의 크기, 식물의 종
류, 빛, 양분, 온도 등 (2) 실험 결과: 물을 주지 않은 화분의 강
낭콩은 시들고, 물을 준 화분의 강낭콩은 잘 자란다. 알 수 있는
사실: 식물이 잘 자라려면 적당한 양의 물이 필요하다.

2 (1) 한해살이 식물: ㉠, ㉣ 여러해살이 식물: ㉡, ㉢ (2) 공통
점: 씨가 싹 터서 자라며 꽃이 피고 열매를 맺는다. 차이점: 한
해살이 식물은 열매를 맺고 한 해만 살고 죽지만, 여러해살이
식물은 여러 해를 살면서 열매 맺는 것을 반복한다.

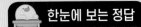

 4 단원
물체의 무게

(1) 물체의 무게와 용수철 저울

탐구 문제 79쪽

1 ㉠ 2 무게

탐구 문제 81쪽

1 ⑤ 2 10

 핵심 개념 문제 82~85쪽

01 무게 02 저울 03 ④ 04 몸무게 05 (2) ○
06 ㉡ 07 ㉠ 08 지구 09 지구 10 ② 11 일정
12 ㉢ 13 ④ 14 ㉡ 15 ⑤ 16 눈높이

 중단원 실전 문제 86~89쪽

01 (3) ○ 02 ⑤ 03 ① 04 ⑤ 05 ㉡ 06 ⑤ 07 ②
08 ㉢ 09 지구 10 ③ 11 ④, ⑤ 12 ④ 13 ③ 14 (3) ○
15 12 16 ③ 17 20 18 ㉠, ㉡ 19 ⑤ 20 ㉢, 표시 자
21 ⑤ 22 ㉡ 23 ④ 24 200 g중

 서술형·논술형 평가 돋보기 90~91쪽

연습 문제

1 (1) 무거울수록, 무게 (2) 지구, 힘, 지구, 힘 2 (1) 용수철, 일정, 줄어드는 (2) 영점 조절 나사, 고리, 표시 자

실전 문제

1 (1) 예 사람마다 느끼는 물체의 무게가 다를 수 있기 때문에 정확하게 물체의 무게를 측정할 수 없다. 2 (1) ㉡, ㉠, ㉢
(2) 예 용수철에 걸어 놓은 과일의 무게가 무거울수록 지구가 끌어당기는 힘의 크기가 커지기 때문에 용수철의 길이도 많이 늘어난다. 3 (1) ㉠ 3, ㉡ 3, ㉢ 3 (2) 예 추의 무게가 일정하게 늘어나면 용수철의 길이도 일정하게 늘어난다. 4 물체의 무게를 측정하기 전에 영점 조절 나사를 돌려 표시 자를 눈금의 '0'에 맞추는 것이다.

(2) 수평 잡기의 원리

탐구 문제 93쪽

1 ㉠, 수평 조절 장치 2 ②

 핵심 개념 문제 94~95쪽

01 오른, 3 02 가까이(가깝게) 03 해설 참조 04 ①
05 수평 06 오른, 4 07 (3) ○ 08 풀

 중단원 실전 문제 96~97쪽

01 ②, ④ 02 수평 잡기의 원리 03 ① 04 > 05 ①
06 종혁 07 ② 08 ㉢ 09 (가) 무게, (나) 수평 10 무겁다
11 ④ 12 지우개

 서술형·논술형 평가 돋보기 98~99쪽

연습 문제

1 (1) 받침대, 무게 (2) 배, 받침점 2 (1) 저울접시, 무거운
(2) 풀, 가위, 가위, 지우개, 풀

실전 문제

1 (1) 예 받침점으로부터 같은 거리에 물체가 놓여있고 나무판자가 수평을 잡았으므로 두 물체의 무게는 같다. 2 (1) 가까운 (2) 예 몸무게가 다를 때에는 몸무게가 무거운 사람이 시소의 받침점에서 가까운 쪽에 앉으면 수평을 잡을 수 있다.
3 (1) 예 공깃돌, 장구 핀 (2) 예 물체의 무게가 일정하기 때문이다. 4 해설 참조

(3) 여러 가지 저울과 간단한 저울 만들기

핵심 개념 문제   102~103쪽

01 ②   02 ⑤   03 ⑤   04 ③   05 (1) ○   06 수평 잡기
07 ④   08 ③

중단원 실전 문제   104~105쪽

01 ④   02 ③   03 ③   04 전기적   05 전자저울   06 ②
07 수평 잡기의 원리   08 ③   09 ④   10 ⓒ   11 용수철
12 ③

대단원 마무리   109~112쪽

01 ⑤   02 ③   03 ⑤   04 ③   05 지구   06 ③   07 ⓒ
08 15   09 ⓒ   10 (1) ⊙ (2) ⒣   11 ⓒ   12 ①, ⑤   13 ②
14 받침점   15 (3) ○   16 ④   17 받침점   18 ③   19 (1)-
ⓒ (2)-ⓒ (3)-⊙   20 무게   21 ⓒ   22 (2) ○   23 ④
24 ③

수행평가 미리 보기   113쪽

1 (1) 수평 잡기 (2) 받침점으로부터 같은 거리에 무게가 같은
물체를 올려놓으면 수평을 잡을 수 있다. (3) 무거운 물체는
받침점에서 가까운 쪽에, 가벼운 물체는 받침점에서 먼 쪽에
올려놓으면 수평을 잡을 수 있다.   2 (1) ⓒ (2) 몸무게가 무
거운 민수가 받침점에서 가까운 쪽에 앉아야 수평을 잡을 수
있다.

서술형·논술형 평가 돋보기   106~107쪽

연습 문제

1 (1) 무게 (2) 용수철, 수평 잡기   2 (1) 수평 (2) 수평, 무게,
비교한다

실전 문제

1 (1) 예 전기적 성질을 이용해 화면에 숫자로 물체의 무게를
표시한다.   2 (1) (가)-용수철의 성질, (나)-수평 잡기의 원리
(2) 예 체육관에서 체급을 정할 때 체중계를 이용하여 몸무게
를 측정한다. 주방에서 요리를 할 때 가정용 저울을 이용하여
재료의 무게를 측정한다.   3 (1) 수평 잡기의 원리   (2) 예 (가)
나무막대의 양끝에 종이컵을 붙이고 받침대로 사용하는 우유
갑에 나무막대의 가운데 부분을 수평이 되도록 잘 붙인다. (나)
옷걸이의 양끝에 실로 연결한 우유갑을 매달고 받침대의 걸
고리에 옷걸이가 수평이 되도록 건다.   4 예 무게가 일정해
야 한다.

5 단원
혼합물의 분리

(1) 혼합물

핵심 개념 문제   118~119쪽

01 ③   02 예 무, 고추, 물   03 ⑤   04 ⑤   05 예 김밥
06 두 또는 2   07 ②   08 ①

중단원 실전 문제   120~121쪽

01 ③   02 ①, ③   03 ⓒ   04 ②   05 ⑤   06 ④   07 혼
합물   08 ②   09 ③   10 혼합물   11 ②   12 ②

서술형·논술형 평가 돋보기 122~123쪽

연습 문제

1 (1) 단, 새콤달콤한 (2) 변하지 않기 2 (1) 혼합물 (2) 성질, 성질

실전 문제

1 예 여러 가지 재료를 섞어 간식을 만들어도 각 재료의 맛이 변하지 않기 때문이다. 2 예 10원짜리 동전은 구리와 알루미늄을 섞어서 만들기 때문이다. 3 (1) 물 (2) 예 물은 한 가지 물질로 이루어졌기 때문이다. 4 예 여러 가지 재료로 이루어져 있으며, 각 재료의 맛이 변하지 않아 그대로 맛을 느낄 수 있으므로 혼합물이라고 할 수 있다.

(2) 혼합물의 분리 ①

탐구 문제 125쪽

1 ④ 2 (1) ○

탐구 문제 127쪽

1 ① 2 ④

 핵심 개념 문제 128~131쪽

01 ㉠ 분리, ㉡ 팔찌 02 ④ 03 물질 04 ㉠ 분리, ㉠ 섞어 05 ㉢ 06 콩, 팥, 좁쌀 07 두 또는 2 08 ㉠ 콩, ㉡ 팥 09 ① 10 체로 분리하는 방법 11 ③ 12 ① 13 ② 14 자석 15 ③ 16 철 가루

 중단원 실전 문제 132~135쪽

01 ② 02 ④ 03 ④ 04 물 05 ③ 06 철 07 ④ 08 ① 09 ㉡ 10 알갱이의 크기 차이 11 ③ 12 좁쌀 13 ③ 14 ⑤ 15 ⑤ 16 ⑤ 17 ① 18 체 19 ㉡, ㉢ 20 ⑤ 21 ④ 22 ④ 23 자석 24 자석

 서술형·논술형 평가 돋보기 136~137쪽

연습 문제

1 (1) 설탕 (2) 물질, 섞어서 2 (1) 체 (2) 크기

실전 문제

1 예 철광석에서 순수한 철을 분리해 다른 금속을 섞어 자동차를 만든다. 2 (1) 체를 통과하는 물질: 모래, 체를 통과하지 못하는 물질: 자갈 (2) 예 체의 눈의 크기가 자갈보다 작고 모래보다 크므로 자갈은 체를 통과하지 못하고 모래는 체를 통과한다. 3 (1) 알갱이의 크기 (2) 체 ⑺는 눈의 크기가 콩보다 작고 팥보다 크고, 체 ⑻는 눈의 크기가 팥보다 작고 좁쌀보다 크다. 4 예 기계가 마모되면서 생긴 철 가루를 자석 봉을 이용하여 분리하면 깨끗한 쌀을 얻을 수 있기 때문이다.

(3) 혼합물의 분리 ②

탐구 문제 139쪽

1 거름 장치 2 (1) ○ (2) ○

탐구 문제 141쪽

1 ② 2 거름

 핵심 개념 문제 142~145쪽

01 ③ 02 끓여서 03 천 04 된장 05 ㉢, ㉠, ㉣, ㉡ 06 ③ 07 ㉠ 08 모래 09 증발 접시 10 (3) ○ 11 망 12 천일염 13 ② 14 닥나무 15 ⑤ 16 종이뜨기

 중단원 실전 문제 146~149쪽

01 ⑷ 02 ⑤ 03 ⑺ 자염, ⑻ 천일염 04 혼합물 05 ③ 06 ② 07 고깔 모양 08 ③ 09 ⑤ 10 소금 11 ㉡ 12 ② 13 ㉡ 14 (1) ○ (2) ○ 15 (1)-㉡ (2)-㉠ (3)-㉢ 16 ⑷ 17 ② 18 헝겊 19 체 20 거름 21 ① 22 ㉣ 23 ③ 24 ⑻ 거름, ⑼ 증발

서술형·논술형 평가 돋보기
150~151쪽

연습 문제

1 (1) 녹은, 녹지 않은 (2) 액체, 간장, 건더기, 된장

2 (1) 소금, 모래 (2) 소금물, 소금

실전 문제

1 예 찻잎을 티백에 담아 따뜻한 물에 넣어 차를 우려낸 후 티백을 꺼내고 차를 마신다. **2** 예 (가)는 바닷물을 가마솥에 넣고 끓여서 소금을 얻는 것이고, (나)는 바닷물을 염전에 모아 놓고 햇빛과 바람으로 물을 증발시켜 소금을 얻는 것이다. **3** (1) 거름 (2) 예 (가)에서는 콩 찌꺼기와 콩 물을 분리하였고, (나)에서는 콩 단백질 덩어리와 콩 물을 분리하였다. **4** 예 재생 종이를 얇게 만들려면 종이 죽이 얇게 펼쳐질 수 있도록 종이뜨기를 하고, 두껍게 만들려면 종이 죽이 두껍게 펼쳐지도록 종이뜨기를 한다.

대단원 마무리
153~156쪽

01 ③ **02** 변하지 않는다 **03** ② **04** ⑤ **05** 팥 **06** ④ **07** ③ **08** (다) **09** 사탕 **10** ㉠ **11** ⑤ **12** 콩 **13** ① **14** ③ **15** ① **16** ③ **17** ② **18** 철 가루 **19** (나) **20** ②, ⑤ **21** ㉠ 햇빛, ㉡ 알코올램프 **22** ① **23** ③ **24** ④

수행 평가 미리 보기
157쪽

1 (1) 예 사용 도구 (가): 자석, 사용한 성질: 철이 자석에 붙는 성질 (2) 예 운동장에서 떨어진 압정 찾기, 서랍에 쏟아진 나사못 분리하기

2 (1) 사용 도구 (나): 체, 사용한 성질: 알갱이의 크기 차이
(2) 예 공사장에서 모래와 자갈 분리하기, 해변 쓰레기 수거 장비로 모래와 쓰레기 분리하기

3 예 원하는 물질을 얻을 수 있다. 분리한 물질을 다른 물질과 섞어서 생활의 필요한 곳에 이용할 수 있다.

Book 2 실전책

2단원 (1) 중단원 쪽지 시험
5쪽

01 자갈, 모래, 진흙 **02** 수평 **03** 예 줄무늬가 보인다. 여러 개의 층으로 이루어져 있다. **04** 두께(색깔), 색깔(두께) **05** 줄무늬 **06** 먼저 **07** 오랜 **08** 퇴적암 **09** 이암 **10** 좁아진다. **11** 물 풀 **12** 사암

중단원 확인 평가 2 (1) 층층이 쌓인 지층
6~7쪽

01 층 **02** ㉠, ㉡ **03** ② **04** ① **05** ㉠ **06** (3) ○ **07** ① **08** 역암 **09** ㉠ **10** ㉢ **11** 누른다. **12** ㉠

2단원 (2) 중단원 쪽지 시험
9쪽

01 화석 **02** 있다 **03** 다양하다 **04** 삼엽충 화석 **05** 퇴적물 **06** 같다. **07** 실제 화석 **08** 빠르게 **09** 화석 **10** 산호 화석 **11** 예 옛날에 살았던 삼엽충의 생김새를 알 수 있다. 삼엽충 화석이 발견된 곳이 당시에 물속이었다는 것을 알 수 있다. **12** 석탄, 석유

중단원 확인 평가 2 (2) 지층 속 생물의 흔적
10~11쪽

01 ③ **02** ④ **03** ㉣ **04** ㉡ **05** ② **06** (1) ㉠, ㉣ (2) ㉡, ㉢ **07** 화석 **08** ③, ⑤ **09** ⑤ **10** 예 옛날에 바다나 강이나 호수였을 것이다. **11** ③ **12** ②

대단원 종합 평가 2. 지층과 화석
12~14쪽

01 ㉢ **02** ㉡ **03** ㉠ 끊어진 지층, ㉡ 수평인 지층, ㉢ 휘어진 지층 **04** ③, ⑤ **05** ⑤ **06** 물, 오랜 **07** 자갈 **08** 퇴적암 **09** ③ **10** ③ **11** ㉠ **12** 실제 퇴적암인 사암 **13** (1) × (2) × (3) ○ **14** 퇴적물 **15** ㉢, ㉣ **16** ㉠ **17** 따뜻하고, 많은 **18** ㉠, ㉡, ㉢

 한눈에 보는 정답

2단원 서술형·논술형 평가 15쪽

1 (1) ㉠ (2) 예 지층을 이루고 있는 알갱이의 크기와 색깔이 서로 다르기 때문이다. 2 (1) ㉠ 진흙, ㉡ 모래 (2) 알갱이의 크기에 따라 분류한 것이다. 3 (1) (나) (2) 공통점: 예 모양과 무늬가 같다. 차이점: 예 실제 화석은 화석 모형보다 단단하다. 실제 화석은 색깔과 무늬가 선명하다. 화석 모형은 만드는 데 걸리는 시간이 짧지만, 실제 화석은 만들어지는 데 오랜 시간이 걸린다. 4 (1) ㉠ 산호 화석 (2) 예 깊이가 얕고 따뜻한 바다였을 것이다.

3단원 (1) 중단원 쪽지 시험 17쪽

01 예 모양, 색깔, 크기, 촉감 02 눈 03 강낭콩 04 호두 05 예 단단하다. 껍질이 있다. 대부분 주먹보다 크기가 작다. 06 예 색깔, 모양, 크기 등의 생김새가 다르다. 07 식물의 한살이 08 짧은 09 예 강낭콩, 봉숭아, 나팔꽃, 토마토 10 $\frac{3}{4}$ 정도 11 씨 크기의 두세 배 깊이 12 예 식물 이름, 씨를 심은 날짜, 씨를 심은 사람의 이름, 식물의 별명, 다짐의 말

중단원 확인 평가 3 (1) 식물의 한살이 18~19쪽

01 ③, ⑤ 02 ㉢ 03 (2) ○ 04 ㉢ 05 ③ 06 ① 07 짧고, 쉬운 08 ㉠ 09 ⑤ 10 ㉤ 11 강낭콩 크기의 두세 배 깊이로 씨를 심고 흙을 덮는다. 12 (마), (다), (가), (나), (라)

3단원 (2) 중단원 쪽지 시험 21쪽

01 적당한 양의 물과 적당한 온도 02 물 03 온도 04 물을 준 강낭콩 05 물을 주지 않은 강낭콩 06 뿌리 07 떡잎싸개 08 물 09 예 잎의 개수를 센다. 잎의 길이를 잰다. 모눈종이에 잎의 본을 뜬다. 10 예 새로 난 가지의 개수를 센다. 줄기의 길이를 잰다. 11 꼬투리 12 예 씨를 맺어 번식하기 위해서, 씨를 맺어 자손을 만들기 위해서

중단원 확인 평가 3 (2) 식물의 자람 22~23쪽

01 물 02 ② 03 ③ 04 온도 05 ② 06 ㉠ 본잎, ㉡ 떡잎 07 ㉡, ㉠, ㉢, ㉣, ㉤ 08 ② 09 ㉠, ㉡ 10 ② 11 씨(강낭콩) 12 예 강낭콩이 자라면서 줄기의 길이가 점점 길어진다.

3단원 (3) 중단원 쪽지 시험 25쪽

01 한해살이 식물 02 예 벼, 강낭콩, 옥수수, 호박, 토마토 03 일생 04 여러해살이 식물 05 예 감나무, 개나리, 사과나무, 무궁화 06 새순 07 열매 08 반복 09 한해살이, 여러해살이 10 예 씨가 싹 터서 자라며 꽃이 피고 열매를 맺어 번식한다. 11 예 한해살이 식물은 열매를 맺고 한해만 살고 죽지만, 여러해살이 식물은 여러 해를 살면서 열매 맺는 것을 반복한다. 12 연결(포함)

중단원 확인 평가 3 (3) 여러 가지 식물의 한살이 26~27쪽

01 ③ 02 ③ 03 ①, ④ 04 ④ 05 ㉠, ㉡ 06 예 한 해에 한살이를 거치고 일생을 마치기 때문이다. 07 ④ 08 ③ 09 ⑤ 10 ② 11 ㉢ 12 세연

대단원 종합 평가 3. 식물의 한살이 28~30쪽

01 ② 02 ② 03 ㉠ 껍질, ㉡ 다르다 04 ① 05 ㉣ 06 ② 07 물 08 (1) ㉡ (2) ㉣ 09 ⑤ 10 ⑤ 11 ① 12 ㉠ 13 예 잎은 점점 커지고 개수도 많아진다. 14 ㉡, ㉣ 15 민주 16 번식 17 ㉡, ㉢ 18 ④

3단원 서술형·논술형 평가 31쪽

1 (1) ㉢ (2) 예 둥글고 길쭉하며 한쪽은 모가 나 있다. 2 (1) ㉡ (2) 예 식물이 잘 자라려면 적당한 양의 물이 필요하다. 3 (1) ㉠ 씨, ㉡ 싹 (2) 예 씨를 맺어 번식하고, 씨를 맺어 자손을 만들기 위해서입니다. 4 (1) 호박 (2) 예 한해살이 식물은 열매를 맺고 한 해만 살고 죽지만, 여러해살이 식물은 여러 해를 살면서 열매 맺는 것을 반복한다.

4단원 (1) 중단원 쪽지 시험 33쪽

01 예 사람마다 느끼는 물체의 무게가 달라 정확한 무게를 측정할 수 없다. 02 체급 03 무게 04 길이가 늘어난다. 05 무거운 06 지구, 추 07 무게 08 물체의 무게 09 손잡이 10 영점 조절 11 표시 자 12 단위

중단원 확인 평가 4 (1) 물체의 무게와 용수철 저울 34~35쪽

01 ⑤ 02 ㉠ 무게, ㉡ 저울 03 ⑤ 04 ② 05 ① 06 ③ 07 ㉠ 6, ㉡ 9 08 일정하게 09 ③ 10 ⑤ 11 ④ 12 ③

4단원 (2) 중단원 쪽지 시험 37쪽

01 수평대 02 받침점, 받침점 03 무거운, 가벼운 04 시소 05 무거운 사람 06 수평 07 저울접시 08 나무판자 09 수평 조절 장치 10 무게 11 예 장구 핀, 공깃돌, 같은 금액의 동전 12 기울어진 쪽

중단원 확인 평가 4 (2) 수평 잡기의 원리 38~39쪽

01 무게 02 ③ 03 = 04 ② 05 ㉠ 무거운, ㉡ 가벼운 06 ㉢ 07 ㉢ 08 ⑤ 09 무게 10 ② 11 ③ 12 가위를 올려놓은 쪽

4단원 (3) 중단원 쪽지 시험 41쪽

01 예 용수철저울, 체중계, 가정용 저울 02 전기적 성질 03 전자저울 04 몸무게 05 전자저울 06 여행 가방 07 예 금은방, 정육점, 채소 가게 08 성질(원리), 원리(성질) 09 수평 잡기의 원리 10 받침대 11 수평 잡기의 원리 12 나무판자

중단원 확인 평가 4 (3) 여러 가지 저울과 간단한 저울 만들기 42~43쪽

01 (가), (나) 02 (가) 03 ④ 04 ㉣ 05 ① 06 ② 07 ㉠ 수평 잡기, ㉡ 바지걸이 08 (1) 가위 (2) 자 09 ④ 10 ④ 11 (1)-㉡ (2)-㉠ 12 윤서

대단원 종합 평가 4. 물체의 무게 44~46 쪽

01 ㉢ 02 (1) ○ 03 저울 04 ① 05 ③ 06 g중, kg중, N 07 ④ 08 ㉠ 많이, ㉡ 일정하게 09 (나), 삼백그램중 10 표시 자 11 왼, 4 12 (3) ○ 13 (3) ○ 14 ㉢ 15 ③ 16 ① 17 무게 18 ④

4단원 서술형·논술형 평가 47쪽

01 (1) 20 g중, 3 cm (2) 140 g중, 예 추의 무게가 20 g중씩 늘어날 때마다 용수철의 길이는 3 cm씩 늘어나므로, 늘어난 용수철의 길이가 21 cm일 때 추의 무게는 140 g중이다. 02 예 구멍을 뚫은 지퍼 백을 고리에 걸고 영점을 맞춘 다음, 지퍼 백에 방울토마토를 넣고 표시 자가 가리키는 눈금을 읽는다. 03 (1) ㉠ (2) 물체 ㉠과 물체 ㉡은 모두 받침점으로부터 같은 거리에 있지만 왼쪽으로 기울어진 것으로 보아 ㉠이 더 무겁다. 04 예 용수철의 성질을 이용한 저울이므로 물체의 무게에 따라 용수철이 늘어나기 때문에 세로로 된 모양으로 만든 것이다.

5단원 (1) 중단원 쪽지 시험 49쪽

01 재료 02 둥글고 달다. 03 시리얼 04 맛 또는 성질
05 혼합물 06 팥빙수 07 혼합물 08 변하지 않는다
09 성질 10 혼합 11 물질 12 혼합물

중단원 확인 평가 5 (1) 혼합물 50~51쪽

01 ④ 02 © 03 ⑤ 04 단맛 05 ③ 06 혼합물
07 ③ 08 ⑤ 09 성질 10 공기 11 © 12 ①, ⑤

5단원 (2) 중단원 쪽지 시험 53쪽

01 사탕 02 분리 03 ㉖ 요리할 때 04 사금 05 좁쌀
06 알갱이의 크기 차이 07 좁쌀 08 알갱이의 크기 차이
09 체 10 철이 자석에 붙는 성질 11 철 캔 12 자석 봉

중단원 확인 평가 5 (2) 혼합물의 분리 ① 54~55쪽

01 혼합물 02 ⑤ 03 ㉣ 04 ② 05 (1) 체 (2) 두 개 또
는 2개 06 (3) ○ 07 체 08 ③ 09 철 10 자석 11 ㉠
12 자석 봉

5단원 (3) 중단원 쪽지 시험 57쪽

01 자염 02 거름 장치 03 녹고, 녹지 않는다 04 모래
05 증발 접시 06 찻잎 07 바람 08 단백질 09 체, 헝
겊 10 전통 한지 11 체 12 믹서기

중단원 확인 평가 5 (3) 혼합물의 분리 ② 58~59쪽

01 ② 02 자염 03 ㉠ 증발 접시, ㉡ 알코올램프 04 ②
05 ㉡ 06 (1) ○ 07 ③ 08 ㉠ 햇빛, ㉡ 증발 09 (1) (가)
(2) (나) 10 © 11 종이뜨기 12 (라)

대단원 종합 평가 5. 혼합물의 분리 60~62쪽

01 윤수 02 변하지 않기 03 ② 04 눈의 크기 05 ㉣
06 체 07 ④ 08 ⑤ 09 철 가루 10 ① 11 © 12 ③
13 거름 14 ③ 15 ④ 16 소금 17 ③ 18 ② 19 체
20 (가)

5단원 서술형·논술형 평가 63쪽

01 ㉖ 각각 두 가지 이상의 재료로 만들어져 있지만 팥의 맛
을 알 수 있는 것으로 보아 재료의 성질이 변하지 않았으므로
혼합물이라고 할 수 있다. 02 (1) 두 또는 2 (2) ㉖ 콩, 팥,
좁쌀은 알갱이의 크기가 각각 다르기 때문에 두 번 분리해야
하므로 눈의 크기가 다른 체가 두 개 필요하다. 03 ㉖ 체의
눈의 크기가 구슬보다 작고 모래보다 큰 것을 이용해 구슬을
분리해 낸 후 모래와 소금을 물에 녹여 거름 장치로 걸러 내
면 모래가 분리되고 걸러진 소금물을 증발 접시에 넣고 가열
하면 물은 증발되고 소금만 남게 된다. 04 (1) 순수한 구리
(2) 순수한 구리에 알루미늄을 섞어 10원짜리 동전을 만들 수
있다.

세계적 베스트셀러
콜린스 빅캣 리더스 시리즈

원어민이 스토리를 들려주는
EBS 무료 강의와 함께 재미있는 영어 독서

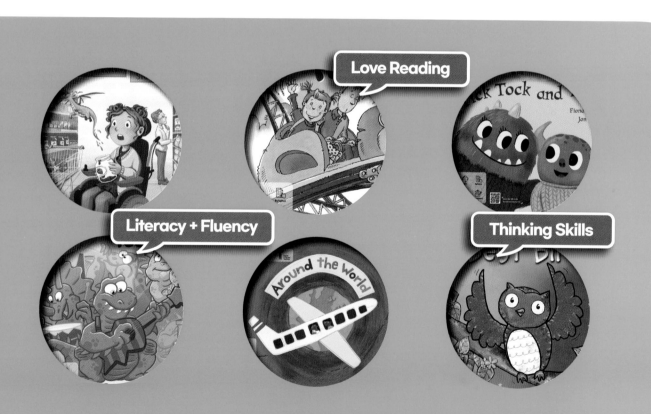

**200년 이상의 역사를 보유한
글로벌 Big 5 출판사인 Collins와
대한민국 공교육의 선두주자
EBS의 국내 최초 콜라보!**

Collins의 대표적인 시그니처 브랜드이자 수준별 독서 프로그램인 Big Cat을 EBS가 국내 학습트렌드를 반영하여 공교육 주제 연계 커리큘럼으로 재설계하여 개발한 EBS ELT(English Language Teaching) 교재로 만나 보세요. Collins Big Cat × EBS ELT는 영어 기초 문해력 발달부터 유창성 향상까지, 유치원~초중학 영어 읽기 학습을 완벽하게 지원해 주는 '수준별 리더스 프로그램(Guided Readers Program)'입니다.

365일, 24시 청소년 모바일 상담
다 들어줄 개

청소년 모바일 상담센터 이용 방법

①  '다 들어줄개' 어플

②   '다 들어줄개' 채널

③ '1661-5004' 문자

EBS와 함께하는 자기주도 학습 초등·중학 교재 로드맵

		예비 초등	1학년	2학년	3학년	4학년	5학년	6학년
전과목 기본서/평가			BEST **만점왕** 국어/수학/사회/과학 교과서 중심 초등 기본서			**만점왕 통합본** 학기별(8책) HOT 바쁜 초등학생을 위한 국어·사회·과학 압축본		
				만점왕 단원평가 학기별(8책) 한 권으로 학교 단원평가 대비				
			기초학력 진단평가 초2~중2 초2부터 중2까지 기초학력 진단평가 대비					
국어	독해		**4주 완성 독해력** 1~6단계 학년별 교과 연계 단기 독해 학습					
	문학							
	문법							
	어휘		**어휘가 독해다!** 초등 국어 어휘 1~2단계 1, 2학년 교과서 필수 낱말 + 읽기 학습		**어휘가 독해다!** 초등 국어 어휘 기본 3, 4학년 교과서 필수 낱말 + 읽기 학습		**어휘가 독해다!** 초등 국어 어휘 실력 5, 6학년 교과서 필수 낱말 + 읽기 학습	
	한자		**참 쉬운 급수 한자** 8급/7급 II/7급 한자능력검정시험 대비 급수별 학습		**어휘가 독해다!** 초등 한자 어휘 1~4단계 하루 1개 한자 학습을 통한 어휘 + 독해 학습			
	쓰기		**참 쉬운 글쓰기** 1-따라 쓰는 글쓰기 맞춤법·받아쓰기로 시작하는 기초 글쓰기 연습		**참 쉬운 글쓰기** 2-문법에 맞는 글쓰기/3-목적에 맞는 글쓰기 초등학생에게 꼭 필요한 기초 글쓰기 연습			
	문해력		**어휘/쓰기/ERI독해/배경지식/디지털독해가 문해력이다** 평생을 살아가는 힘, 문해력을 키우는 학기별·단계별 종합 학습				**문해력 등급 평가** 초1~중1 내 문해력 수준을 확인하는 등급 평가	
영어	독해		**EBS ELT 시리즈** | 권장 학년 : 유아 ~ 중1		**EBS랑 홈스쿨 초등 영독해** Level 1~3 다양한 부가 자료가 있는 단계별 영독해 학습			
			EBS Big Cat — Collins **BIG CAT** — 다양한 스토리를 통한 영어 리딩 실력 향상			**EBS 기초 영독해** 중학 영어 내신 만점을 위한 첫 영독해		
	문법		EBS Big Cat — **Shinoy and the Chaos Crew** — 흥미롭고 몰입감 있는 스토리를 통한 풍부한 영어 독서		**EBS랑 홈스쿨 초등 영문법** 1~2 다양한 부가 자료가 있는 단계별 영문법 학습			
						EBS 기초 영문법 1~2 HOT 중학 영어 내신 만점을 위한 첫 영문법		
	어휘		EBS easy learning — **easy learning** — 저연령 학습자를 위한 기초 영어 프로그램		**EBS랑 홈스쿨 초등 필수 영단어** Level 1~2 다양한 부가 자료가 있는 단계별 영단어 테마 연상 종합 학습			
	쓰기							
	듣기				**초등 영어듣기평가 완벽대비** 학기별(8책) 듣기 + 받아쓰기 + 말하기 All in One 학습서			
수학	연산	**만점왕 연산** Pre 1~2단계, 1~12단계 과학적 연산 방법을 통한 계산력 훈련						
	개념							
	응용		**만점왕 수학 플러스** 학기별(12책) 교과서 중심 기본 + 응용 문제					
	심화					**만점왕 수학 고난도** 학기별(6책) 상위권 학생을 위한 초등 고난도 문제집		
	특화	**초등 수해력** 영역별 P단계, 1~6단계(14책) 다음 학년 수학이 쉬워지는 영역별 초등 수학 특화 학습서						
사회	사회 역사			**초등학생을 위한 多담은 한국사 연표** 연표로 흐름을 잡는 한국사 학습				
				매일 쉬운 스토리 한국사 1~2 / **스토리 한국사** 1~2 하루 한 주제를 이야기로 배우는 한국사/ 고학년 사회 학습 입문서				
과학	과학							
기타	창체		**창의체험 탐구생활** 1~12권 창의력을 키우는 창의체험활동·탐구					
	AI		**쉽게 배우는 초등 AI** 1(1~2학년) 초등 교과와 융합한 초등 1~2학년 인공지능 입문서		**쉽게 배우는 초등 AI** 2(3~4학년) 초등 교과와 융합한 초등 3~4학년 인공지능 입문서		**쉽게 배우는 초등 AI** 3(5~6학년) 초등 교과와 융합한 초등 5~6학년 인공지능 입문서	